武汉理工大学研究生教材专著资助建设项目资助

超声振动强化复合材料胶接技术

CHAOSHENG ZHENDONG QIANGHUA FUHE CAILIAO JIAOJIE JISHU

王辉 著

化学工业出版社
·北京·

内容简介

本书主要介绍与复合材料胶接的相关理论基础和技术应用，针对航空航天、交通运输等领域复合材料轻量化、高性能连接的技术需求，提出超声强化复合材料胶接成形方法，论述了超声对胶层分布、界面形成、胶黏剂组织结构性能的影响、胶接工艺调控等方面的研究以及典型应用验证，总结了作者所指导团队在超声强化复合材料胶接成形技术方面的最新研究成果。

本书可作为高校复合材料与工程、高分子材料与工程、材料成型及控制工程等相关专业本科生的教学参考书，又可作为硕士和博士研究生的教材，也可作为从事复合材料胶接技术工作的科技人员的参考书。

图书在版编目（CIP）数据

超声振动强化复合材料胶接技术 / 王辉著. —北京：化学工业出版社，2022.2
ISBN 978-7-122-40912-6

Ⅰ. ①超… Ⅱ. ①王… Ⅲ. ①超声波振动-应用-复合材料-胶接 Ⅳ. ①TB33

中国版本图书馆 CIP 数据核字（2022）第 037833 号

责任编辑：仇志刚　高　宁　　　装帧设计：刘丽华
责任校对：张茜越

出版发行：化学工业出版社（北京市东城区青年湖南街 13 号　邮政编码 100011）
印　　装：北京科印技术咨询服务有限公司数码印刷分部
710mm×1000mm　1/16　印张 13¾　字数 267 千字　2022 年 2 月北京第 1 版第 1 次印刷

购书咨询：010-64518888　　　售后服务：010-64518899
网　　址：http://www.cip.com.cn
凡购买本书，如有缺损质量问题，本社销售中心负责调换。

定　　价：98.00 元

版权所有　违者必究

前言

“先进结构与复合材料”，是国家“十四五”先进制造领域重点发展方向。碳纤维复合材料具有轻而强、抗疲劳、耐腐蚀等特性，已成为深度轻量化中主、次结构件的首选材料。但由于结构设计和工艺水平限制，复合材料制件不可避免分离制造再组装，制件间的连接成为决定复合材料轻量化应用成功的关键。胶接技术，具有受力面大、承载力强、应力分布均匀、结构重量轻、耐电化学腐蚀等优点，成为复合材料轻量化应用中的关键连接技术，广泛应用于航空发动机、重载火箭、国产大飞机、核电工程装备、深海油气资源开采、交通装备等国家急需的大型关键结构。我国现有结构胶黏剂与胶接成形技术，存在成形周期长、材料表面处理技术不得当、成形质量可控性差等问题，已成为我国大型、关键复合材料构件连接成形的技术瓶颈。

为了满足复合材料构件高效、高强胶接成形的技术需求以及推动复合材料胶接技术的发展，作者发明了一种碳纤维复合材料制件超声振动强化胶接成形方法。并且在参考国内外与胶接技术相关的研究成果以及本人与所培养的硕博士研究生的学术成果的基础上写成此书，内容从复合材料胶接技术国内外现状及发展趋势、超声振动强化复合材料胶接工艺、超声作用下胶黏剂在胶层中的分布行为、超声作用下胶黏剂在被粘物表面的机械嵌合、超声作用下胶黏剂在被粘物表面的化学键合、超声振动对胶层固化行为与性能的影响、超声振动强化胶接工艺的应用等方面进行了系统论述，总结了超声振动强化复合材料胶接成形技术的最新研究成果。本书旨在为复合材料胶接成形提供理论方法、工艺技术等方面的指导。期望本书能有助于复合材料胶接成形技术向轻量化、高效化、高性能成形方向的发展。

本书的出版得益于国家自然科学基金项目——“碳纤维复合材料制件超声振动强化胶接新工艺与机理”（项目编号：51775398）的资助。在书稿撰写过程中，郝旭飞、陈圳艳、童雪彤、解明杰、吴敏、姚远、刘兆义、高成、陈一哲、黄开、张轻松、冯晋东、王耀耀等团队成员提供了一定帮助并提出许多宝贵意见，在此表示感谢。

由于时间仓促和本人学术水平有限，书中难免存在不足之处，敬请读者批评指正。

王辉

2022.1

目录

第1章 引言

1.1 复合材料胶接技术 ………… 002

1.2 胶接技术基础 ………… 004

1.2.1 胶接机理 ………… 005

1.2.2 黏附力产生条件 ………… 006

1.2.3 胶接强度影响因素 ………… 007

1.2.4 胶接接头失效模式 ………… 009

1.3 复合材料胶接研究 ………… 009

1.4 超声辅助成形研究 ………… 014

1.4.1 超声振动对流体分布行为的研究 ………… 015

1.4.2 超声振动作用下流体在固体表面的附着特点研究 ………… 016

1.4.3 超声振动对胶层组织与性能的影响 ………… 018

1.5 超声振动强化胶接工艺 ………… 019

第2章 超声振动强化复合材料胶接工艺

2.1 超声强化碳纤维复合材料/铝板胶接实验平台 ………… 023

2.1.1 实验设备 ………… 023

2.1.2 实验夹具 ………… 025

2.1.3 实验环境 ………… 026

2.2 实验材料及测试方法 ………… 026

2.2.1 实验材料 ………… 026

2.2.2 实验测试 ………… 028

2.3 超声强化碳纤维复合材料/铝板胶接工艺 ………… 028

2.3.1 表面处理 ………… 030

2.3.2 配胶与涂胶 ………… 031

2.3.3 超声振动施加……032
2.3.4 胶接接头固化……033

2.4 超声强化碳纤维复合材料/铝板胶接工艺优化……034

2.4.1 超声振动各因素间的相互关系……034
2.4.2 超声振动频率优化……035
2.4.3 正交试验设计与优化……036

2.5 本章小结……042

第 3 章 超声作用下胶层内胶黏剂分布

3.1 超声促进胶黏剂填缝数值分析……044

3.1.1 流-固耦合……044
3.1.2 ANSYS 流-固耦合分析……045

3.2 有限元模型建立……046

3.2.1 几何建模……046
3.2.2 固体的控制方程和边界条件……047
3.2.3 流体的控制方程和边界条件……048
3.2.4 分析设置……049

3.3 超声作用下胶黏剂的流动仿真……050

3.4 超声促进胶黏剂流动与分布……054

3.4.1 胶黏剂的流动与填充……054
3.4.2 超声促进胶黏剂流动与填充……055

3.5 超声振动消除胶层气泡的数值分析……058

3.5.1 几何模型……058
3.5.2 控制方程和边界条件……059
3.5.3 超声作用下气泡与流体的运动仿真……060

3.6 超声作用下气泡的运动行为……063

3.6.1 气泡运动……063

3.6.2 示踪分析 ······064
3.7 胶层气孔测试 ······067
3.7.1 Micro-CT 检测 ······067
3.7.2 胶层破坏模式 ······069
3.8 本章小结 ······069

第 4 章
超声作用下胶接界面的机械嵌合

4.1 超声强化胶接界面机械嵌合实验方法 ······072
4.1.1 胶接接头及夹具 ······072
4.1.2 激光处理碳纤维复合材料板超声强化胶接 ······073
4.1.3 碳纤维复合材料板的激光表面处理 ······075
4.2 超声强化胶接界面机械嵌合结果与分析 ······083
4.3 超声作用对毛细渗透的影响 ······089
4.3.1 毛细效应及超声毛细实验 ······089
4.3.2 超声作用下的毛细上升 ······090
4.3.3 声压及超声驱动力 ······093
4.4 超声作用对黏度及润湿性的影响 ······097
4.4.1 超声作用下胶黏剂黏度变化 ······097
4.4.2 超声作用下胶黏剂在碳纤维复合材料板上的润湿 ······103
4.4.3 超声作用下复合材料板表面自由能变化 ······107
4.5 本章小结 ······109

第 5 章
超声作用下胶接界面的化学键合

5.1 胶接材料化学成分 ······112

5.2 胶接界面化学键合表征方法……113
5.2.1 X 射线光电子能谱分析……114
5.2.2 傅里叶变换红外光谱分析……115
5.2.3 场发射扫描电子显微镜分析……117
5.2.4 能量色散 X 射线光谱分析……117
5.3 超声振动作用下胶接界面化学键合……118
5.3.1 XPS 制样……119
5.3.2 超声作用下胶接界面化学键合……119
5.3.3 超声促进化学反应机理分析……122
5.4 超声作用下接枝表面胶接化学键合……124
5.4.1 偶联剂接枝表面处理工艺……124
5.4.2 试样胶接……124
5.4.3 测试制样……127
5.4.4 接枝表面化学元素及基团变化……128
5.4.5 接枝界面形貌……130
5.4.6 超声促进接枝界面化学反应及机理……131
5.5 本章小结……135

第 6 章
超声振动对胶层固化与性能的影响

6.1 超声振动辅助胶黏剂固化动力学行为……137
6.1.1 超声固化与常规固化对比……137
6.1.2 固化动力学基础……141
6.1.3 常规固化动力学……142
6.1.4 超声振动辅助胶黏剂固化动力学……148
6.2 超声振动对胶黏剂热机械性能的影响……150
6.2.1 制样……150
6.2.2 热重分析……151
6.2.3 固化特性分析……152

6.2.4 动态热机械分析 153
6.2.5 拉伸强度分析 155

6.3 超声加速胶黏剂固化机理 156

6.3.1 超声振动辅助固化的热效应 157
6.3.2 超声促进混合 158
6.3.3 超声振动辅助固化的化学效应 160

6.4 本章小结 167

第 7 章
超声振动强化胶接工艺的应用

7.1 碳纤维复合材料/铝板胶接 169

7.1.1 铝合金板的阳极氧化预处理 169
7.1.2 阳极氧化接头超声强化胶接实验 176
7.1.3 工艺验证与机理分析 178

7.2 FSAE 赛车碳纤维复合材料悬架管胶接 181

7.2.1 胶接接头设计 182
7.2.2 实验夹具及工艺方法 187
7.2.3 超声振动强化胶接工艺优化 189
7.2.4 超声振动强化碳纤维复合材料悬架胶接 193

7.3 碳纤维复合材料桨叶前缘金属包边胶接 195

7.3.1 超声振压注胶胶接 196
7.3.2 桨叶包边超声振压注胶胶接成形试验 197

7.4 本章小结 199

参考文献

第1章 引言

1.1 复合材料胶接技术

碳纤维是由有机纤维经过一系列热处理转化而成、含碳量高于90%的无机高性能纤维，是一种力学性能优异的新材料，具有碳材料的固有特征，又兼备纺织纤维的柔软可加工性，是新一代增强纤维。其主要用途是与树脂、金属、陶瓷等基体复合，制成结构材料。碳纤维是20世纪50年代初应火箭、宇航及航空等尖端科学技术的需要而产生的，也广泛应用于体育器械、纺织、化工机械及医学领域。尖端技术对新材料技术性能的要求日益苛刻，促使科技工作者不断努力探索。20世纪80年代初期，高性能及超高性能的碳纤维相继出现，这在技术上是又一次飞跃，同时也标志着碳纤维的研究、生产和应用已进入一个高级阶段。由碳纤维和环氧树脂结合而成的复合材料，因其密度小、刚性好和强度高而成为一种先进的航空航天材料。航天飞行器的重量每减少1kg，就可使运载火箭减重500kg。所以，在航空航天工业中争相采用碳纤维复合材料（carbon fibre reinforced plastics，CFRP）。某型号垂直起落战斗机，所用的碳纤维复合材料已占全机重量的1/4，占机翼重量的1/3。据报道，美国航天飞机上3只火箭推进器的关键部件以及先进的MX导弹发射管等，都是用先进的碳纤维复合材料制成的[1]。波音787飞机上复合材料用量约占飞机结构重量的50%。此外，碳纤维复合材料的应用实现了汽车、轨道列车的轻量化，响应了国家“节能减排，绿色发展”的号召，如图1-1所示。

图1-1　碳纤维复合材料在汽车、轨道交通和航空航天中的应用[2]

碳纤维复合材料具有轻而强、抗疲劳、抗腐蚀等特性，已成为深度轻量化中主、次结构件的首选。但由于结构设计和工艺水平限制，复合材料制件不可避免分离制造再组装，制件间的连接成为决定复合材料轻量化应用成功的关键[3]。与各向同性的金属材料相比，各向异性的碳纤维复合材料经过切割或机械加工后会受到严重损伤和弱化，其层间剪切变得更敏感。胶接通常借助热固性聚合物胶黏剂将零件连接为不可拆卸的整体，相对于机械连接，胶接无需机械紧固件（如螺栓、铆钉等），避免因打连接孔而破坏纤维连续性，从而充分利用材料的全部强度，也较好地规避了复合材料各向异性严重、韧性差、缺口敏感度高等问题[4]。此外，胶接具有受力面大、承载力强、应力分布均匀、结构重量轻、耐电化学腐蚀以及方便异种材料连接等优点[5-7]。

越来越多的高性能轻质复合材料应用在飞机结构中，胶接逐渐成为飞机设计制造中不可或缺的部分，如图 1-2 所示。在航空发动机复合材料叶片与深 V 形金属包边连接中，采用了胶接方式，防止叶片高速旋转的冲刷磨损，增加叶片鸟撞安全性，如图 1-3 所示。此外，在汽车制造工艺发展过程中，轻量化设计是实现汽车节能、安全和环保的有效手段，胶接成为碳纤维复合材料轻量化连接的重要发展方向，近年来成为连接成形的研究热点。宝马量产的 i3 纯电动汽车就是采用胶接工艺进行碳纤维复合材料车身部件的连接，每辆车使用约 10kg 的强力胶[8]。

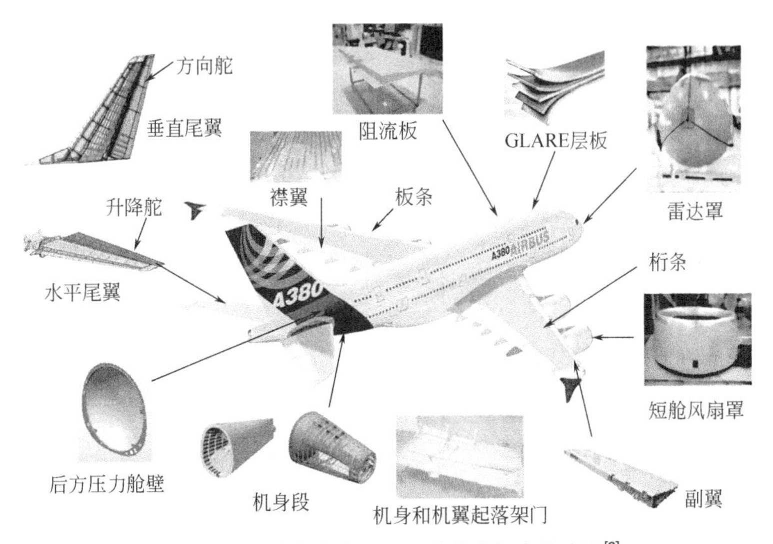

图 1-2 胶接在空客 A380 宽体客机上的应用[9]

图1-3　叶片包边

1.2 胶接技术基础

胶接技术，是利用胶黏剂在连接面上产生的机械嵌合力、物理吸附力和化学键合力等作用而使被粘物连接起来的工艺方法。胶接工艺简便，不需要复杂的工艺装备，胶接操作不必要在高温高压下进行[10]。通常胶接包括平面胶接与非平面胶接两大类。平面胶接根据搭接方式细分为单搭接接头、双搭接接头、对接接头、斜接接头以及阶梯搭接接头等，如图 1-4 所示。非平面胶接是指将三维连接结构按照平面胶接方式进行连接，进而制备出 L 形接头、T 形接头、帽形接头等[11]，如图 1-5 所示。

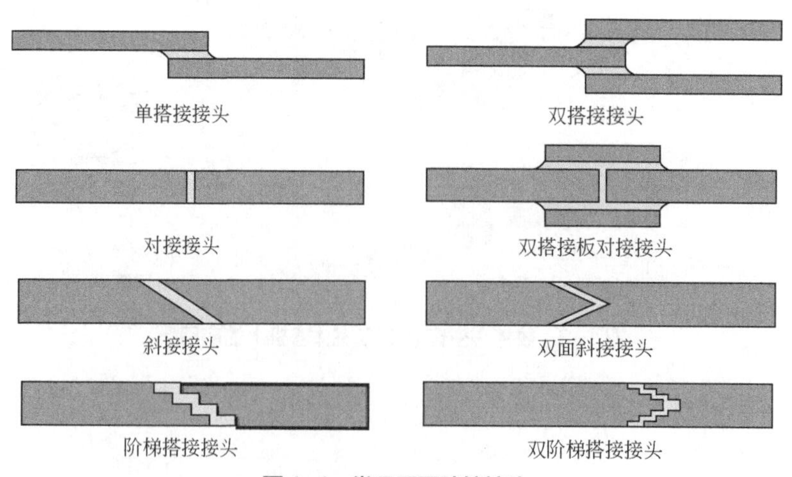

图1-4　常见平面胶接接头

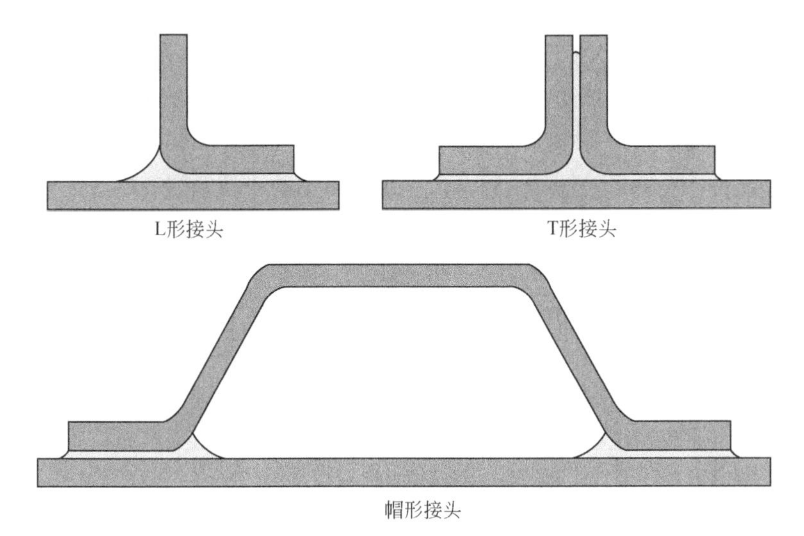

图1-5 常见非平面胶接接头

1.2.1 胶接机理

在胶接界面处形成的多种力的作用使得胶黏剂与被粘物之间相互吸引和连接，而界面是两种或两种以上不同物理、化学性质的相通过微机械嵌合、分子扩散、化学键合等多种作用机制形成的，结构和性能有明显差异，且具有一定厚度的过渡区域。随着对胶接机理研究的不断深入，人们从不同的角度和途径出发，提出了下面几种胶接理论[12]：

机械嵌合理论认为，即使肉眼看起来表面非常光滑的被粘物，微观上还是遍布沟痕、凹槽，具有一定的粗糙度，胶黏剂渗入被粘物表面的沟槽或者孔穴中，待胶黏剂在此区域固化后如“锚”一样地抓住被粘物表面便产生了机械互锁。但后续研究认为[13]，被粘物表面粗糙而致使胶接强度提高本质上是由于粗糙界面使得破坏时会消耗更多的黏弹性或者塑性能量。

吸附理论，又叫作热力学理论，是20世纪40年代被提出的。该理论认为，被粘物与胶黏剂之间存在分子间作用力，胶黏剂在被粘物表面润湿铺展后，两者的极性基团互相靠近而逐渐产生作用力，其大小与表面自由能等热力学参数有关。

扩散理论认为，胶接是由分子扩散所致，胶黏剂与被粘物紧密接触后，由于热运动，两种材料内部的分子互相进入对方表层，导致界面逐渐模糊成为连接整体，扩散程度与材料间的相容性有关。

化学键合理论指出，胶黏剂分子能与被粘物表面的某些活性基团反应形成化学键，以此来连接两者。化学键的建立需要特定的条件，但这种化学结合一旦形成则是比较牢固的。化学键理论认为被粘物与胶黏剂之间主要存在的是离子键与共价键。

化学键的作用力远大于分子间的作用力，胶接界面产生的化学键对胶接强度有着明显的促进作用，因此化学键合理论可以解释许多界面结合强度非常高的现象。将一些高强度胶接接头破坏后，对胶接界面分析，发现在界面处发生了一定程度的化学反应，生成了新的化学键合。除此之外，化学键还可以防止裂纹的产生与扩展，抵抗老化作用等。

静电理论，又称为双电层理论，认为在胶黏剂与被粘物之间会发生电子转移以维持平衡，胶接界面处会出现如同电容器两极板那样的双电层，形成电位差而产生黏附力。

此外，还有弱界面层力理论、配位键理论等胶接机理。胶接力的形成因胶黏剂和被粘物的种类以及胶接过程的不同而异，这些理论之间并不相互排斥，且有一定的交叉，如润湿与吸附也是界面色散作用、共价结合作用、静电作用和扩散作用的共同结果。

1.2.2 黏附力产生条件

根据胶接基本理论，胶接界面产生黏附力的条件主要有：

（1）胶黏剂对被粘物表面的润湿[14]

液滴接触固体表面后，接触面积自动增大的过程为润湿，这是液体分子与固体表面相互作用的结果。液滴切面与固体平面间的夹角θ为润湿角，润湿角的大小表示液体润湿固体表面程度。$\theta=0°$，表示液体对固体表面完全润湿；$\theta=180°$，表示完全不润湿。通常情况下，液体对固体表面是不完全润湿状态，即$0°<\theta<180°$。

胶黏剂一般为黏稠液体，某些固体胶黏剂如胶膜、胶棒等，在胶接过程中也需通过加热使其变为黏流态。黏流态的胶黏剂对固体表面的润湿与一般液体相似，然而润湿角θ达到平衡值的时间较长，因为胶黏剂对固体表面的润湿不仅取决于它们之间的润湿热力学条件，即两界面间相容性参数、表面能等，还与界面分子间接触过程中的动力学即润湿或散开速度有关，与胶黏剂的黏度和被粘物表面状态（粗糙度、清洁度等）有直接关系。

（2）胶黏剂对被粘物表面的作用

胶黏剂对被粘物表面的润湿是产生黏附力的必要条件，而界面上发生的机械、物理和化学作用是产生黏附力的充分条件。不同的胶黏剂和不同的被胶接表面，各种作用对最终产生的黏附力贡献是不同的。

① 机械作用　通过加工使被粘物表面具有一定粗糙度，能显著提高胶接强度，粗糙表面与光滑表面相比不仅增大了有效胶接面积，而且增强了上述机械嵌合作用，尤其是对高模量的胶黏剂，由于“锚固”作用增强，粗糙表面的机械作用更为重要。

② 扩散作用 一般情况下，胶接界面扩散作用很不明显，产生的黏附力也较小。当用高分子胶黏剂胶接塑料、橡胶、合成纤维等高分子材料时，通过大分子及其链段的热运动，胶黏剂与被粘物表面材料分子相互扩散，形成相互“交织”的结合，界面消失，产生很高的结合强度。

③ 吸附作用 根据物理学的观点，任何物质的分子相互接触到一定程度，便产生吸附。在胶接过程中，应尽可能使胶黏剂和被粘物表面紧密接触，润湿是一种手段，增大胶接压力也会有帮助。此外，胶黏剂大分子或其链段的热运动，通过外场作用，使其极性基团部分向被粘物表面靠近，当距离达到埃尺度（10^{-10}m）时，分子间便产生了明显的吸附力。由于大分子含大量极性基团以及众多大分子产生吸附力有加和性，所以总吸附力较强，一般认为这是产生黏附力的主要因素。

④ 静电作用 对于某些特殊胶接体系，当胶黏剂和被粘物是一种电子的接受体-供给体的组合形式时，电子会从供给体（如金属）转移到接受体（如聚合物），在界面区两侧形成了双电层，从而产生静电引力。当然，静电作用的实质与吸附作用一样，也是由于大分子极性基团的相互作用引起的。一般认为，静电作用不起主导作用。

⑤ 化学作用 通常胶黏剂很难与被粘物表面产生化学反应。通过改变被粘物表面的组成，如表面接枝、等离子处理等，使被粘物表面活化，形成某些能够与胶黏剂反应的官能团，如羟基、氨基、环氧基等，在胶接过程中创造条件，形成界面间的化学反应键合。

1.2.3 胶接强度影响因素

从上述对形成黏附力条件的分析可知，影响胶接强度的主要因素是胶黏剂主体材料的性质、被粘物表面状态和胶接工艺三方面[15]。

（1）胶黏剂主体材料的性质

① 分子量 通常分子量较低的高分子化合物，其黏度（或熔点）也较低，因而润湿及黏附性较好，但分子量过低的高分子化合物本身内聚强度低。

② 分子结构 作为胶黏剂的高分子化合物，当分子结构中含有较多且较强的极性基团时，一般胶接强度较高，如环氧树脂、酚醛树脂、丁腈橡胶等，含有极性的醚键（—O—）、羟基（—OH）、腈基（—CN）等，常被用作胶黏剂的主体材料，而不含强极性基团的聚乙烯、聚丙烯则很少被采用。此外，高分子化合物的交联程度越高，黏附性能越差，如天然橡胶由于硫化交联而大大削弱了硫化橡胶的黏附性能。

（2）被粘物表面状态

① 表面清洁度 被粘物表面沾有污物会严重降低胶接强度。试验证明，当铝合金试件上涂有机油、石蜡油、润滑油时，环氧胶黏剂的胶接强度将分别降低15%、20%

和 100%。

② 表面粗糙度 经验证明，被粘物表面具有一定的粗糙度，能够提高胶接强度，这是由于粗糙表面不但能够增大有效胶接面积，而且粗糙表面更有利于机械嵌合作用和阻止胶层微小裂缝的扩展。但过于粗糙的表面，由于表面凸点直接接触，阻断胶层，以及由于粗糙表面凹陷处容易残积气泡而影响胶黏剂的润湿，反而会降低胶接强度。不同类型的胶黏剂对最佳胶接表面粗糙度有不同的要求，有机胶黏剂要求的表面粗糙度以 *R*a2.5～200μm 为宜，无机胶黏剂以 *R*a10～80μm 为宜。

③ 表面化学性质 一般金属材料表面容易生成氧化膜，即锈层，多数金属的氧化膜与内层金属结合不牢，胶接前需除去锈层。但铝和铝合金例外，由于表面形成的氧化铝膜与内层金属结合牢固，且氧化铝具有极性，利于胶接，所以在生产上往往通过化学氧化或电化学氧化（阳极氧化）方法在铝或铝合金材料表面生成一层氧化膜，能大大提高胶接强度。此外，在被粘物表面通过化学方法接枝偶联剂，如 KH560 等，改善被粘物表面的润湿特性，同时可与胶黏剂分子反应形成桥接结构，显著提高胶接性能。

（3）胶接工艺

① 胶层厚度 通常胶接强度随胶层厚度的增加而降低，较薄的胶层有利于胶黏剂分子定向排列从而提高胶接强度，同时胶层较薄时产生裂缝、孔隙的概率以及由于收缩等原因造成的内应力也相对地减少。但若胶层厚度过小，以致不能形成连续胶层，胶接强度反而会下降。不同类型的胶黏剂最适宜的胶层厚度不同，一般无机胶黏剂和含填料的有机胶黏剂为 0.1～0.2mm，不含填料的有机胶黏剂为 0.05～0.1mm。

② 晾置工艺 对含溶剂的胶黏剂，涂胶后的晾置过程是必不可少的，晾置的温度和时间，取决于胶黏剂的性质和所含溶剂的类型。对含低沸点溶剂（丙酮、乙醇等）的胶黏剂，可在常温下晾置或由常温逐步加热干燥。对含高沸点溶剂的胶黏剂，如以二甲基乙酰胺为溶剂的聚酰亚胺胶，则必须在较高的温度（100～120℃）进行干燥。

③ 固化工艺 固化工艺包括固化压力、温度和时间三个参数。

固化压力——胶层固化时施加一定的压力可保证胶层均匀，减少气泡和孔隙，使胶层具有一定的厚度，加压还有利于胶黏剂的流动和对被粘物表面的润湿。压力大小取决于胶黏剂，对含溶剂和固化时产生低分子物的胶黏剂应采用较大的固化压力，如以酚醛和有机硅树脂为主体，以乙醇为溶剂的国产 204 胶，固化压力从 0.05MPa 增大至 0.5MPa 时，胶接强度可提高 15%～20%，但继续增大压力至 3MPa 时，强度反而会下降 20%～30%，这是由于压力过大，造成缺胶使胶层不连续的缘故。

温度——固化温度对胶接强度影响很大，对热固性胶黏剂，一定的固化温度是促使胶黏剂分子交联反应的必要条件。对常温固化胶黏剂，虽然室温下能发生交联反应，但适当提高温度可加速反应过程，并能促使固化更加完全。每种胶黏剂都有适宜的固化温度，低于这一温度，固化不完全，严重影响胶接强度；高于该温度，在一定范围内对胶接强度影响不大，但浪费能源；过高温度会导致胶黏剂老化降解，削弱胶接强度。

时间——在固化温度下保持一定时间，可使胶黏剂固化充分，获得更高的胶接强度。每种胶黏剂在不同的固化温度下，都有一个最适宜的固化时间，延长固化时间只能造成设备和能源的浪费。

1.2.4 胶接接头失效模式

复合材料胶接接头发生破坏时，可以分为以下七种失效模式[16]：①界面黏附失效；②胶层内聚失效；③胶层界面薄层内聚失效；④被粘物表层纤维撕裂失效；⑤被粘物表面纤维轻度撕裂失效；⑥被粘物本体断裂失效；以及⑦由以上两种及以上形成的混合失效，如图 1-6 所示。

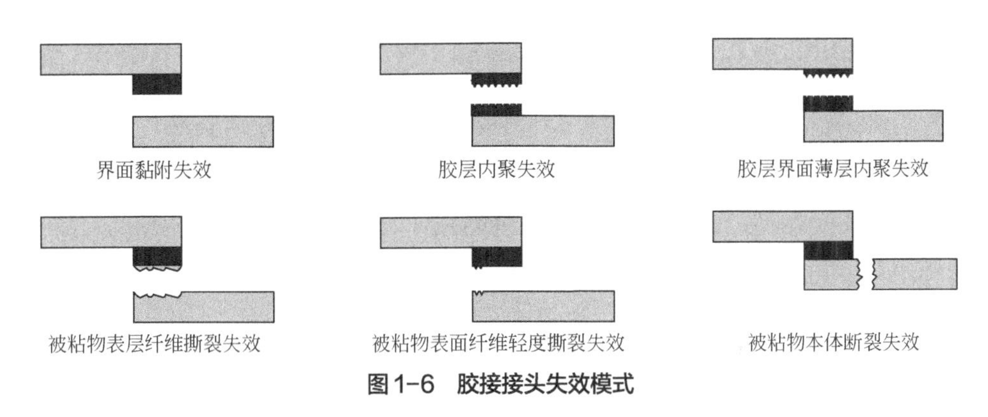

图 1-6　胶接接头失效模式

由此可见，为了获得理想的胶接接头，必须同时提高胶黏剂本身的内聚强度和胶黏剂与被胶接面的黏附强度。内聚强度主要取决于胶黏剂的性质和固化工艺条件，黏附强度不仅与胶黏剂有关，而且还取决于被粘物的性质、表面状态和胶接工艺。

1.3 复合材料胶接研究

在胶接成形中，由于胶层为非密闭结构，无法有效施加外部成形力，如胶接压力等，来控制胶黏剂在胶层中的流动分布，从而导致固化后胶层分布不均匀，易出现孔隙等缺陷削弱胶接。胶黏剂对被粘物表面的润湿结合是自发且缓慢的过程，在充分浸润粘接面之前，胶黏剂可能已经交联固化，无法形成胶接界面的充分结合。

此外，由于胶黏剂在连接成形中的交联反应以及温度变化等原因会使胶层产生内应力，导致胶层产生初始裂纹甚至分层现象，降低胶接强度与寿命，因此致使胶接产品强度无法得到充分保证[17]，成形质量不可控，难以用于受力承载等关键部件的连接成形。在某赛车悬架的碳纤维复合材料横臂结构中，采用胶接工艺连接碳纤维复合材料管和铝合金接头，如图 1-7 所示，虽然设计的胶接强度满足使用强度要求，但在实车验证中发现只有不足 50%的管臂类零件能够满足实际要求，其余均在测试过程中发生胶接破坏。可见，探索稳定可靠的胶接工艺仍是摆在研究人员面前的重要课题。

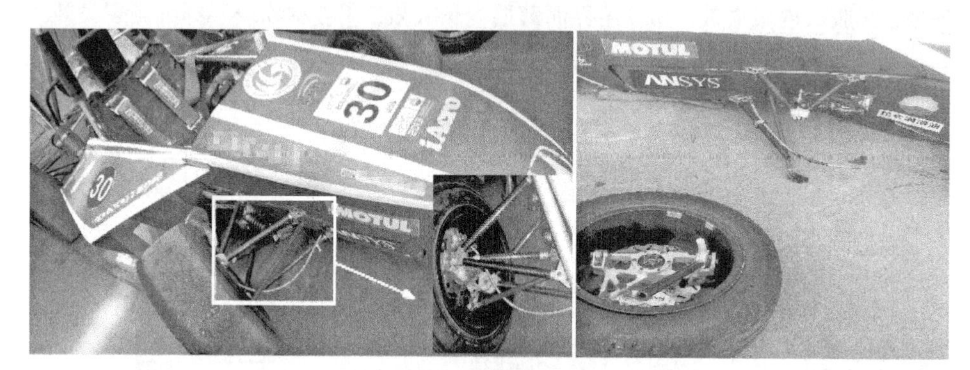

图 1-7 碳纤维复合材料横臂结构及其胶接失效

国内外学者在改善碳纤维复合材料的胶接工艺、增强复合材料结构件的胶接性能等方面已经有多年的研究。

（1）碳纤维复合材料胶接工艺研究

葛宏伟[18]采用正交试验研究了胶接尺寸参数对碳纤维复合材料/钢板胶接件剥离强度的影响，得到各参数影响强度的主次顺序为：胶层厚度>搭接长度>碳纤维复合材料板宽度>碳纤维板厚度，且研究发现增加胶层厚度，碳纤维复合材料/钢板的胶接质量反而减弱。设计合适的胶层厚度，胶层分布越均匀，样件的胶接性能越好。

范学梅[19]采用碳纤维复合材料/铝接头的胶接件代替钢制横臂对方程式赛车悬架系统进行了轻量化设计与制造，研究发现各因素对胶接强度影响的重要性顺序为：胶接工艺>表面处理>胶接长度>胶黏剂类型>胶层厚度，并发现当胶接长度为 57.2mm、铝接头表面无滚花处理、胶黏剂选用 3M 460NS 时样件的胶接质量最好。

朱德举等[20]对碳纤维复合材料/钢板单搭接胶接件在不同温度下的接头力学性能进行研究，发现碳纤维复合材料/钢板单搭接胶接件的胶接强度和界面断裂能在一定温度范围内随温度的升高而增大，但是当温度超过某一数值时，胶接件的胶接强度和界面断裂能显著下降。

杨晓莉[21]研究了碳纤维复合材料/钢板胶接的性能，发现双搭接接头的胶接强度比单搭接的胶接强度高 20%，但双搭接胶接件的重量是单搭接的 1.5 倍，且实验研究发现胶接强度随搭接长度的增加而提升，但不是正比关系。

崔永鹏等[22]对碳纤维复合材料/钛合金套接形式的胶接接头进行了研究，发现 J133 胶黏剂适合于钛合金与碳纤维复合材料的胶接。适当提高被粘物表面的粗糙度，以及采用化学方法处理被粘物的表面，都可以提高碳纤维复合材料/钛合金的胶接强度。胶层厚度在 0.15～0.2mm 范围内时，样件的胶接性能最好。

乔海涛等[23]研究了不同的胶接工艺方法对碳纤维复合材料胶接性能的影响，发现接头表面经砂纸打磨与清洗，然后采用 SY-D15 表面处理剂处理，不仅能显著提高胶接件的剪切强度，而且可以明显提高其剥离强度。另外，复合材料的树脂基体显著影响胶接性能，增韧的环氧树脂基复合材料和环氧胶黏剂之间的胶接效果最好。

韩江义等[24]对碳纤维复合材料管/铝接头进行研究，发现胶层厚度为 0.15mm，铝接头表面粗糙度为 150μm，且表面进行 P2 处理，即将 370g 相对密度为 1.84 的浓硫酸和 150g 浓度为 75%的硫酸铁混合，用 1L 去离子水稀释，再将铝接头放入该溶液中在 66℃温度下浸渍 12min，用去离子水冲洗 2min，在 60℃下干燥 35min，处理后胶接强度最好。

Arenas 等[25]研究了胶黏剂（乐泰 9466 环氧胶和 Teromix 6700 聚氨酯结构胶）和表面处理（喷砂、砂纸打磨、剥离布表面处理）对碳纤维复合材料/铝合金单搭接胶接的影响。发现采用环氧树脂胶时，砂纸打磨碳纤维复合材料和铝合金获得的胶接样件，以及砂纸打磨碳纤维复合材料和喷砂处理铝合金获得的胶接样件的性能较好。选用聚氨酯结构胶时，砂纸打磨碳纤维复合材料和铝合金、剥离布处理碳纤维复合材料与砂纸打磨铝合金、剥离布处理碳纤维复合材料与喷砂处理铝合金、喷砂处理碳纤维复合材料与砂纸打磨铝合金获得的胶接样件的性能较好。

Okada 等[26]提出了新的碳纤维复合材料/铝合金胶接工艺，采用均匀低能电子束处理碳纤维复合材料板、铝合金接头表面，涂胶、装配胶接接头后，将碳纤维复合材料/铝合金的胶接件放置在压力为 1Pa、温度为 430K 的真空热压机中 2h 直至固化。该工艺将样件的胶接强度提高了 45%，具有显著的效果。

Choi 等[27]对碳纤维复合材料/碳纤维复合材料板单搭接胶接的性能进行了研究，通过增加一层随机取向的芳纶纤维实现对碳纤维复合材料板的表面改性，使得碳纤维复合材料/碳纤维复合材料板单搭接样件的胶接强度比表面打磨处理的胶接样件的强度提高了 37%，比未进行表面处理的胶接样件的强度提高 74%，增强效果显著。

Wei 等[28]在两块碳纤维复合材料板间胶接 0.08mm 厚度的铝箔片制备铝箔/碳纤维复合材料层合板，发现铝箔表面采用 NaOH 或 H_2SO_4/CrO_3 腐蚀处理都可以增强碳纤维复合材料与铝材之间的界面胶接性能。

Zhang 等[29]使用磷酸盐阳极氧化处理了铝合金表面，将碳纤维复合材料与 A6061 铝合金进行连接。通过 SEM 对表面形貌进行表征，研究发现阳极氧化处理后的板材具有纳米多孔氧化层，该表面结构使得胶接强度提高到了 41.8MPa，这是由于表面多孔结构强化了界面处的机械嵌合效果。

Kalu 等[30]使用一种稀释的 HNO_3 电解质对 304 不锈钢表面进行纳米尺度的刻蚀，得到的表面具有超亲水性，适合与聚合物形成界面机械嵌合，通过单搭接剪切试验证明所得接头的强度较喷砂处理大一倍。

Hamilton 等[31]研究了利用微结构互锁特性改善胶接接头力学性能的可能性，微结构表面是由聚碳酸酯注射成型。得到机械嵌合的单搭接接头，与表面粗糙化处理的接头进行拉伸破坏对比试验。研究发现，由于机械嵌合的结构特征，接头的强度提高了 95.9%。

Rhee 等[32]对碳纤维复合材料/铝板单搭接接头的胶接性能进行了实验研究，发现碳纤维复合材料（Ar^+辐射）/铝（等离子体处理）、碳纤维复合材料（不处理）/铝（等离子体处理）、碳纤维复合材料（Ar^+辐射）/铝（未处理）、碳纤维复合材料（不处理）/铝（不处理）四组胶接样件的平均剪切强度分别为 0.75MPa、0.48MPa、0.56MPa、0.36MPa，研究发现采用直流等离子体处理铝板表面、Ar^+辐射（氧环境下）处理碳纤维复合材料板表面对碳纤维复合材料/铝板样件胶接性能的增强效果显著。

Li 等[33]研究了碳纤维复合材料/碳纤维复合材料板采用不同形式的接头胶接（单搭接、双搭接、斜接）时被粘物厚度、斜角（斜接时）、搭接长度和宽度对样件胶接性能的影响。发现相同条件下可以承受的极限拉伸载荷最大是双搭接接头，斜接样件的剪切强度比单搭接、双搭接样件的剪切强度分别高 12%和 43%，斜接接头的强度/重量比（剪切强度/搭接区域的面积）比单搭接、双搭接样件的强度/重量比分别大 126%和 338%，所以采用斜接接头时轻量化效果最好。

Anyfantis 等[34]研究了板厚、板长、胶层厚度、胶接长度等物理参数对碳纤维复合材料/钢板单搭接胶接性能的影响，发现胶接件的厚度等因素对剪切强度的影响微弱，而搭接长度显著影响样件的胶接性能。

Seong 等[35]研究了压力、搭接长度、板厚等参数对碳纤维复合材料/铝板单搭接胶接性能的影响，发现增加胶接压力、搭接长度、板的厚度可以提高胶接强度。胶接压力从 2atm 增加到 6atm（1atm=101.3kPa），胶接强度从 18.5MPa 提高到 24.0MPa；搭接板材的厚度增加两倍，胶接强度可以提升 12%～32%。

Reitz 等[5]研究了红外激光、紫外辐射表面处理对碳纤维复合材料/铝板单搭接胶接性能的影响，发现红外激光、紫外辐射处理碳纤维复合材料板表面可以增强样件的剪切强度，但红外激光处理对胶黏剂与碳纤维复合材料界面胶接性能的提升较高。

Fan 等[36]采用光纤激光器在 304 不锈钢金属表面刻制圆形阵列结构以强化金属与塑料之间的结合，研究了圆形凸起结构的排列与尺寸对结合强度的影响。研究发现该表面结构促进了界面的机械嵌合，且当圆形结构的高度为 10～20μm 时，结合强度随着圆形结构的增多而增大。

Zaldivar 等[37]研究了砂纸打磨处理对不同类型碳纤维复合材料板材（T300、M55J、K13C2U）的胶接的影响，发现表面处理可能会损伤碳纤维复合材料表面，引起胶接失效，采用大粒度砂纸打磨处理碳纤维复合材料表面会导致样件的胶接性能降低。碳纤维复合材料板模量低时样件的胶接性能更加优异，模量越大，砂纸打磨处理时越容易造成被粘物表面的损伤破坏。

一方面，国内外学者通过研究碳纤维复合材料的胶接形式、板材的长度和宽度、胶层厚度、胶接长度等接头物理参数对胶接强度的影响，以改善碳纤维复合材料结构件的胶接性能、增强胶接强度；另一方面，通过研究打磨、低能电子束、直流等离子体、紫外辐射、激光等方法处理碳纤维复合材料表面以提升界面结合力，从而强化碳纤维复合材料结构件的胶接性能。胶接接头尺寸一定的前提下，目前强化碳纤维复合材料胶接性能基本都是采用物理/化学法处理胶接界面以提高结合力，这些方法对复杂曲面零件及轴类零件的胶接强化表现不理想。另外，界面改性处理属于被动强化方法，而采用外部作用干预胶接且强化界面结合的主动强化方法的研究资料很少。

（2）复合材料结构件胶接性能的数值分析

宫楠[38]提出了胶接过程中温度、应力和变形分析的数值方法，对碳纤维复合材料 T 形胶接接头的温度场、应力场、变形以及样件固化后的残余应力和变形进行了动态仿真。研究表明，当温度骤降时复合材料 T 形接头往往会发生褶皱变形、残余内应力等，控制此阶段的工艺可以显著提高胶接性能。

盛仪等[39]建立了碳纤维复合材料 T 形接头胶接的有限元模型，仿真分析了接头拉伸时出现损伤、损伤扩展直至胶接破坏的过程，胶接样件静态拉伸的实验结果与仿真结果基本吻合，验证了模型的准确性。研究发现填料区是碳纤维复合材料 T 形接头胶接结构中最弱的环节，非常容易发生破坏，当填料区产生裂纹后会以很快的速度向附近的胶接部位扩展，直至胶接接头破坏。

苏维国等[40]基于胶接理论并考虑温度和载荷的影响，添加了非线性材料的胶层，建立了金属板/复合材料双搭接胶接界面的力学模型，得到了胶层应力和接头破坏载荷的计算公式。仿真结果验证了模型的准确性，并利用该模型研究了胶接接头破坏的机理。

王晓光等[41]对碳纤维复合材料传动轴（碳纤维复合材料/金属管胶接）的胶接性能进行了仿真研究，发现胶接区域为鼓形时，厚度变化的胶层可以使胶接接头的应力更加均匀，从而增强碳纤维复合材料传动轴的胶接性能。

Domingues 等[42]考虑接头应力分布、损伤过程、失效模式等对碳纤维复合材料/铝合金的 L 形接头胶接进行了数值分析，仿真结果与实验数据基本吻合，采用该模型分析得出接头的尺寸和胶黏剂类型对胶接性能的影响很大。

Ribeiro 等[43]基于内聚力模型仿真分析了碳纤维复合材料/铝合金单搭接胶接的应力等，并通过失效模型、裂纹扩展等描述了接头的失效过程。该数值分析方法有效预测了复合材料接头的胶接强度，为复合材料接头的设计提供了指导。

Al-Mosawe 等[44]通过有限元法结合实验验证研究了复合材料尺寸、弹性模量等对复合材料/钢板双搭接接头胶接性能的影响，发现复合材料模量的不同，双搭接样件的失效模式基本相似，但复合材料的模量对胶接接头的应力分布有很大的影响，此外复合材料的拉伸强度对胶接性能的影响也很大。

目前，国内外学者一方面采用数值分析方法研究了碳纤维复合材料胶接接头的应力、失效及破坏过程等，另一方面通过仿真分析预测了复合材料胶接接头的强度等。数值分析的结果给复合材料的胶接强化提供了指导。碳纤维复合材料结构件的胶接过程中，胶黏剂的流动与填充过程、润湿过程、固化与交联反应等都是影响接头胶接强度的重要因素，由于建模、计算等困难，很少有学者对此进行数值分析。

1.4 超声辅助成形研究

超声是一种频率高于 20kHz 的机械波，既是一种波动形式，又是一种能量形式。当它在介质中传播时，与介质相互作用，引起一系列的效应，从而导致介质的物理和化学变化，主要包括如下几个效应：

（1）机械效应

机械效应在超声各种效应中占比最高，也是超声最基本的效应。在超声传播过程中，介质质点反复被压缩和拉伸，产生机械效应。机械波通过流体介质可能形成驻波，超声具有额外的机械力可使存在于流体中的微粒在节点处凝集，产生周期性的堆积与分散。当超声在压电材料和磁致伸缩材料中传播时，由于介质质点的反复拉压，会导致感应极化和感应磁化。若 20kHz、1W/cm^2 的超声在水中传播，则其产生的声压幅值为 173kPa，这意味着声压振幅以每秒 2 万次在 ±173kPa 之间变化，最大质点的加速度达 14.4km/s^2，大约为重力加速度的 1500 倍[45]。利用超声处理环氧树脂基体可使其形成均匀的纳米空腔从而提高固化物的拉伸强度、韧性和热稳定性[46]。

（2）空化效应

在超声作用下液体中微泡剧烈振动，气泡膨胀收缩的周期会随着声压的上升而缩短，当声压足够大时，该周期极短，气泡溃灭时，会产生冲击波，这些过程统称为超声空化[47-49]。当超声作用于液体时，会产生大量的小气泡。其一是由于超声使液体产生局部拉伸应力，这种拉伸应力会造成负压，压力降低到一定程度会使原本溶解在液体中的气体逸出成小气泡。其二是强拉应力将液体“撕裂”形成空腔，空腔内是液体蒸气或液体中溶解的其他气体，甚至真空[50]，这一过程即为空化。空化气泡将随着周围介质的振动而持续运动，长大或突然破裂。当气泡破裂时，周围的液体突然涌入气泡中，同时还产生激波，会导致局部高温和高压。当空化气泡破裂时，在空化气泡周围极小空间中将产生4700℃的瞬态高温和约50MPa的高压，温度冷却速率为109K/s，并伴随有强烈的冲击波和速度为400km/h的射流。气泡在收缩过程中的高温使气体电离，离子化的电子被原子和离子碰撞而产生轫致辐射。

（3）热效应

超声在介质中传播时引起粒子振动，由于传播介质的内部摩擦，部分能量将被介质吸收并转化为热能，增加介质的整体温度和边界外的局部温度。这种摩擦生热在超声穿过不同介质过渡的界面时更为显著，原因是界面过渡时特性阻抗发生突变，这将使超声反射，形成驻波[51]。

（4）化学效应

超声引起介质振动，促进局部区域反应物混合，加速反应物粒子官能团的碰撞，可促使发生或加速某些化学反应。许多化学物质的水解、分解和聚合过程在超声参与下可被加速[52-54]。光化学和电化学过程在超声的作用下也可发生明显的变化。

（5）声流效应

当超声在介质中传播时，沿着传播方向超声振幅逐渐衰减，导致介质分子沿着超声衰减方向运动，表现为液体的流动，造成液体的喷射现象，形成环流，在介质中起到搅拌的作用[55]。

19世纪末到20世纪初，超声波技术开始发展并得到重视，目前已在医学、农业、工业、军事等方面得到推广，超声振动辅助成形成了材料加工的新方向，超声作用下液体的空化效应、热效应以及超声场中聚合物分子的机械性断键和自由基的氧化还原反应[56]被广泛应用到科学研究与实际工程中，如钎焊、石油开采、聚合物改性等越来越多的领域开始引入并应用超声振动。国内外的相关研究证实了超声振动在许多方面的改善作用[57-60]。

1.4.1 超声振动对流体分布行为的研究

目前有研究发现超声可以促进胶黏剂的流动，Yuan等[61]发现将整个胶接样件放入超声清洗机中时，超声高频振动可以有效地改善胶黏剂的流动性，从而使其在复合材料层合板的表面结构中得到更充分、更均匀的渗透，但并未系统地研究在胶接界面上超声振动诱发的材料微观行为与作用机制，超声促进流体胶黏剂在被粘物表面微细结构中的毛细润湿作用规律与机理尚不明确。

Dezhkunov 等[62]研究了超声振动对水、甘油及其溶液在毛细管中流动的影响，发现超声振动对毛细流动具有明显的促进作用。Rozina[50]证实了超声振动对水和 DBP（邻苯二甲酸二丁酯）在毛细管中的流动具有促进作用。Luo 等[63]研究了超声作用下油中单个液滴的运动。目前，关于超声振动对流体分布行为的研究大多基于实验开展，超声改变流体行为演化的规律与作用机理尚不明确。Zhou 等[64]通过摩擦力测试及充填深度实验，并结合有限元分析，得出超声振动能降低玻璃预制件与模具之间的界面摩擦力，减少成型过程中的应力集中，使模具内应力分布更加集中，提高了材料的成型性能。超声振动也已用于辅助高分子成型，主要是用于挤出[65]和注塑[66,67]，可以提高熔体分子的运动活性，降低熔体成型黏度，改善填充性能，但超声辅助挤出或注射成型与超声独立作用下胶黏剂在开放空间的分布是有根本区别的，其规律与机理并不适用于后者的研究。因此，要通过超声振动达到改善胶黏剂在胶接缝隙中分布的目的，仍需开展超声振动对狭层开放空间中黏性流体的作用机理与特性的研究。

当前研究发现在钎焊中超声振动可以促进液体的流动与填缝，并改善液态钎料在固体表面的润湿性。Yu 等[68]发现在铝与石墨的钎焊过程中，应用超声振动可以提高液态焊料在母材表面的润湿性，同时加速界面反应的元素扩散速率，因此可以得到性能可靠的铝/石墨接头。耿园月[69]研究了超声振动对钎料在镁合金板与玻璃板之间填缝的动力学行为，发现超声振动可以提高钎料的流动速率，且两块平行板间的缝隙越小促进填缝作用越明显，增加振动时间可以增加钎料填缝的长度。此外，研究还发现超声振动促进填缝过程中，毛细作用不是填缝发生的主要动因，而是其他因素。付秋姣[70]利用超声钎焊工艺实现铝合金和铝基复合材料的焊接，研究发现填缝速率与钎焊的材料、预留间隙、超声时间、振幅有关。减小板材的间距、增大振幅，可以加快钎料的流动与填充。振动时间较短时，钎料的流动速率较快。许志武[71]研究了超声辅助 Zn-Al 钎焊工艺，发现超声振动可实现钎料的水平填缝，当超声振动的振幅增强至一定程度时，钎料液滴在固体母材上的润湿状况得到了明显改善[72,73]。Xu 等[74]对超声振动辅助 Zn-Al 钎焊时钎料的毛细填缝机理进行了探究，发现超声引起的毛细现象可能是由于毛细管入口处的声压显著下降和沿毛细管的声压梯度。

1.4.2 超声振动作用下流体在固体表面的附着特点研究

由于超声空化作用导致的高压射流，使流体由层流变为紊流，其分子有更多的机会与固体壁面发生碰撞接触，从而改善了流体对壁面的附着，这已经在实践中得到验证[75,76]。关于超声振动改善界面附着机理的研究，许志武等[73]与刘丽等[77]学者认为是超声空化效应导致固/液界面处强的声压促进了界面润湿。Sato 等[78]则认为超声振动导致熔体在型腔内产生振荡流动，减小了塑件收缩及表面层变形阻力，改善了保压阶段产品的表面成型性能。Holtmannspotter 等[79]发现超声的表面清洁作用可以提高界面结合强度，其高频振荡降黏作用可以增强界面润湿，有利于界面结合。马克明[80]研究了碳纤维/环氧树脂复合材料 RTM 成型工艺中超声处理对界面黏结性能的影响，一方面，发现由于空化作用树脂体系的黏度降低，而降低振动频率可以增加产生空化效应的概率；另一方面超声振动增强了环氧树脂对碳纤维的润湿能力，增强了复合材料的界面黏结。陈晓光[81]研究了超声激励下钎焊连接 SiC/SiC，发现液态钎料中的空化气泡在超声振动下破裂，使连接件表面的 SiO_2 非晶层被溶蚀掉一小部分。超声振动作用时间越长，溶蚀掉的非晶层越多，界面的结合得到增强，钎料在 SiC 陶瓷表面润湿结合得更好。可见，目前对超声振动改善固/液界面附着的机理还没有形成统一的认识，而对于超声作用下固体表面的微细结构对流体附着作用的研究尚没有开展。

另外，超声振动会激发液态介质中产生一些特殊的效应，超声空化效应、超声的声流效应和热效应等，为一般条件下难以发生的化学反应提供了一种特殊的环境，如超声空化发生的同时会伴随着瞬时高压和瞬时高温。在这种特殊的环境下，常会开辟新的化学反应通道，会发生自由基的氧化还原反应和新的化学键合行为，从而使介质的状态或性能等发生变化。当前对超声技术促进界面处的化学反应的研究也有了一定进展。

在浸镀工艺和焊接中，超声振动可以促进连接界面处的化学键合，尤其是大量的研究发现超声在一定的条件下可以促进金属与聚合物之间配位键的形成。Chen 等[82]在研究超声辅助激光连接工艺中发现，超声振动会引起界面摩擦和黏弹性热效应，从而增强化学反应，使得接头界面结合更加牢固可靠，接头具有更高的强度。Luo 等[83]发现，在超声辅助浸镀工艺中，超声可以促进界面处镀层与 ZrO_2 陶瓷发生化学反应。此外，研究发现在金属-聚合物的反应体系中，金属在特殊的环境下能与聚合物中的某些官能团反应，形成金属配位化合物。Bera 等[84]发现超声可以促进银与聚合物之间配位键的形成。Ghasempour 等[85]发现超声辅助法可以促进配位键的形成，并合成了含 *N*、*N′*-铋-吡啶-3-甲基萘-萘-1、5-二氨配位体的新型 Hg(Ⅱ) 配位体。Sadeghzadeh 等[86]发现超声可以辅助合成两种新型纳米结构三维铅 Pb(Ⅱ) 配位聚合物。Ho 等[87]研究了聚酰亚胺原位金属沉积过程中的金属-聚合物界面，并报道了 Cr 与聚酰亚胺反应生成金属化合物。在研究 IPN（互穿聚合物网络）/Al 界面层时，Tang 等[88]发现了铝通过形成 Al—O—C 键打破了 C=O 键，从而对聚合物和金属的黏附连接性能贡献最大。杜立群等[56]采用超声振动对 PDMS（聚二甲基硅氧烷）材料进行改性，发现超声振动能够引起PDMS材料表面分子键能较低的共价键断裂，形成亲水基团，提高表面润湿性。当前的研究主要在浸镀工艺和焊接中发现了显著的超声界面化学效应，目前尚未研究胶接工艺中超声对被粘物与胶黏剂界面间化学键合的促进作用。而在胶接体系中，界面之间的化学键合对胶接强度至关重要，因此，要改善超声强化胶接性能，需要对界面处的超声化学效应进行进一步的研究。

1.4.3 超声振动对胶层组织与性能的影响

胶黏剂的固化与其物理和力学性能、耐腐蚀、耐老化等性能密切相关，对制备高性能的胶接结构有重要意义[89]。超声振动对环氧树脂类聚合物固化作用的研究开展得比较早[90]，超声振动能够加速反应基团混合，同时振动摩擦能够提高胶层温度，从而提高环氧树脂胶的固化速率[91]。目前主要是基于超声振动热化学反应模型，没有考虑超声振动导致的传质作用，并不能准确反映超声振动辅助固化过程，尚缺少定量分析模型来研究其作用规律。超声振动会对高分子凝聚态产生影响，会减少结晶缺陷并提高晶格有序度[52]，改变分子取向[53]，解除分子局部交联[54]等，但目前研究主要集中在超声振动对热塑性聚合物微观结构的影响，关于超声振动对热固性塑料凝聚态结构的影响目前尚未见到。超声对共混物熔体所产生的高频振动作用可以有效地促进不同组分分子链间的相互扩散和融合[92]，诱发共混物界面间产生原位共聚物[93]，增强共混相界面间结合力。但目前超声振动多用于热塑性塑料共混[94,95]，对热固性聚合物胶黏剂的作用研究较少，超声振动作用下胶黏剂中相形态分布规律及相间作用机理还不清楚。

胶层内应力会降低胶接的强度与寿命，会导致初始裂纹甚至分层现象的发生。大连理工大学杜立群等人[96-98]利用超声振动改变胶层固化交联网络来减少胶层内应力，但他们是在胶层固化完全之后的玻璃态时施加超声振动作用，此时大分子重排或者交联网络松动更困难，应力释放作用有限。目前关于固化过程不同阶段施加超声振动对热固性材料的应力松弛的影响还是空白。蠕变将导致胶接结构的缓慢变形，随着时间的积累，最终导致胶接结构失去原有形态而丧失功能。由于胶黏剂中聚合物的空间网络特性，其蠕变行为对时间和温度有很强的依赖性。超声振动已经用于改善复合材料基体微观形态[52,53]，促进相分散与互容[94,95]，但还没有关于超声振动对胶层蠕变与松弛性能的相关研究。

此外，研究树脂胶的固化动力学目的在于定量表征反应过程，获得最优胶接固化工艺参数，固化速率的定量描述和固化机理等均可通过固化动力学获悉[99]。目前，研究树脂体系固化动力学的方法颇多，主要有差示扫描量热法、红外光谱法、化学分析法和拉曼光谱法等[100,101]。与微波固化类似，将超声振动施于固化过程中的胶黏剂上，可使其活化能和指前因子降低，提高固化反应速率，减少固化所需时间[102]。Kwan[103]研究了超声振动对结构胶的润湿、加热及固化的影响，发现胶黏剂达到规定的使用强度所需的固化时间从 25min 显著缩短至 3min 内。利用差示扫描量热仪对胶黏剂的反应动力学进行了热分析，建立了一个基于四参数半经验方程的化学模型，用于区分超声热效应和超声振动效应，发现在固化过程开始时，所产生的非热效应是显著的。Mohtadizadeh 等[104]以三苯基膦为催化剂，在常规加热、超声作用下，进行 DGEBA（双酚 A 缩水甘油醚）环氧树脂与丙烯酸反应，与常规加热相比，超声作用下反应时间的数量级从小时减少到分钟。Whitney 等[105]采用高功率超声对 AS4/3501-6 环氧基碳纤维复合材料进行固化增强，与室温固化的材料相比，超声固化复合板的性能有所提高。

超声引入也可以影响材料内裂纹的行为。刘峰[106]提出了采用振动焊接技术来防止和减少焊接裂纹的方法。发现振动焊接使焊接熔融金属在结晶过程中产生的氧化物、气孔等容易浮出焊缝，减少缺陷。振动焊接还降低了晶粒结晶速度、细化了晶粒，使微观组织更均匀，从而减少了裂纹的产生。瞿金平[107]认为机械振动会引起聚烯烃制品的微晶尺寸变化，所以通过电磁场制造机械振动力场，并将其应用到聚合物塑化挤出设备。实验发现，电磁动态塑化挤出设备的能耗在机械振动作用下降低了 30%左右。随着微晶尺寸的减小，制品在受到载荷作用时形成裂纹的概率减小，同时裂纹的生长和发展也受到了微晶尺寸的限制，使得聚烯烃制品的拉伸强度和填料在聚合物中的混合效果都得到了极大的提高。但超声对于胶接接头胶层裂纹的影响尚未见报道。

1.5 超声振动强化胶接工艺

超声振动辅助连接工艺的应用非常广泛，包括超声辅助焊接、超声辅助激光连接、超声辅助冶金连接等。超声效应提高了接头的性能，减少了气泡、氧化层等缺陷。Lv 等[108]研究了外加声场对 AA6061-T4 合金与 AZ31B 的焊接过程和焊接性能的影响，这是超声振动辅助搅拌摩擦焊的应用，研究发现超声的存在提高了温度，拓宽了材料流动路径，附加声场使层厚减小，促进了焊接界面的机械嵌合特性，改善了焊缝的力学性能。单既万等[109]使用超声设备对泡沫铝合金制件进行了连接。研究发现，使用超声振动辅助获得的冶金接头致密性更高，界面处的金属元素相互扩散，而无超声辅助作用的接头存在大量的气孔缺陷，泡沫铝基体的氧化膜和杂质难以被彻底去除。Chen 等[110]研究了超声辅助激光焊接技术在金属与塑料焊接中的作用。基于超声振动对试样中压力变化的影响，分析了气泡在熔融塑性区的去除机理，证明超声作用能显著减少结合区域气泡的含量。Wilson 等[111]使用超声辅助焊接技术增强金属与玻璃之间的结合，从而提高焊接性能，实验表明超声振动促进了焊锡的润湿性，并通过数值分析得到了润湿宽度的预测公式。

超声振动已开始应用于聚合物黏结工艺中，Du 等[112]使用超声振动处理 SU-8 光刻胶模具，有效地提高了界面黏附强度。90min 空蚀后，超声振动处理的 SU-8 膜剩余 34.4%，未经超声处理的 SU-8 膜则没有残留。Tofangchi 等[113]发现在熔丝 3D 打印过程中使用 34.4kHz 的超声振动可使丙烯腈-丁二烯-苯乙烯（ABS）的层间附着力增加高达 10%。这种层间黏附强度的增加归因于界面区域超声振动引起的聚合物链松弛导致的聚合物重叠率的增加。Du 等[114]设计了超声辅助热压工艺实验装置，超声作用下制备的聚丙烯/铝合金复合材料具有较强拉伸剪切强度。Yang 等[115]为了提高胶接接头的断裂韧性，将未固化双悬臂梁（DCB）接头放入超声清洗机中进行超声振动辅助胶接研究。设置了 5min、20min、40min、60min 四个超声处理时间，研究了处理时间对断裂韧性的影响。同时采用了两种类型的胶黏剂(刚性胶黏剂 DP270 和韧性胶黏剂 Araldite 2015），研究了该方法的通用性。研究发现超声振动处理能显著提高碳纤维复合材料胶接接头的断裂韧性，且处理时间是影响其断裂韧性的重要因素。Holtmannspotter 等[79,116]提出一种在线超声涂胶方法，胶黏剂由超声工具头内部通道涂至被粘物表面，边涂胶边对胶黏剂施加超声振动，在液体胶黏剂内产生空化效应可以去除被粘物表面的污物，实现在线表面清洁，确保胶接的质量。此外，超声作用也可以降低胶黏剂黏度，增强界面润湿，有利于界面结合。Hoskins 等[117]将超声振压应用于热固性预浸料，超声提高了树脂流动性，促进气体排出，降低了固化组织内部孔隙率含量，因此改善了树脂的固结效果。张小辉等[118]设计了超声压紧装置，作用于复合材料层合板的制备过程，使得超声振压施加于预浸料上，通过超声振动作用有效减少层合板间的孔隙，强化层间结合。Zlobina 等[119]发现超声作用下树脂明显渗透到塑料基板的结构中，减少了复合材料内部孔隙，形成更均匀的层间结构。

笔者所带领团队采用将超声纵波振动垂直施加于被粘物固体表面，通过固体的弹性变形激励出覆盖整个胶接区域的高频振动，再由固体壁面通过法向振动快速冲击胶层，从而在胶黏剂内形成高频振荡的思路[58]，其原理如图 1-8 所示，图中以轴类零件套接接头胶接为例。首先，将套头和套管胶接段表面去污烘干，在套头上用点胶机等间距螺旋涂胶，完成后将套头缓慢旋进套管。对套管外壁施加超声振动，由于超声振动为机械波，可以通过管壁将振动传至胶层。胶层在超声纵波作用下，会在其中形成高频振荡，并伴随空化效应。这种作用可导致胶黏剂在缝隙中流动而发生胶层再分布，诱发胶黏剂与胶接面的碰撞接触增强界面结合，同时加强胶层大分子之间的相互作用而影响胶层凝聚态。胶层固化达到一定程度后关闭超声，然后取出试样，常温或加热固化完全。该工艺将超声作用引入胶接成形过程，通过外力直接干预并强化胶接，从而实现采用一种主动强化工艺方法解决目前胶接成形性能可控性差的关键问题。此外，该工艺无需大幅改变原有成形设备，不用额外研制新型的胶黏剂材料，对原有工艺具有较强的适应性。

在本书后续章节中，将从超声强化工艺、胶层分布、界面机械嵌合、界面化学键合、胶层影响以及工艺应用等方面详细阐述笔者团队关于超声强化胶接方面的研究成果，希望能够为后续从事超声辅助成形相关工作的科技人员提供借鉴。

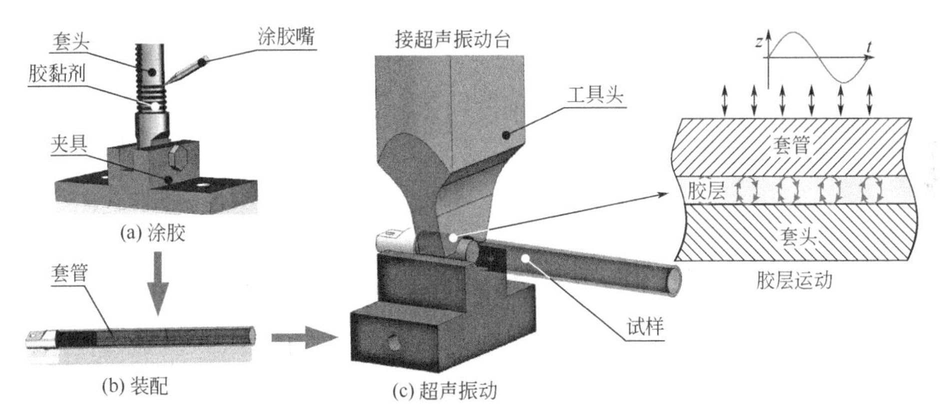

图1-8　超声振动辅助胶接工艺

第2章 超声振动强化复合材料胶接工艺

机械连接、胶连接和混合连接是复合材料结构件的主要连接方式[120]。胶接具有隔热、减振、耐腐蚀、轻量化、密封性好、表面光滑美观等优点而成为复合材料连接的主要方式与发展方向[121]。相对于机械连接，采用胶接形式的结构件胶接强度低、分散性大、胶接性能难以得到有效控制，所以胶接区域一般都是碳纤维复合材料结构件中“薄弱”部位[122]，因此，提高碳纤维复合材料结构件的胶接强度、胶接稳定性，有效控制其胶接性能已成为国内外学者的研究重点之一[7]。

超声振动被应用到越来越多的领域，但超声振动在胶接领域的研究与应用很少。本章选取碳纤维复合材料与轻量化材料铝合金的胶接为研究对象，将超声振动引入胶接工艺，证实超声振动可有效强化胶接性能。实际产品结构中胶接接头的形式复杂多样，但基本是由搭接、对接、斜接、T 形接等形式衍生或组合而来的，其中单搭接胶接是最常用也是最基本的胶接形式。因此，选择单搭接作为碳纤维复合材料/铝板胶接实验研究中接头的胶接形式。

2.1 超声强化碳纤维复合材料/铝板胶接实验平台

2.1.1 实验设备

超声通常是指频率高于 20kHz 的声波，但为了实际生产以及科学研究的需要，早已经开发出能够产生 20kHz 以上及低于 20kHz 的超声振动设备。目前，市售较为成熟的超声振动设备可供选择的频率有 15kHz、20kHz、25kHz、28kHz、40kHz、50kHz、80kHz、100kHz 等。超声分为低强度超声（频率为 0.1～0.2MHz，能量≤1W/cm^2）和高强度超声（频率≤0.1MHz，能量为 10～1000W/cm^2，又称功率超声）。低强度超声可用于无损检测及测试物质的特性，高强度超声可用于改变物质的物理、化学结构[123]，广泛应用于产品的加工、生产与制造过程[124]。超声处理与超声检测是超声的主要应用，本书论述的超声振动强化胶接属于功率超声在制造方面的应用[125]。

超声振动实验台的实物与结构分别如图 2-1、图 2-2 所示，其工作原理是：超声发生器首先将连接的低频市电信号（50Hz）转换为与换能器匹配的高频电信号，然后换能器接收输入的高频电信号并将其转换为超声振动。变幅杆将超声波振动的振幅放大并传递到工具头。接着，设置好气缸压力将超声振动工具头下压，当超声振动工具头与放置在夹具上的碳纤维复合材料板等非金属材料接触压紧之后，可将超声振动传递到碳纤维复合材料板，进而碳纤维复合材料板的振动会对胶接区域中的胶黏剂产生作用。

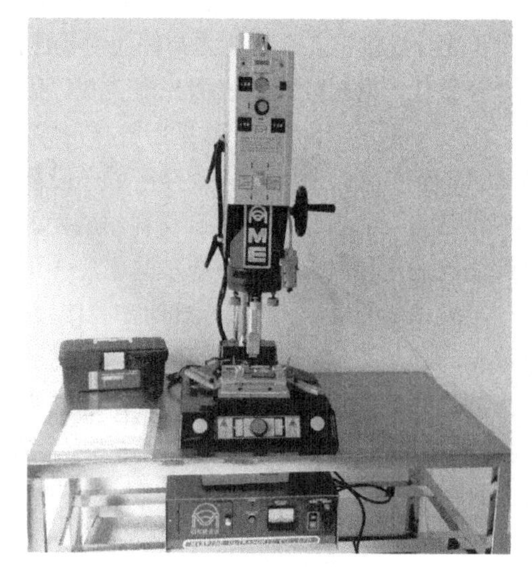

图 2-1 超声振动实验台

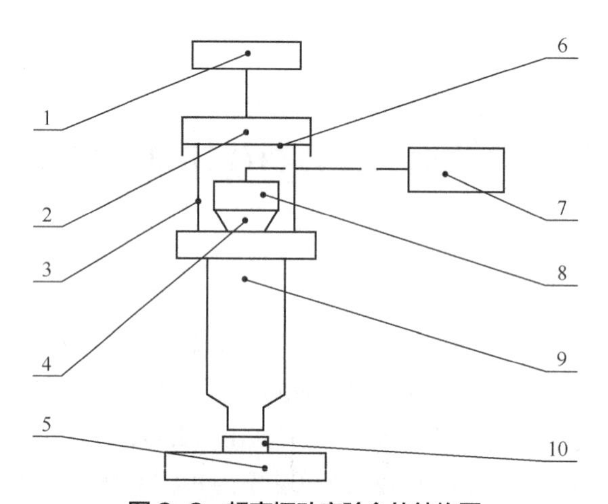

图 2-2 超声振动实验台的结构图

1—气泵；2—气缸；3—圆柱导轨；4—变幅杆；5—基座；6—气缸活塞；7—超声发生器；8—超声换能器；9—超声振动工具头；10—碳纤维复合材料板

变幅杆的主要功能是放大机械振动的质点位移或速度，然后将能量聚集于小范围内。变幅杆也可用于匹配超声换能器与振动工具头间的负载，使谐振阻抗降低。气缸的一端与气泵相连，气泵启动后开始泵气，使气缸内气体达到一定的压力。气缸内的活塞与超声振动系统（含换能器、变幅杆、工具头等部分）连接，气体推动活塞做功，从而使超声振动工具头移动。超声振动工具头的预压紧力可以通过气缸内的气压值进行调节。

研究使用台湾明和（MAXWIDE®）ME-1800 超声工作台。该工作台为钢架立式结构，气压活塞驱动，能提供最大预紧力 5MPa，有效台面尺寸 300mm×300mm，允许最大工件高度200mm。更换相匹配的超声发生器、换能器、变幅杆、振动工具头等部件，可使设备具有不同频率的超声振动。

2.1.2 实验夹具

通过前期多次试验探索，最终确定选择如图 2-3 所示的胶接定位与装配形式来研究超声振动强化碳纤维复合材料/铝板胶接工艺，即碳纤维复合材料板位于下方，铝板位于上方。其主要原因是：

① 超声振动实验平台的特性要求超声振动工具头在复合材料、塑料等材料上施加振动。超声振动工具头施加在金属板上，很容易由于电流过大而烧坏超声设备。因此，超声振动工具头只能在碳纤维复合材料板上施加振动。

② 如果采用铝板（下）/胶层/碳纤维复合材料板（上）的胶接定位与装配形式，碳纤维复合材料板位于上方，当对碳纤维复合材料板施加超声振动时，下压超声工具头的过程中会对碳纤维复合材料板有一定的冲击，从而对位于碳纤维复合材料板下方的胶接区域内的胶黏剂形成一定的冲击，容易使胶黏剂从胶接区域中溢出，同时也使碳纤维复合材料板在一定的力矩作用下发生转动，使胶接长度和胶层厚度不能得到保证。

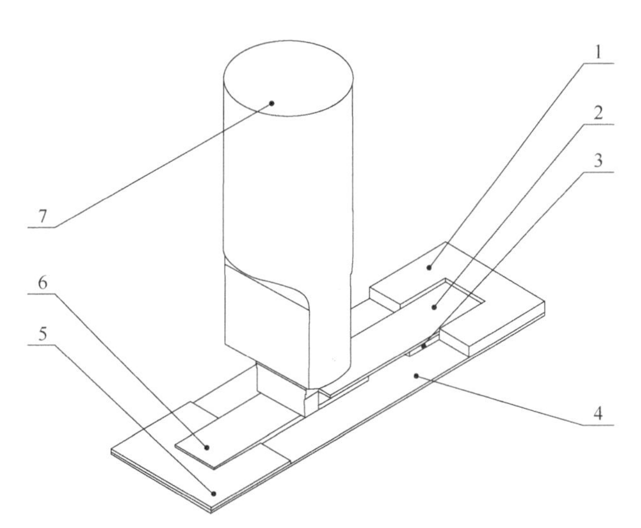

图 2-3 超声振动强化碳纤维复合材料/铝板胶接实验夹具

1—限位块 1；2—铝板；3—垫块；4—底板；5—限位块 2；
6—碳纤维复合材料板；7—超声振动工具头

根据碳纤维复合材料板（下）/胶层/铝板（上）的胶接定位与装配形式，设计如图 2-3 所示的夹具，包括限位块、垫块、底板等四个部分，所用材料为铝合金（7075 航空铝）。该夹具可用于碳纤维复合材料/铝板单搭接普通胶接工艺和超声振动强化碳纤维复合材料/铝板胶接工艺的实验研究。该夹具的结构特征为：

① 两个限位块与底板整体加工，两个限位块的侧面与底板的侧面对齐，即底板的宽度与两个限位块的宽度相同。

② 底板的长度为碳纤维复合材料板的长度、铝板的长度与两个限位块的长度之和减去胶接区域的长度，从而通过夹具的结构保证碳纤维复合材料/铝板的胶接长度。

③ 限位块 1 的最小厚度为碳纤维复合材料板、胶层以及铝板三者的厚度之和。限位块 2 的最大厚度小于碳纤维复合材料板的厚度，这样不仅可以在碳纤维复合材料板上靠近胶接区域的一端施加超声振动，也可以在碳纤维复合材料板上远离胶接区域（靠近限位块 2 端）的一端施加超声振动。限位块 1、限位块 2 结构上凹槽的宽度与碳纤维复合材料板、铝板的宽度一致。保证了在超声振动强化胶接过程中，放置于夹具中的碳纤维复合材料板和铝板在平面内不发生移动。此外，铝板上表面由机械夹具（未显示）压紧。胶接接头被夹具、超声振动工具头和机械夹具共同作用夹紧。

④ 限位块 1 的凹槽中设有垫块，与底板整体加工。碳纤维复合材料/铝板胶接样件的胶层厚度通过垫块的厚度来保证。

2.1.3 实验环境

为了减小实验误差，保证实验数据的可靠性，在制胶、涂胶时所有试件要处于相同的外部环境中，保证对胶接性能影响较大的因素的水平一致。制胶、涂胶时的实验室环境指标如表 2-1 所示。

表 2-1 胶接过程中的实验室环境指标

环境因素	指标
温度/℃	25 ± 2
相对湿度/%	≤54
净化程度（≥5μm 颗粒）	≤10^5/m^2
光照/lx	400 ± 50

2.2 实验材料及测试方法

2.2.1 实验材料

碳纤维复合材料板和铝板的胶接样件以及胶接尺寸的设计按照标准 ASTM

D5868-01［Standard Test Method for Lap Shear Adhesion for Fiber Reinforced Plastic（FRP）Bonding］执行，如图 2-4 所示。碳纤维复合材料板的尺寸为 101.6mm×25.4mm×2.5mm。实验所用的碳纤维增强复合材料板是通过预浸料模压工艺制备的，基材为热固性环氧树脂，增强材料为 T700-3k 斜纹碳纤维编织布。复合材料板由 18 层预浸料模压成型，压力 10MPa，时间 1h。然后将层合板于 90℃下保持 8h，使其完全固化成型。固化后的碳纤维复合材料板厚度为 2.5mm，厚度公差为 0.05mm。碳纤维复合材料板的拉伸强度为 700MPa，弹性模量为 60GPa，层间剪切强度为 55MPa。使用型号为 NAIK® TC-6060XB 的高精度数控机床（CNC）将整块碳纤维复合材料板切割成 101.6mm×25.4mm×2.5mm 大小，以供后续实验使用。切割时选用碳化钨钻头，其直径 1.8mm，主轴转速为 2400r/min，进给速度为 400mm/min，试样加工的尺寸精度为 0.1mm。铝板的尺寸为 101.6mm×25.4mm×1.5mm，采用 7075 航空铝材料经激光切割加工而成，胶接区域（胶层）的尺寸为 25.4mm×25.4mm×0.76mm。该 7075 铝合金材料的屈服强度为 503MPa，断裂伸长率 11%，极限拉伸强度 572MPa，弹性模量为 71GPa。

拉伸测试碳纤维复合材料/铝板胶接样件的胶接强度时，由于碳纤维复合材料板和铝板不在同一平面，拉伸过程不仅有拉伸力作用于胶接区域，而且有弯矩对胶接部位发生作用。因此碳纤维复合材料/铝板胶接接头固化后，进行拉伸测试前在碳纤维复合材料板、铝板两端分别黏附一个如图 2-4 所示的垫块[126]，垫块的设计参照 ASTM D5868-01 标准，尺寸分别为 30mm×25.4mm×1.5mm、30mm×25.4mm×2.5mm。

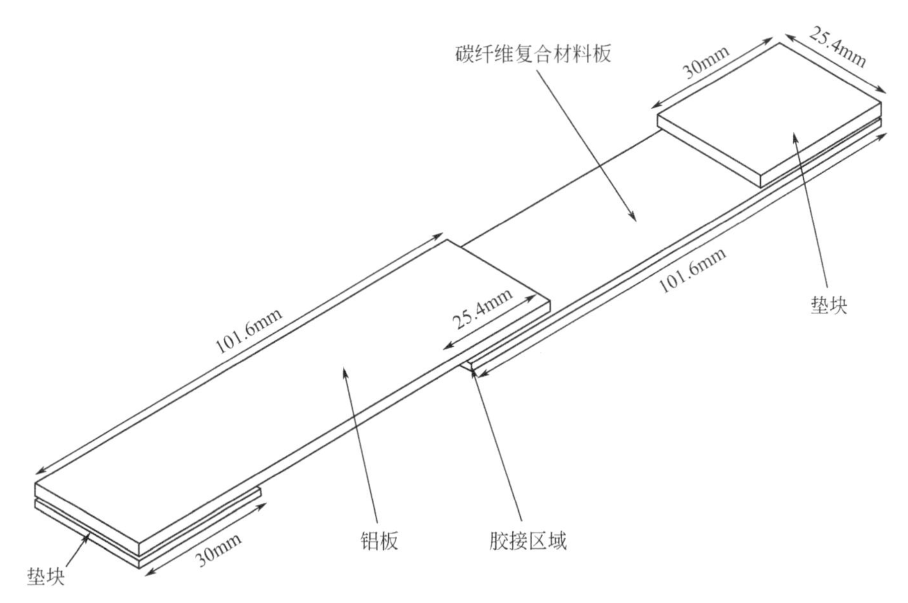

图 2-4 碳纤维复合材料/铝板单搭接胶接尺寸设计

所用胶黏剂为3M公司生产的DP460双组分环氧树脂结构胶，环氧树脂和固化剂被分开装入胶管中，使用时环氧树脂与固化剂的体积比为2∶1。通过配套的注射式胶枪和混合胶嘴使双组分胶黏剂混合均匀后涂胶黏接接头[59]。胶黏剂的性能参数如表2-2所示。在室温下，胶黏剂的操作时间约为60min，完全固化所需时长为60℃下2h或室温固化24h。根据美国材料与试验协会标准ASTM D1002-10进行测试，得到固化后胶黏剂的剪切强度为31MPa。根据美国材料与试验协会标准ASTM D 1876-08进行测试，得到固化后胶黏剂的T形剥离强度为1071.5kg/m，固化后胶黏剂的邵氏硬度（HD）为75～80。

表2-2 胶黏剂的性能参数 （23℃）

胶黏剂	黏度/Pa·s	密度/(g/cm³)	固化时间/h	操作时长/min	操作温度/℃
DP460	10～30	1.1	2h @ 60℃ 24h @室温	60	15～30
凝胶时间/min	**弹性模量/GPa**	**拉伸强度/MPa**	**剪切强度/MPa**	**泊松比/%**	**邵氏硬度(HD)**
85～90	2.7	37	31	4	75～80

2.2.2 实验测试

胶接样件在外力作用下发生失效或破坏时接头所受的应力即胶接强度。根据测试方法与接头的受力可将胶接强度分为剪切强度、剥离强度、弯曲强度、疲劳强度等。本研究采用剪切强度来评价碳纤维复合材料/铝板胶接的强度，计算公式为：

$$\tau = \frac{P}{BL} \tag{2-1}$$

式中，P为接头可以承受的最大载荷，N；BL为胶接区域的面积，mm²；τ为剪切强度，MPa。

测试采用MTS 810陶瓷实验系统，按照ASTM D5868-01标准，在室温20℃的环境以13mm/min的稳定速度对碳纤维复合材料/铝板胶接样件加载负荷，测量胶接样件拉伸剪切破坏时承受的最大载荷，根据式（2-1）计算样件的胶接强度。

2.3 超声强化碳纤维复合材料/铝板胶接工艺

胶接工艺已有很悠久的历史，是一种古老却很实用的连接技术。古时人们便早已懂得使用骨胶制作弓箭、黏米胶接建筑，但是胶接技术的突破和成熟是在20世纪之后。目前胶接工艺已基本完善，典型的工艺流程包括预装配、表面处理、配胶、涂胶、装配、固化、检验、修补等环节。

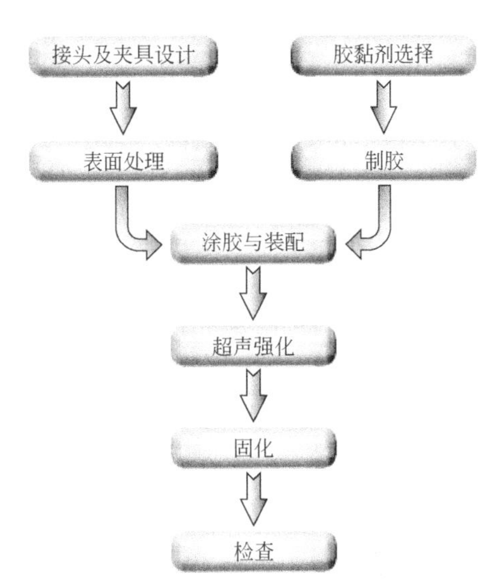

图 2-5　超声振动强化碳纤维复合材料/铝板胶接工艺流程

超声振动的空化效应、声流效应等基本都是对液态物质发生作用，因此将超声振动应用到胶接工艺中，应该选择在胶黏剂完全固化前施加超声振动。胶黏剂刚涂布在被粘物表面时，胶黏剂的黏度较小，超声振动可以很好地对胶黏剂产生作用，达到将超声振动引入胶接工艺中的预期效果，如促进胶黏剂固化前在胶接区域的流动与填充均匀，增强胶黏剂对被粘物的润湿等。所以，超声振动强化碳纤维复合材料/铝板胶接工艺与普通胶接工艺相比，主要区别是在被粘物上涂胶之后施加超声振动这一过程。经过前期的试验，发现超声振动可有效提升碳纤维复合材料/铝板的胶接强度与稳定性。通过多次探索，得到如图 2-5 所示较为完善的超声振动强化碳纤维复合材料/铝板胶接工艺流程。

其主要过程包括：

① 超声振动设备安装　根据超声振动强化胶接工艺需要的超声振动频率，选取相应的超声发生器、换能器、变幅杆、超声振动工具头，组装各部件，然后连接线路，开启电源，启动超声振动设备。

② 预装配　调整夹具在实验平台上的位置以及超声振动工具头的高度，下降超声振动工具头，使其压在碳纤维复合材料板上设定的位置，并形成一定的预紧力。然后将夹具在超声振动实验台上固定，上升超声振动工具头。

③ 表面打磨　采用砂纸分别打磨复合材料板、铝板表面的胶接部位。为减少人为因素的影响保证实验的重复性，各板材打磨后表面的粗糙度需尽量一致。

④ 表面清洗　使用去离子水、丙酮等试剂先后对打磨的复合材料板、铝板表面的胶接部位进行去油污等清洗。

⑤ 配胶　使用胶枪配合混合胶嘴，将胶黏剂按比例混合。

⑥ 涂胶与装配　根据碳纤维复合材料板（下）/胶层/铝板（上）的胶接定位与装配形式，将复合材料板放置在夹具中的相应位置，按照胶接区域的大小将一定量的胶黏剂涂覆在复合材料板的胶接部位，再将铝板缓慢盖于胶层上并放置在夹具的相应位置。

⑦ 超声振动　调整振动压力、振幅，然后下压超声振动工具头，按实验方案设定的振动时间对碳纤维复合材料板施加间歇性振动。

⑧ 常温固化　上升超声振动工具头，将夹具中的碳纤维复合材料/铝板胶接样件放在室温环境下固化。最后，将固化的胶接样件从夹具中取出，检查没有明显缺陷后，在碳纤维复合材料板、铝板的两端分别黏附如图 2-4 所示的垫块。

2.3.1　表面处理

为了更好地提高超声强化对碳纤维复合材料/铝合金胶接界面结合的效果，在涂胶前对被粘物胶接区域表面的前处理也至关重要。本章采用实际中普遍应用的打磨处理作为超声强化胶接工艺中的表面前处理工艺，以此介绍超声强化复合材料/铝板胶接工艺。

胶接前需对设计并加工好的铝板和碳纤维复合材料板进行表面处理，处理流程如图 2-6 所示。

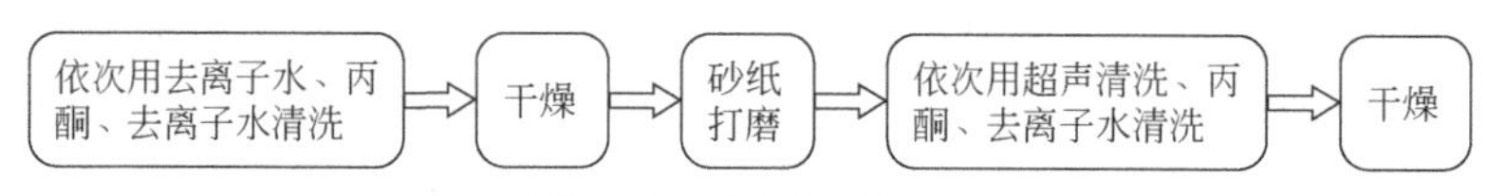

图 2-6　表面处理流程

首先，依次分别用去离子水、丙酮、去离子水浸渍的脱脂棉擦拭清洗碳纤维复合材料板和铝板胶接区域的油污，直至脱脂棉无污物沾染。使用的丙酮试剂由武汉欣申试化工科技有限公司提供。去离子水由广州弘威水处理设备有限公司提供，符合 GB/T 11446.1—2013 标准。清洗完成后试样风干备用。

然后用 40 目氧化铝砂纸对碳纤维复合材料板和铝板的胶接区域进行打磨，打磨铝板时按照 GB/T 21526—2008/ISO 17212：2004（ISO 17212：2004 已更新为 ISO 17212：2012）标准进行，为减少人为因素造成的实验误差，打磨时的力度、时间需要保持一致，打磨力度中等、均匀，打磨时间为 1min。碳纤维复合材料板表面十分光滑且有脱模剂，因此打磨碳纤维复合材料板时需除去表面光滑的环氧树脂层[127]，但打磨时不能破坏纤维，否则会导致胶接接头承载力减弱，打磨力度轻微、均匀，打磨时间为 1min。

图 2-7　超声清洗

最后，对打磨后的碳纤维复合材料板和铝板进行超声清洗，去除打磨后表面残留的碎屑，如图 2-7 所示。超声清洗机将超声振动传递到清洗机内所盛去离子水清洗液中，使得浸于其中的物体表面受到微气泡及液体介质的冲击，从而实现对物体的清洗作用。实验使用洁盟010S型小型台式数控加热型超声清洗机，可调整工作时间及加热温度，来对被粘物进行清洗。设备功率 80W，超声频率 40kHz，容积 2L，外形尺寸180mm×165mm×240mm，使用时设置清洗时长20min。超声清洗后，依次用丙酮、去离子水浸渍的脱脂棉擦拭清洗，冷风干燥，待下一步胶接操作。

2.3.2 配胶与涂胶

本研究使用的3M DP460胶黏剂为AB组分环氧树脂胶，配胶前A、B组分分开，其中 A 组分为环氧树脂，B 组分为固化剂。使用配有螺旋混合胶嘴的 3M Scotch-Weld EPX 9170型胶枪，将3M DP460中的A、B组分按照体积比A∶B=2∶1的比例混合均匀后用于涂胶，如图2-8所示。涂胶操作前，应先挤出适量的胶黏剂，以确保混合胶嘴中没有气泡，且胶黏剂混合均匀。涂胶时，胶黏剂从一条长边涂到另一条长边，沿板材的宽度方向在没有任何间隙或重叠的直线上连续均匀涂胶，直到均匀覆盖整个胶接区域。晾置一段时间后（约5min），将铝板从一端缓慢地覆盖到胶层另一端，以避免困气。

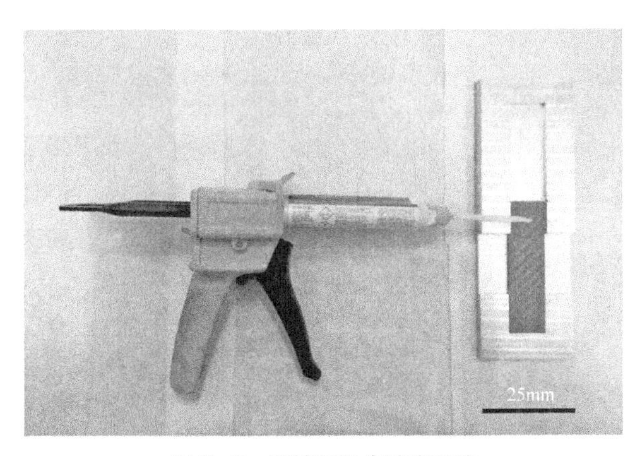

图2-8 胶枪和混合胶嘴配胶

从之前大量的试验来看，如果在碳纤维复合材料板上施加超声振动且复合材料板置于下方时，碳纤维复合材料/铝板的胶接效果最好，所以选择碳纤维复合材料板（下）/胶层/铝板（上）的胶接定位与装配形式。首先把碳纤维复合材料板放置于夹具的相应位置，根据需要将适量胶黏剂均匀涂覆于碳纤维复合材料板上的胶接位置，再将铝板覆盖胶层并放置在夹具中相应位置，如图2-8所示，形成从下到上依次为碳纤维复合材料板、胶层和铝板的胶接定位与装配形式。

2.3.3 超声振动施加

在超声强化胶接前，首先确定要使用的超声振动频率，然后再选取与之相应的超声发生器、换能器、变幅杆、工具头，将各个设备连接，启动设备准备施加超声振动。在使用超声设备时，根据所选取的参数调整预压紧力、超声振幅、振动时间以及振动位置。

振动位置的调整是通过改变夹具在超声实验台上的位置来实现的，振动位置是指超声振动工具头压紧的位置在碳纤维复合材料板纵向上与胶层之间的最短距离。调整夹具在实验平台上的位置，使超声振动工具头下降至最大行程位置时落在碳纤维复合材料/铝板胶接接头上设定的位置。

通过限位螺母调整超声振动工具头的限位高度，使工具头在下降至最大行程位置时压紧碳纤维复合材料板，预压紧力的大小根据所选取的参数而改变，通过改变气缸内的气压调节，实验平台提供的最大预紧力为 5MPa。

将夹具在超声振动实验平台上的位置用螺栓固定，上升工具头，以待施加超声振动。

在超声发生器控制面板的工具栏上调节振动幅值，如图 2-9 所示。在 25kHz 的超声振动频率下，超声振动工具头可以产生的振幅范围为 14～23μm。

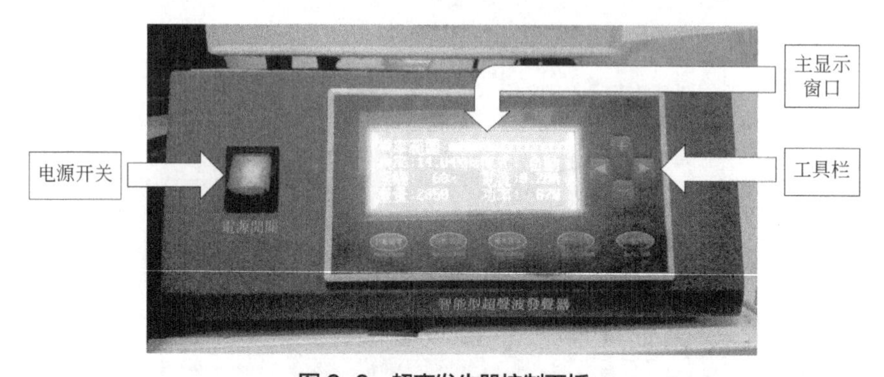

图 2-9 超声发生器控制面板

振动时间通过超声发生器控制面板上的手动模式或者自动模式控制，为了保证时间控制的准确性，选择自动控制方式。将计时器与超声发生器相连，如图 2-10 所示，通过控制超声信号通断来实现脉冲超声振动，设定计时器控制面板上的总时间、振动时间、间歇时间来控制超声振动脉冲模式。

将各个超声参数设置好后，下降超声振动工具头，使其压在碳纤维复合材料板表面，按实验方案设定的振动时间施加间歇性振动。完成一个胶接接头的超声强化后进行下一个接头的超声强化。全部实验完成后，关闭超声设备，确定其电源处于“OFF”状态。

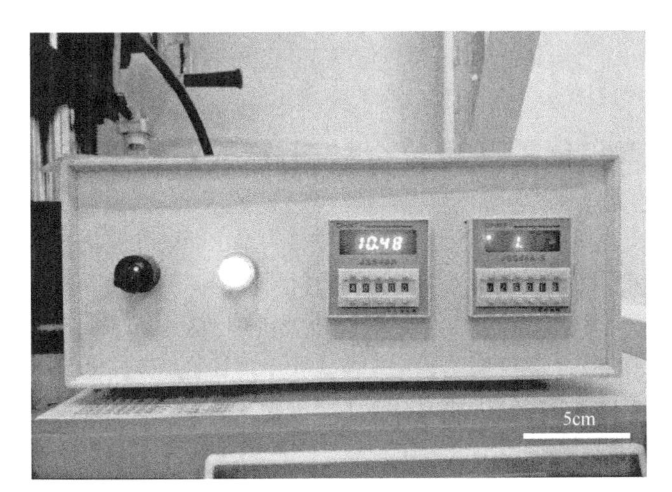

图 2-10 计时器控制面板

2.3.4 胶接接头固化

超声振动完成后，抬升超声振动工具头，将碳纤维复合材料/铝板胶接样件连同夹具置于真空干燥箱中固化，固化温度为 25℃±2℃，如图 2-11 所示。待 24h 之后，胶接样件完全固化，将其从夹具中取出，检查无外观缺陷后，准备进行下一步实验或者检测。

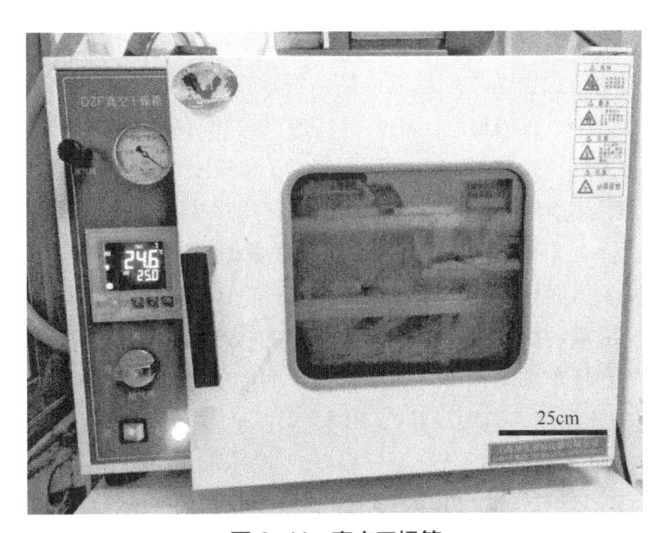

图 2-11 真空干燥箱

2.4
超声强化碳纤维复合材料/铝板胶接工艺优化

本书提出一种超声振动强化复合材料胶接的新工艺，在胶接过程中外加超声振动，通过外力干预并强化胶接过程，为复合材料胶接提供新的主动强化方法。

分析超声振动强化碳纤维复合材料/铝板胶接工艺，发现与碳纤维复合材料/铝板的普通胶接工艺相比，超声振动强化胶接工艺中增加了超声振动频率、振动幅度、振动压力、振动时间、振动位置等五个主要因素。为此，本节将探索这些因素对碳纤维复合材料/铝板胶接的影响规律，并对超声振动强化碳纤维复合材料/铝板胶接工艺进行优化。

2.4.1 超声振动各因素间的相互关系

调节气缸内的气压，超声振动工具头对碳纤维复合材料板的预压紧力发生变化，可实现超声振动压力的调整；设定计时器控制器面板上的时间，可实现振动时间的调整；改变胶接夹具在实验平台上的位置，超声振动工具头在碳纤维复合材料板上的施加部位发生变化，可实现振动位置的调整。实验研究发现振动压力、振动时间、振动位置之间的变化相互独立、互不影响。

替换超声发生器、换能器、变幅杆、振动工具头等部件可使超声振动实验台产生不同频率的振动，且振动频率越低，超声振动功率越大。通过实验探索发现，超声振动频率为 15kHz、20kHz、25kHz 时，超声振动对碳纤维复合材料/铝板的胶接强度及稳定性的提升较为明显，而振动频率大于 25kHz 的超声振动对碳纤维复合材料/铝板胶接强度及稳定性的提升较小。为此，在超声振动强化碳纤维复合材料/铝板胶接工艺中，选择 15kHz、20kHz、25kHz 三个振动频率进行研究。

调整超声发生器面板中的振幅百分比（50%～100%）可改变某一频率下的振动幅度，用千分表测量各振动频率下不同百分比的振动幅值，得到如表 2-3 所示的结果。分析数据得到超声振动频率与振动幅值之间的关系：

① 振幅百分比相同，但振动频率不同，则振动幅值是不同的，振动幅值随振动频率的增大而减小；

② 一定的振幅百分比变化范围内，随着振动频率的增大，振动幅值的变化范围逐渐变小。

表 2-3 超声振动频率与振动幅值间的相互关系

振幅百分比/%	振动幅值/μm		
	15kHz	20kHz	25kHz
50	23	16	14
52	24	17	15
60	27	18	16
66	32	19	17
70	40	20	18
75	48	23	19
80	56	24	20
83	58	26	20.5
88	61	29	21
90	64	30	22
100	65	35	23

2.4.2 超声振动频率优化

由表 2-3 发现，选择不同的振动频率，振动幅值变化区间的重叠很小，高频振动时的最大振动幅值可能小于低频振动时的最小振动幅值。因此，选取某个振动幅值研究不同的振动频率对碳纤维复合材料/铝板胶接的影响时，该振动幅值在某个振动频率时无法达到的概率很大。振动频率与振动幅值虽然存在一定程度的负相关关系，但振动频率和振动幅值同时作为变量研究超声振动强化碳纤维复合材料/铝板胶接工艺会非常复杂。所以，优化超声振动各因素前，先找到最优超声振动频率，然后采用正交试验等方法优化振动幅值、振动压力、振动时间、振动位置四个因素，将降低研究的复杂度，使研究思路更清晰。

选取振动频率不同时对胶接性能影响较大的五个振动幅值。改变振动频率与振动幅值，振动压力、振动时间、振动位置三个超声振动参数一定，研究振动频率与振动幅值对碳纤维复合材料/铝板胶接的影响，优化超声振动频率。实验研究中，设定振动压力为 0.24MPa，振动时间为 12s，振动位置（在碳纤维复合材料板长度方向上，超声振动工具头到胶层的最短距离）为 30mm。为了实验结果的准确与可靠，进行重复性实验。拉伸测试碳纤维复合材料/铝板胶接样件得到如表 2-4 所示的结果。

分析表 2-4 的实验数据，一方面，采用 15kHz 的超声振动频率强化胶接的碳纤维复合材料/铝板样件的胶接强度普遍高于振动频率为 20kHz、25kHz 时胶接样件的胶接强度。采用 15kHz 的超声振动频率强化胶接的样件中，有些胶接样件承受的最大拉伸载荷高于 6000N，而采用 20kHz、25kHz 的振动频率强化的样件承受的最大拉伸载荷均低于 6000N。另一方面，采用 15kHz 的超声振动频率强化胶接的碳纤维复合材料/铝板样件，其胶接强度的稳定性（方差）优于振动频率为 20kHz、25kHz 时强化胶接的样件。所以，本节后续工艺优化，均选用 15kHz 的超声振动频率。

表 2-4 振动频率和振动幅值对胶接性能影响的实验方案及结果

序号	振动频率/kHz	振动幅值/μm	最大拉伸载荷/N		方差	平均值/N	胶接强度/MPa
			样件 1	样件 2			
1	15	24	6101	5351	140625	5726	8.88
2		32	5672	6134	53361	5903	9.15
3		40	5316	5948	99856	5632	8.73
4		48	5501	5021	57600	5261	8.15
5		56	6538	5938	90000	6238	9.67
6	20	17	6016	4996	260100	5506	8.53
7		20	4496	5034	72361	4765	7.39
8		23	5848	4542	426409	5195	8.05
9		26	3929	5189	396900	4559	7.07
10		29	6098	5194	204304	5646	8.75
11	25	15	5056	4462	88209	4759	7.38
12		17	5705	4807	201601	5256	8.15
13		19	4795	5319	68644	5057	7.84
14		21	4768	5608	176400	5188	8.04
15		23	5792	4644	329476	5218	8.09

2.4.3 正交试验设计与优化

（1）正交试验方案设计

正交试验始于 1942 年，被广泛用于各领域的研究，是一种高效的可寻求最优水平组合的优化实验方法，经常用于多因素的实验研究[128]。正交试验是从所有样本点中挑选出具有代表性的样本点进行实验，所选样本点需反映各因素各水平的情况，通过分析这些样本点的实验结果能够了解样本的整体情况。根据已规划好的一套正交试验表，能够对多种因素的实验进行高效的方案安排，具有均衡分散性的特点，大大减少所需的实验次数，能选出最佳的实验参数组合，即最佳的各因素组合。还可以就各因素对结果的影响程度大小做出判断，捕捉多种因素中的主要因素，而且能分析出因素的独立性或与其他因素之间的相关性。

正交试验表一般用 $L_n(m^k)$ 表示，其中 n 表示正交表的行数，即需要做实验的次数，k 表示实验需要考察的因素个数，m 表示每个因素的水平数，因此采用全因素实验设计方案需要做 m^k 次实验。采用正交试验表的安排布置后只需要进行 n 次。例如 $L_4(2^3)$，采用全因子实验需要 8 次实验，而采用正交试验只需进行 4 次，因此当因子和水平数更大时选择正交试验的优势更明显。

通过实验探索研究筛选出需要考察的因素水平如表 2-5 所示。使用 Minitab 软件（V17.1），生成正交试验所需的正交表 $L_{25}(5^4)$，将正交表中各列的数字转换为实际实验参数，得到如表 2-5 所示的正交试验方案。为满足随机实验的要求，对各组实验方案标号，采用抽签的方式得到正交试验的操作顺序。为减小误差增加实验结果的可靠性，将每组方案重复进行实验。

表 2-5　正交试验因素水平表

水平	因素			
	振动时间/s	振动压力/MPa	振动位置/mm	振动幅值/μm
1	8	0.08	10	24
2	16	0.16	20	32
3	24	0.24	30	40
4	32	0.32	40	48
5	40	0.40	50	56

（2）正交试验结果及分析

将采用正交试验方案胶接的碳纤维复合材料/铝板样件进行拉伸测试后得到表 2-6 所示的实验结果，而对照组（采用不施加超声振动的普通工艺胶接的碳纤维复合材料/铝板样件）的实验结果如表 2-7 所示。进行正交试验直观分析得到均值响应如表 2-8 所示，均值主效应如图 2-12 所示。表 2-8 中排秩（rank）的数值即各因子对样件的胶接强度影响重要性的排序，极差（delta）值的大小及图 2-12 中各因素均值的大小反映了各因素对碳纤维复合材料/铝板样件的胶接强度的影响程度。

表 2-6　正交试验方案及结果

序号	振动时间/s	振动压力/MPa	振动位置/mm	振动幅值/μm	最大拉伸载荷/N		平均值/N	胶接强度/MPa
					1	2		
1	8	0.08	10	24	5009	4419	4714	7.31
2	8	0.16	20	32	5217	6072	5645	8.75
3	8	0.24	30	40	5179	4844	5012	7.77
4	8	0.32	40	48	4404	4708	4556	7.06
5	8	0.40	50	56	6072	6251	6162	9.55
6	16	0.08	20	40	4799	4915	4857	7.53
7	16	0.16	30	48	5466	5967	5717	8.86
8	16	0.24	40	56	6136	5877	6007	9.31
9	16	0.32	50	24	5315	4623	4969	7.70
10	16	0.40	10	32	4877	5226	5052	7.83
11	24	0.08	30	56	6229	6071	6150	9.53

续表

序号	振动时间/s	振动压力/MPa	振动位置/mm	振动幅值/μm	最大拉伸载荷/N		平均值/N	胶接强度/MPa
					1	2		
12	24	0.16	40	24	5449	5788	5619	8.71
13	24	0.24	50	32	6789	6591	6690	10.37
14	24	0.32	10	40	5645	6004	5825	9.03
15	24	0.40	20	48	6298	6867	6583	10.20
16	32	0.08	40	32	4892	4175	4534	7.03
17	32	0.16	50	40	5464	6126	5795	8.98
18	32	0.24	10	48	4569	4686	4628	7.17
19	32	0.32	20	56	5891	5689	5790	8.98
20	32	0.40	30	24	6274	5892	6083	9.43
21	40	0.08	50	48	5678	4979	5329	8.26
22	40	0.16	10	56	5878	6179	6029	9.34
23	40	0.24	20	24	4411	5103	4757	7.37
24	40	0.32	30	32	6321	6719	6520	10.11
25	40	0.40	40	40	5393	5886	5640	8.74

表 2-7 对照组和最优方案胶接实验结果

实验序号	最大拉伸载荷/N		胶接强度/MPa	
	对照组	实验组	对照组	实验组
1	6017	6504	9.33	9.62
2	3421	6917	5.30	10.72
3	3932	6751	6.09	10.46
4	5407	7054	8.38	11.09
5	4531	5875	7.02	9.11
6	5036	7213	7.81	11.49
平均值	4724	6719	7.32	10.41
方差	766334	281442	1.84	0.68

表 2-8 均值响应表

水平	因素			
	振动时间/s	振动压力/MPa	振动位置/mm	振动幅值/μm
1	8.087	7.931	8.136	8.104
2	8.246	8.929	8.566	8.816
3	9.569	8.399	9.139	8.409
4	8.317	8.575	8.17	8.312
5	8.765	9.151	8.973	9.342
极差	1.481	1.22	1.003	1.238
排秩	1	3	4	2

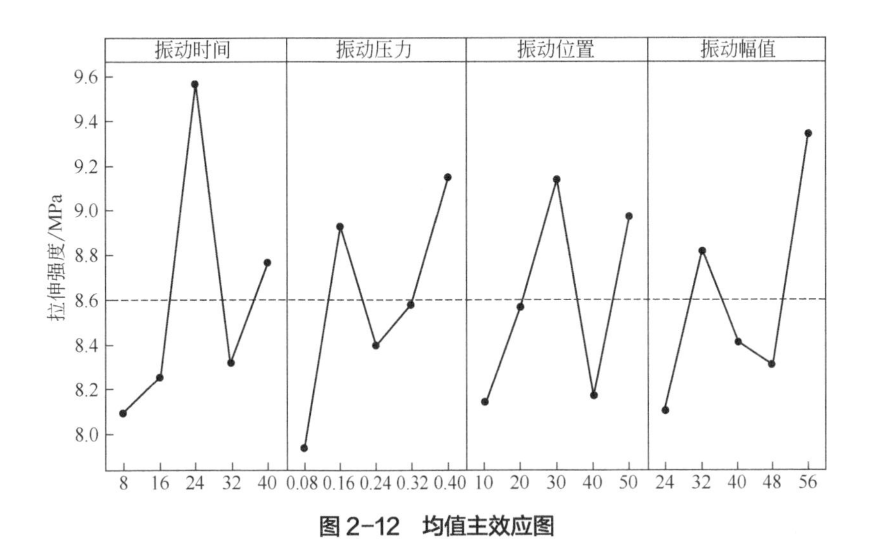

图 2-12　均值主效应图

通过对比表 2-6 和表 2-7 发现超声振动强化胶接工艺明显提升了碳纤维复合材料/铝板胶接样件的胶接强度。分析表 2-8 和图 2-12 可以得到超声振动各因子影响胶接强度的重要性顺序是：振动时间>振动幅值>振动压力>振动位置。从图 2-12 中各因子在不同水平下的走势，可以得到振动时间、振动压力、振动位置、振动幅值四个因子分别在水平 3、水平 5、水平 3、水平 5 时样件的胶接强度最大，即超声振动时间为 24s，振动压力为 0.40MPa，振动位置为 30mm，振动幅值为 56μm 时是超声振动强化碳纤维复合材料/铝板胶接的最优工艺。

（3）正交试验验证

若分析所得的最优参数组合已包括在正交试验方案中，且其结果也表现出最优，则无需通过实验对正交试验的分析结果做进一步验证。但如果分析得到的最优组合并未包括在正交试验方案中，则应通过额外实验验证最优实验方案。

由于分析正交试验的结果得到的最优超声振动强化碳纤维复合材料/铝板胶接工艺并未包括在表 2-6 的正交试验方案中，因此以超声振动强化碳纤维复合材料/铝板最优胶接工艺胶接的样件为实验组，进行正交试验验证。重复胶接实验后测试胶接强度，得到如表 2-7 所示的数据。

由表 2-7 中的实验数据分析可以得到，与采用普通胶接工艺得到的胶接样件相比，采用超声振动强化胶接最优工艺制得的碳纤维复合材料/铝板样件的胶接强度提高了 40%左右，胶接稳定性（方差）提高了 60%左右，提升效果显著。以碳纤维复合材料/铝板的单搭接胶接为研究对象，实验证明了超声振动强化胶接工艺可有效提升碳纤维复合材料/铝板的胶接强度与稳定性，改善样件的胶接性能。

对照组与实验组的胶接样件拉伸测试后，破坏形式如图 2-13～图 2-16 所示，进行宏观分析可以发现：

① 对照组样件接头的破坏为界面黏附失效，破坏发生在胶层与铝板的界面处，拉伸破坏后胶层基本都黏附在碳纤维复合材料板表面。实验组样件的破坏为混合失效，胶层在碳纤维复合材料板和铝板表面都有黏附。该现象表明超声振动作用提升了胶黏剂与碳纤维复合材料/铝板的界面结合性能，样件的胶接性能得到强化。

② 对比图 2-13 与图 2-15 可以发现，对照组样件和实验组样件拉伸破坏之后黏附在碳纤维复合材料板上的胶层表面都有明显的线条，但实验组的胶层表面的线条痕迹更加清晰、明显。观察图 2-14、图 2-16 可以看出黏附在碳纤维复合材料板上的胶层表面出现的线条是由于样件打磨处理后铝板表面形成的沟槽等微结构而产生的。黏附在碳纤维复合材料板上的胶层表面的线条越明显，表示胶黏剂渗透到被粘物表面沟槽等微结构的程度越深。因此，图 2-13 与图 2-15 的对比结果表明超声振动促使胶黏剂充分地渗入被粘物表面的沟槽等微结构。

③ 对比图 2-13 与图 2-15 可以发现，对照组样件拉伸破坏后黏附在碳纤维复合材料板表面的胶层中存在一些比较大的气泡，而实验组样件拉伸破坏之后黏附在碳纤维复合材料板表面的胶层中的气泡明显较小。

④ 对比图 2-13～图 2-16 发现，对照组样件胶接区域内的胶层分布不是很均匀，在被粘物胶接部位的边缘存在胶黏剂没有填充的区域，而实验组样件胶接区域内的胶层分布得到明显改善，胶黏剂填充得比较均匀。对照组样件中分布在碳纤维复合材料板上的胶层轮廓近似为圆弧状，而实验组样件中胶黏剂在碳纤维复合材料板上的填充形状与被粘物轮廓相近，近似为矩形。胶黏剂在碳纤维复合材料板边缘位置填充效果的对比尤其明显，如图 2-13、图 2-15 所示。

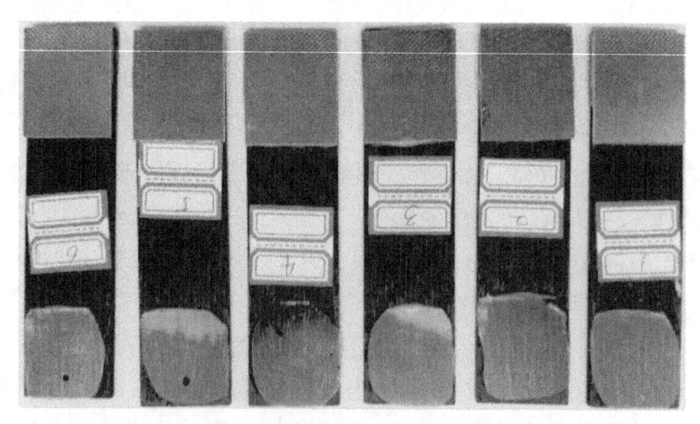

图 2-13　对照组样件拉伸破坏后碳纤维复合材料表面

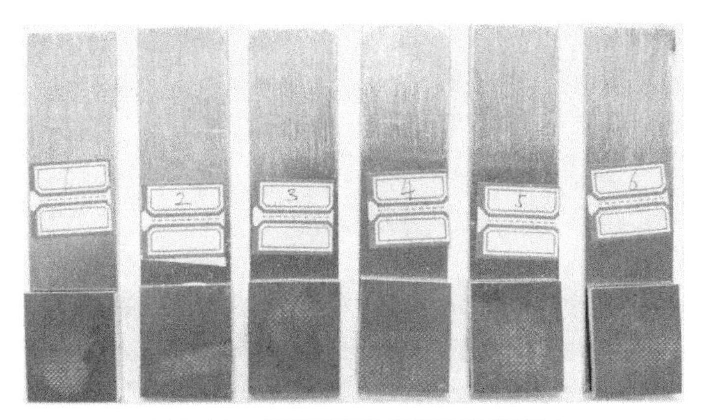

图 2-14　对照组样件拉伸破坏后铝板表面

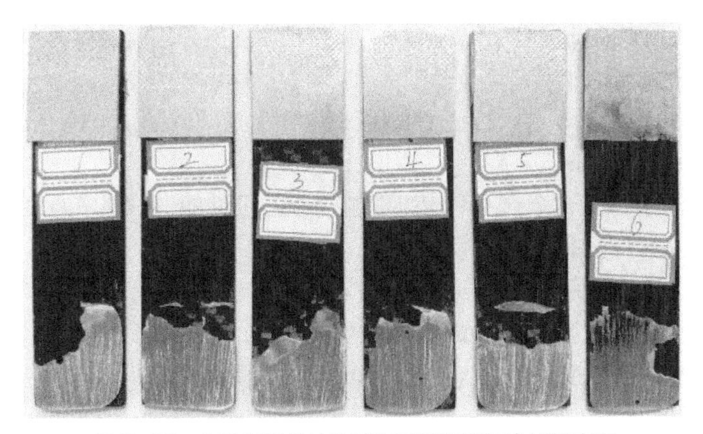

图 2-15　实验组样件拉伸破坏后碳纤维复合材料表面

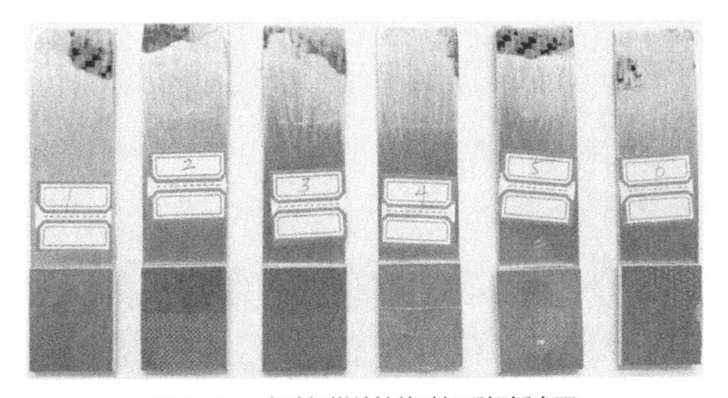

图 2-16　实验组样件拉伸破坏后铝板表面

2.5

本章小结

本章选择碳纤维复合材料与轻量化材料铝合金的胶接为研究对象，阐述超声振动强化胶接工艺。搭建超声振动强化碳纤维复合材料/铝板胶接实验平台，设计、加工了碳纤维复合材料/铝板单搭接胶接的实验夹具，建立和完善了超声振动强化碳纤维复合材料/铝板胶接工艺流程。探究了振动频率、振动幅值、振动时间、振动压力、振动位置等超声振动参数间的相互关系以及这些参数对碳纤维复合材料/铝板胶接的影响规律，通过正交试验优化得到了超声振动强化碳纤维复合材料/铝板胶接最优工艺方案。主要结论如下：

① 超声振动频率与振动幅值之间存在非线性的负相关关系，对于所研究的对象最优超声频率为15kHz；

② 各因素对碳纤维复合材料/铝板胶接强度重要性的影响顺序为：振动时间>振动幅值>振动压力>振动位置；

③ 最优超声振动强化碳纤维复合材料/铝板胶接工艺（振动时间为24s，振动压力为0.40MPa，振动位置为30mm，振动幅值为56μm）可提高样件的胶接强度40%左右，提高样件的胶接稳定性（方差）60%左右。证实了超声振动强化胶接工艺可提升碳纤维复合材料/铝材的胶接强度与稳定性，改善样件的胶接性能。

第3章 超声作用下胶层内胶黏剂分布

上一章内容介绍了笔者通过实验研究，成功地将超声振动引入碳纤维复合材料/铝板的胶接工艺，证实了超声振动可有效强化碳纤维复合材料/铝板的胶接，显著提升胶接强度及稳定性。目前尚未有超声振动强化胶接的数值分析研究，且超声振动促进胶黏剂流动与分布、排出气泡等作用机理尚不成熟。为此，本章建立超声振动强化碳纤维复合材料/铝板胶接有限元模型，分析超声强化碳纤维复合材料/铝板胶接的作用过程。同时结合实验观察深入探索超声振动强化胶接的作用机理，为超声强化胶接工艺、改善胶接缺陷提供理论依据。

3.1 超声促进胶黏剂填缝数值分析

3.1.1 流-固耦合

流-固耦合力学是一门研究固体与流体相互影响、相互作用的科学，不是结构力学和流体力学的简单叠加。流-固耦合现象在实际生产与生活中有很多，存在于固体和流体相互作用的情况：流体载荷对变形固体发生作用使其变形或运动，同时变形固体作用于流场影响流体载荷的大小和分布。流体和固体间存在相互耦合的作用，所以求解流-固耦合问题时要求对流动控制方程和结构动力学方程都进行计算。

超声振动强化复合材料/铝板的胶接过程属于上述问题，超声振动施加在碳纤维复合材料板上，引起碳纤维复合材料板的变形与位移，碳纤维复合材料板的变形与位移引发胶接区域的胶黏剂流动，同时胶接区域内的流场又会对碳纤维复合材料板、铝板等固体产生作用。

流体控制方程都是非线性的，无论结构动力学是否非线性，流-固耦合系统的控制方程都是非线性的。求解流-固耦合问题可以采用有限元法（单求解器）或分开求解流体和固体（多求解器），采用有限体积法求解流体场、有限元法求解固体场，从而将流-固耦合问题转变为数据在耦合面的传递问题[129]。

流-固耦合问题可按数据传递方式分为单向耦合和双向耦合。单向流-固耦合（one-way coupling）指数据在耦合面进行单向传输。当结构变形很小可忽略不计时，求解流-固耦合问题只需分析流场对结构场的作用，即只需将 CFD（计算流体力学）的计算结果传输给结构场。双向流-固耦合（two-way coupling）指数据在耦合面进行双向传输，即流场的计算结果传输给结构场，然后结构场的计算数据传递给流场。双向耦合一般用于固体和流体的密度差异不大，或高压、高速时固体的变形突出且固体对流体的影响作用很明显。超声振动强化碳纤维复合材料/铝板胶接工艺过程属于双向流-固耦合问题的分析范畴。

随着数值计算与求解技术的不断发展，目前已经有很多软件可以实现多物理场耦合仿真，常见的有ADINA、STAR-CCM+、LS-DYNA、ANSYS、MPCCI、COMSOL、Abaqus等。本研究选用ANSYS软件作为平台建立流-固耦合分析模型。

3.1.2 ANSYS流-固耦合分析

ANSYS软件是一款集成多学科的大型通用有限元软件，囊括结构、声、光、热、电、流体、磁等多学科，广泛应用于化工、航天、交通、机械、电子等许多领域。ANSYS软件形成了MCAE（结构和热力学等）、CFD（流体动力学等）和CEM（电磁学等）的核心体系，不仅可进行单场分析，也可计算体系间相互耦合的多物理场分析。多物理场耦合计算指考虑两个及以上物理场间的相互影响和作用，ANSYS软件目前可以计算的多物理场耦合分析包括：热-应力、磁-热、磁-结构、流体-热、流体-结构、热-电、电-磁-热-流体-应力等。

可以在ANSYS软件中基于经典界面的方式或基于Workbench的方式进行多物理场耦合的分析计算。Workbench是一个整合了ANSYS的各种现有计算模块的集成框架，提供了从数值分析建模到后处理等所有环节的统一环境，将仿真分析的各个步骤整合在一起，通过该平台可以根据应用建立各种不同的分析系统[130]。Workbench的耦合功能强大，操作简单、方便，因此选择基于Workbench对超声振动强化碳纤维复合材料/铝板胶接进行双向流-固耦合分析。

Workbench的基本分析流程包括分析系统选择、工程数据定义、模型建立、模型前处理、数值求解与仿真后处理。超声振动强化碳纤维复合材料/铝板胶接工艺采用Transient Structure模块和CFX模块进行双向流-固耦合数值分析。在Workbench的toolbox中依次选择Transient Structural模块和Fluid Flow（CFX）模块，创建如图3-1所示的流-固耦合分析系统。

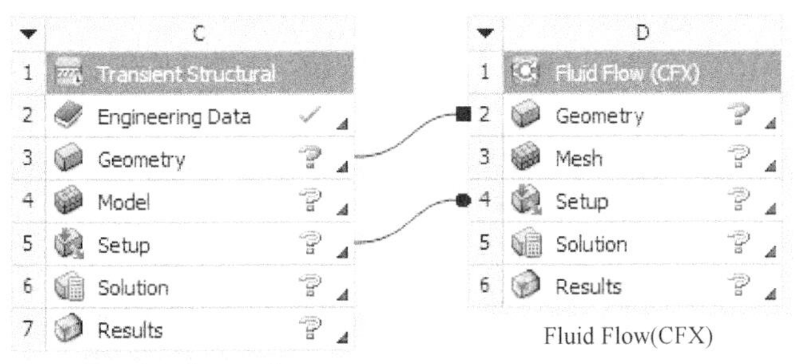

图3-1 Workbench创建流-固耦合分析系统

3.2 有限元模型建立

3.2.1 几何建模

根据超声振动强化碳纤维复合材料/铝板胶接工艺实验研究中所用实验材料的尺寸参数，在 ANSYS 软件中建立如图 3-2 所示的几何模型，碳纤维复合材料板的尺寸为 101.6mm×25.4mm×2.5mm，铝板的尺寸为 101.6mm×25.4mm×1.5mm，流场区域的尺寸为 25.4mm×25.4mm×0.76mm。流场的上、下表面为流体与固体的界面，流场区域左端为入口，右端为出口。在碳纤维复合材料板上距流场区域 30mm 处（超声振动强化碳纤维复合材料/铝板胶接最优工艺方案中，超声振动施加的位置）分割一个 25.4mm×5mm（超声振动工具头的截面尺寸）的矩形，作为仿真分析中超声振

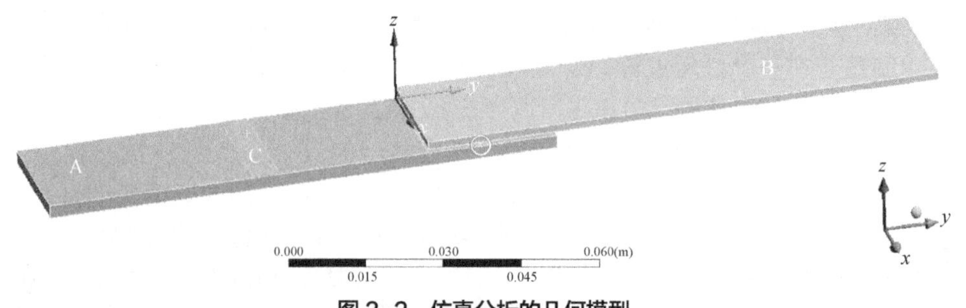

图 3-2 仿真分析的几何模型

A—碳纤维板；B—铝板；C—超声振动位置；○—小凹槽

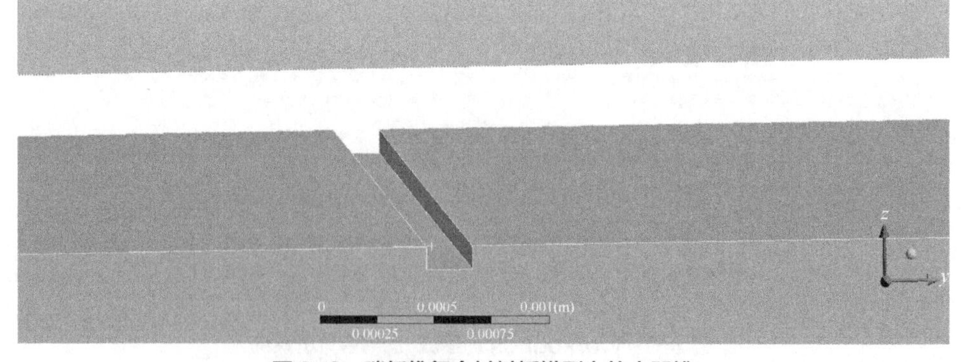

图 3-3 碳纤维复合材料板模型上的小凹槽

动施加的位置。在胶接工艺的前处理中，会用砂纸打磨处理增加被粘物表面的粗糙度。为了仿真分析超声振动作用下胶黏剂对被粘物表面微小缝隙的润湿效果，在碳纤维复合材料板几何模型上切割出一个如图 3-3 所示（图 3-2 中的画圈处）的小凹槽。该槽内为流场区域，槽的表面为固体与流体的界面。

碳纤维复合材料板为正交各向异性材料，材料在三个方向上的性质不同。铝板为各向同性弹性材料。碳纤维复合材料板与铝板的材料属性如表 3-1 所示。胶黏剂的属性设置为密度 1100kg/m^3、黏度 30Pa·s。

表 3-1 材料属性

参数	弹性模量/GPa			泊松比			剪切模量/GPa			密度/(g/cm^3)
	Y_1	Y_2	Y_3	N_1	N_2	N_3	G_1	G_2	G_3	
复合材料	209	9.45	9.45	0.77	0.4	0.27	5.5	3.9	5.5	1.54
铝	71			0.33			26.692			2.7

3.2.2 固体的控制方程和边界条件

数值分析超声振动强化碳纤维复合材料/铝板胶接时，碳纤维复合材料板和铝板属于固体结构部分，假设两者都为小变形，属于线弹性材料，所以固体结构的控制方程为：

$$\rho_s \frac{\partial^2 \boldsymbol{x}_s}{\partial t^2} = \nabla \cdot \boldsymbol{\sigma}_s + \rho_s \boldsymbol{g} \tag{3-1}$$

式中，ρ_s 为固体结构的密度，$\boldsymbol{x}_s$ 为固体结构的位移矢量，$\boldsymbol{\sigma}_s$ 为柯西应力张量，$\boldsymbol{g}$ 是重力加速度。

结构部分的边界条件设置如图 3-4 所示。碳纤维复合材料板的左端面 A 和铝板的右端面 B 设置为 Fixed 约束类型，即固定约束；碳纤维复合材料板的下底面 C（与夹具底板相接触的面）设置为 Displacement 约束类型，z=0，在 x、y 方向上不限制其自由度；碳纤维复合材料板表面上的 D 区域（图 3-2 中 C 处，超声振动加载的位置）设置为 Displacement 约束类型，即位移约束，其方程为：

$$z = A\sin(2\pi f t) - B \tag{3-2}$$

式中，A 为超声振动幅值，B 为超声振动工具头的初始位移，f 是超声振动频率，t 是时间。初始位移 B 为超声振动强化碳纤维复合材料/铝板胶接工艺中，在预紧力作用下压下超声振动工具头后，工具头在碳纤维复合材料板（图 3-2 中 C 处，图 3-4 中 D 处）表面产生位移。根据得到的超声振动强化碳纤维复合材料/铝板胶接最优工艺方案（超声振动频率为 15kHz，振动压力为 0.40MPa，振动幅值为 56μm）可确定 D 区域的位移方程为：

$$z = 0.000056 \times \sin(2\pi \times 15000 \times t) - 0.00006 \tag{3-3}$$

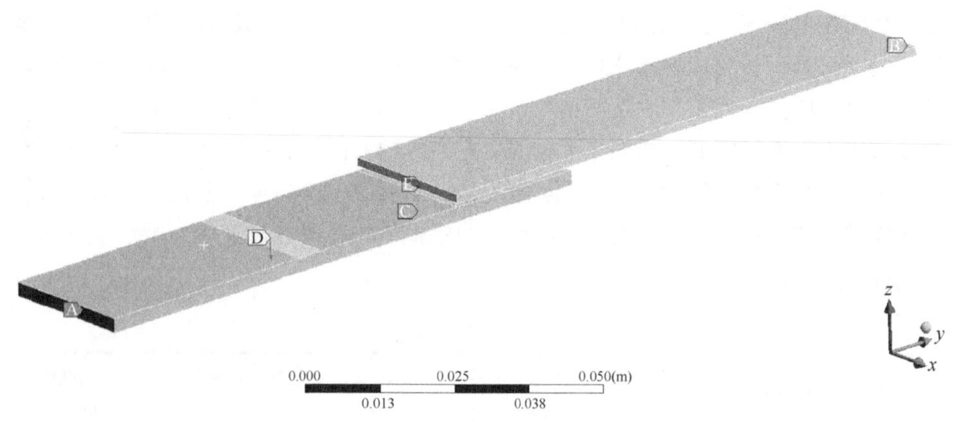

图 3-4　固体计算域的边界条件

A—固定约束 1；B—固定约束 2；C—位移约束 1；D—位移约束 2；E—流-固耦合界面

如图 3-4 中 E 区域所示，碳纤维复合材料板上表面的胶接部位（包括图 3-3 所示的碳纤维复合材料板几何模型上的小凹槽的壁面）、铝板下表面的胶接部位为流-固耦合界面，定义为 Fluid Solid Interface 类型。流-固耦合界面 E 满足应力的平衡方程：

$$\boldsymbol{\sigma}_{\mathrm{s}}\boldsymbol{n}=\boldsymbol{\sigma}_{\mathrm{f}}\boldsymbol{n} \tag{3-4}$$

式中，$\boldsymbol{n}$ 为界面法矢量，$\boldsymbol{\sigma}_{\mathrm{f}}$ 代表流体的应力张量，可以表示为：

$$\boldsymbol{\sigma}_{\mathrm{f}}=(-p+\mu_{\mathrm{f}}\nabla\boldsymbol{u}_{\mathrm{f}})\boldsymbol{I}+\mu_{\mathrm{f}}[\nabla\boldsymbol{u}_{\mathrm{f}}+(\nabla\boldsymbol{u}_{\mathrm{f}})^{\mathrm{T}}] \tag{3-5}$$

式中，p 是流体的压强，$\boldsymbol{I}$ 代表单位张量，μ_{f} 为流体的黏度，$\boldsymbol{u}_{\mathrm{f}}$ 为流体的速度。

前处理时固体结构采用四面体网格，碳纤维复合材料板和铝板网格单元的尺寸分别为 0.83mm、0.73mm，固体结构网格共生成 200951 个单元，312326 个节点。

3.2.3　流体的控制方程和边界条件

超声振动强化碳纤维复合材料/铝板胶接的实验研究中所用胶黏剂为 3M DP460，是一种环氧树脂结构胶，属于黏性流体，其连续性方程和动量方程分别为：

$$\frac{\partial\rho_{\mathrm{f}}}{\partial t}+\nabla\cdot(\rho_{\mathrm{f}}\boldsymbol{u}_{\mathrm{f}})=0 \tag{3-6}$$

$$\frac{\partial(\rho_{\mathrm{f}}\boldsymbol{u}_{\mathrm{f}})}{\partial t}+\nabla\cdot(\rho_{\mathrm{f}}\boldsymbol{u}_{\mathrm{f}}\boldsymbol{u}_{\mathrm{f}}-\boldsymbol{\sigma}_{\mathrm{f}})=\boldsymbol{f}_{\mathrm{f}} \tag{3-7}$$

式中，ρ_{f} 为流体的密度，$\boldsymbol{u}_{\mathrm{f}}$ 代表流体的运动速度，$\boldsymbol{\sigma}_{\mathrm{f}}$ 为流体应力，$\boldsymbol{f}_{\mathrm{f}}$ 为流体受到的单位质量力，包括重力、表面张力等。

流体域边界条件的设置如图 3-5 所示。流场区域的左端 A 为入口，设置为“opening”，允许流体从入口流入和流出；流场区域的右端 B 为出口，设置为“opening”，允许流体从出口流入和流出。流体区域的两侧面 C 设置为对称面“symmetry”，流场的上、下面 D 为流-固耦合面，设置为无壁面滑移的“wall”。流-固耦合面上的流体速度与固体速度相同，即在无滑移的耦合面 D 上满足方程：

$$\boldsymbol{u}_{\mathrm{f}} = \boldsymbol{u}_{\mathrm{s}} \tag{3-8}$$

式中，$\boldsymbol{u}_{\mathrm{f}}$ 和 $\boldsymbol{u}_{\mathrm{s}}$ 分别代表流体和固体的运动速度。

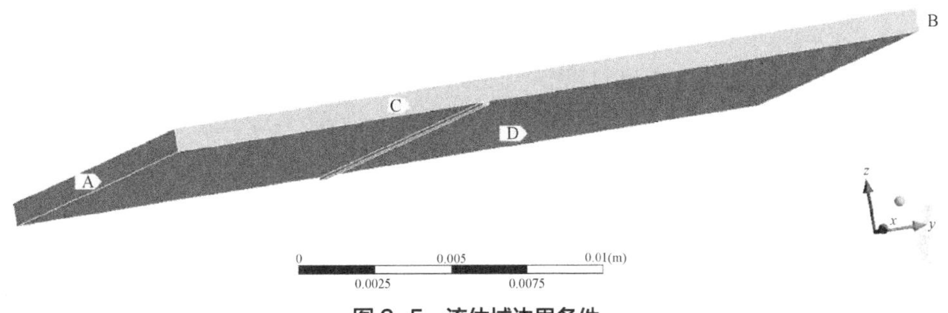

图 3-5　流体域边界条件

A—入口；B—出口；C—对称面；D—耦合面

前处理时流体域采用六面体划分网格，网格单元的尺寸为 0.1mm，共生成 585990 个单元，516636 个节点。流体域的计算不考虑固化反应的影响，湍流模型选择 k-epsilon 模型。胶接实验研究中所用环氧树脂胶黏剂中可能含有其他添加剂，数值分析时将环氧树脂胶假设为均质的流体。

3.2.4　分析设置

采用 ANSYS 软件的 Workbench 平台分析计算双向流-固耦合。在 Transient Structure 模块中计算固体结构，得到耦合面上固体的位移。然后将固体结构位移的数据传递到 CFX 模块中，CFX 模块将固体位移的计算结果作为条件对流场区域进行计算，得到流-固耦合面上的流体对固体的作用力，这个数值将作为 Transient Structure 中的边界条件对结构进行新一轮的计算。如此往复多次运行，直至两个求解器间传递的计算结果满足设定的收敛准则。

固体结构求解是在 Transient Structure 模块中采用有限元法计算，流场区域的求解是在 CFX 模块中用有限体积法计算。Workbench 平台 MFX 多物理场求解器中，映射算法、插值算法和亚松弛算法有效保证了流-固耦合分析过程中流场区域和固体结构中的物理量正常传递。超声振动的频率 f=15kHz，振动周期为 6.6667×10^{-5}s。设置计算时间步长为 6.6667×10^{-6}s，即每个振动周期内计算 10 步。

3.3

超声作用下胶黏剂的流动仿真

仿真分析得到的速度场分布结果如图3-6所示，分析结构场、流场的速度分布可知，z方向的超声振动垂直加载到碳纤维复合材料板上，转变为碳纤维复合材料板y方向上的振动，碳纤维复合材料板通过胶接界面将振动传递给胶黏剂，从而促进胶黏剂在y方向上的流动，使得胶黏剂在胶接区域流动与填充，如图3-7、图3-8所示。因此，与普通胶接工艺相比，超声振动的施加使胶接区域内的胶黏剂在外力场作用下流动、填充得更加均匀，由此使得碳纤维复合材料/铝板胶接样件的胶接强度与稳定性得到了

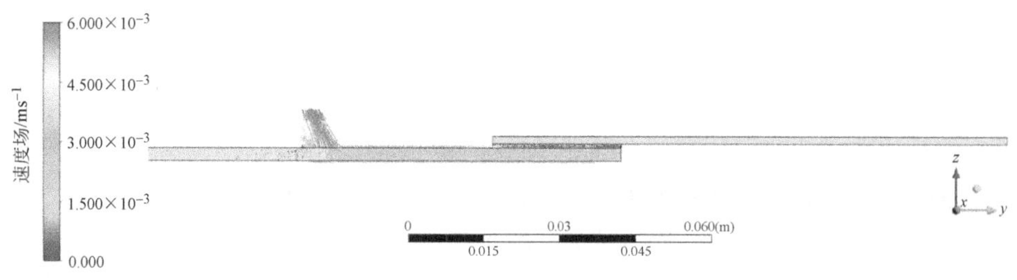

图3-6 速度场分布图

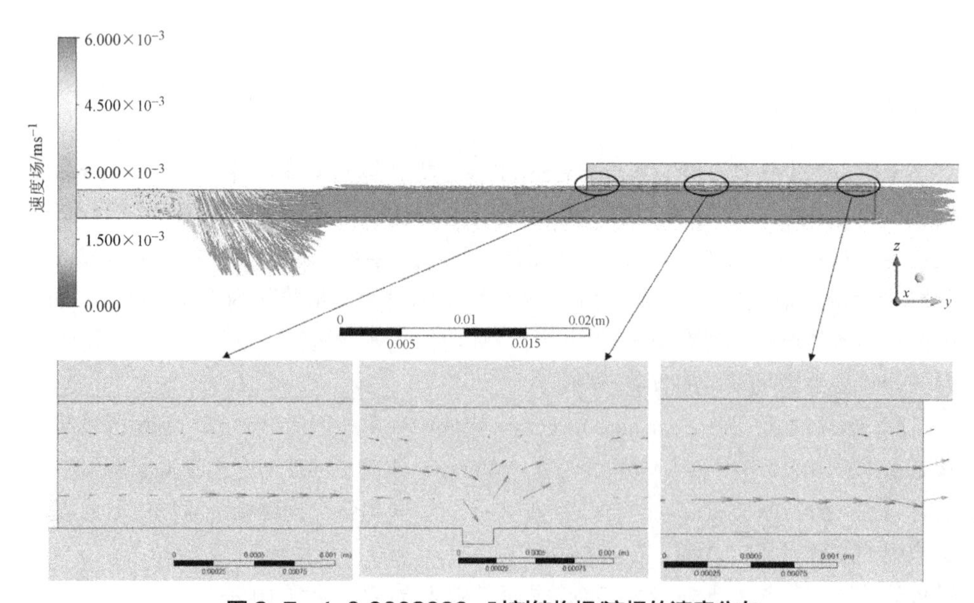

图3-7 t=0.0002666s时刻结构场/流场的速度分布

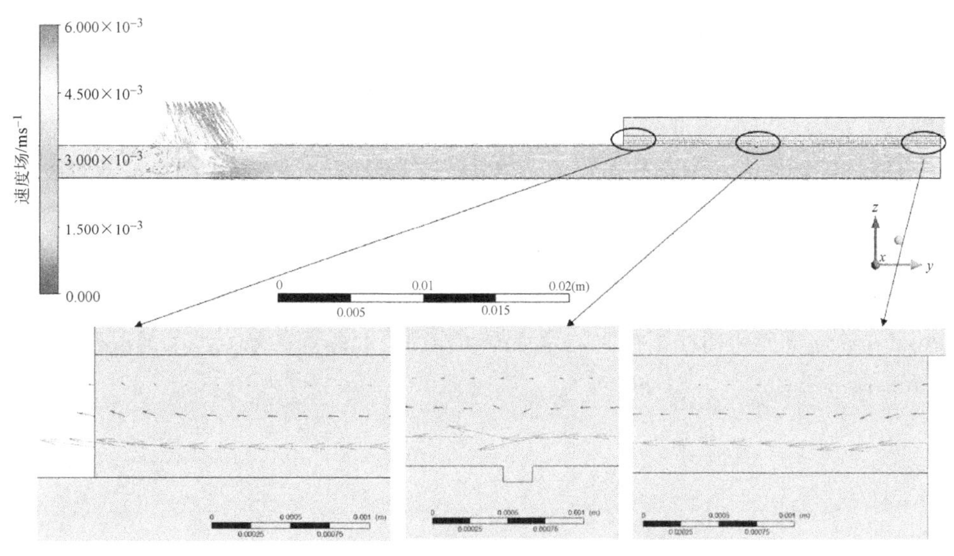

图 3-8 t=0.0005333s 时刻结构场/流场的速度分布

提升。在图 3-7 和图 3-8 中，胶黏剂有指向凹槽的速度矢量，说明超声振动作用可以促使胶黏剂填充到被粘物表面的微小缝隙中，增强胶黏剂对被粘物的润湿效果。

为了分析超声振动作用下结构场/流场在 z 方向上的速度，选取如图 3-9 所示的监视点，观察数值分析过程中固体域与流体域的速度变化，各点坐标分别是 Point 1（0.02，0.005，0.0008），Point 2（0.02，0.005，0.0006），Point 3（0.02，0.005，0.0004），Point 4（0.02，0.005，0.0002），Point 5（0.02，0.005，-0.0015），坐标单位为 m。

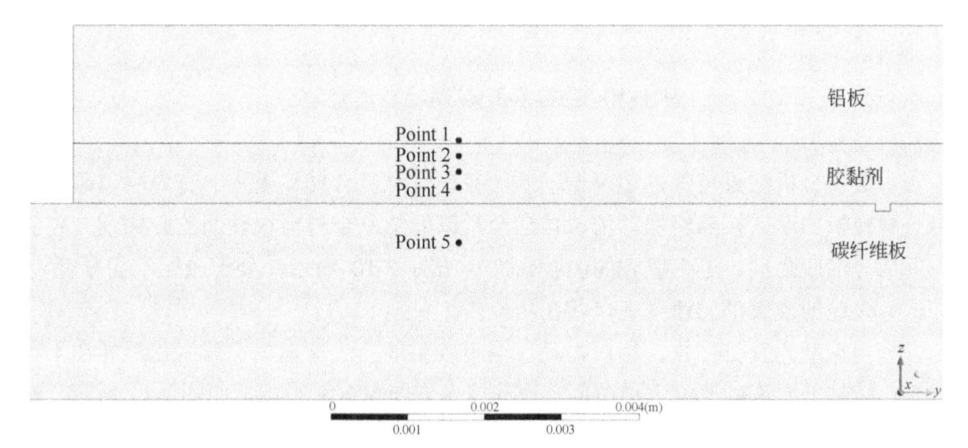

图 3-9 结构场/流场代表性点的选取

所选五个点的速度变化如图 3-10 所示。从各点的速度变化分析可以发现，施加在碳纤维复合材料板上 z 方向的超声振动，引起碳纤维复合材料板、胶黏剂、铝板在 y 方向上的速度都呈正弦变化。超声振动促进胶黏剂在碳纤维复合材料/铝板胶接区域的流动与填充过程中，越靠近碳纤维复合材料板，超声振动对胶黏剂的促进作用越明显。超声通过碳纤维复合材料板与胶黏剂传递到铝板的振动很小，铝板在 y 方向速度变化的数量级（10^{-10}）是胶黏剂速度变化数量级（10^{-5}）的十万分之一，Point 1 的速度变化几乎为一条直线。从图 3-10 中 Point 2、Point 3、Point 4 的速度变化曲线图得到，超声振动作用下胶黏剂的最大流动速度在 0.5～1.5mm/s 左右。

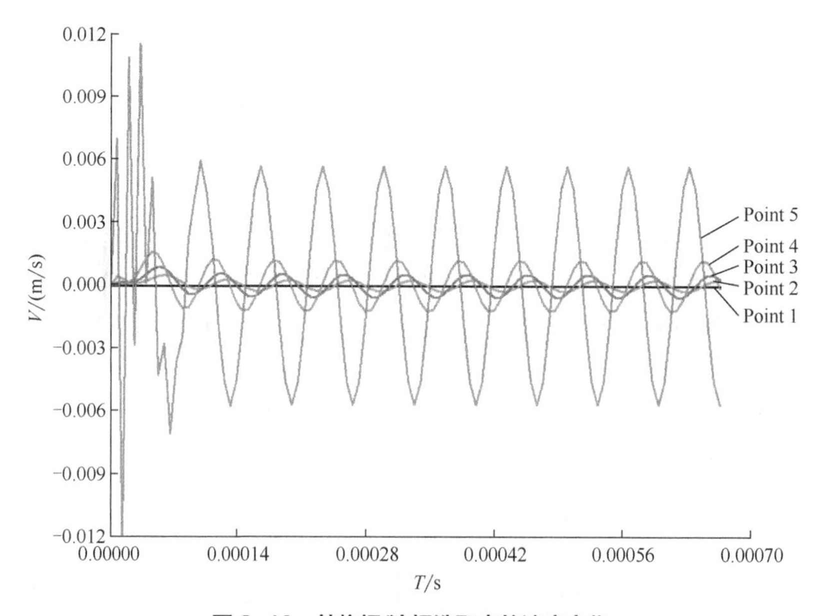

图 3-10　结构场/流场选取点的速度变化

由数值分析结果可知，超声振动施加在碳纤维复合材料板上，首先引起碳纤维复合材料板振动，接着将振动依次传递至近碳纤维复合材料板表面的胶黏剂、胶层中间部分的胶黏剂、近铝板表面的胶黏剂。如图 3-10 所示，处于胶层不同厚度（z 方向）区域的胶黏剂的速度变化存在相位差。

超声振动为正弦变化，超声振动作用下胶黏剂的流动也呈正弦变化，即在不同时刻，胶黏剂的流动速度大小不同，流动速度方向也可能不同。如图 3-11 所示，在不同的时刻，胶黏剂的流动方向相反。这一现象与实际实验过程中观察到的胶黏剂的流动情况相同。此外，从图 3-11 中发现，虽然胶黏剂的流动速度发生了变化，碳纤维复合材料板几何模型上小凹槽附近的胶黏剂都有指向槽内的速度矢量。由此进一步表明超声振动促进了胶黏剂对被粘物表面微观结构的润湿，同时也说明对被粘物进行打磨的表面处理可以增强样件的胶接强度。因此，与普通胶接工艺相比，超声振动的施加使胶黏剂在外力场作用下填充到被粘物表面的微缝隙结构中，胶黏剂对被粘物的润湿更加充分，从而提升了碳纤维复合材料/铝板胶接样件的强度与稳定性。

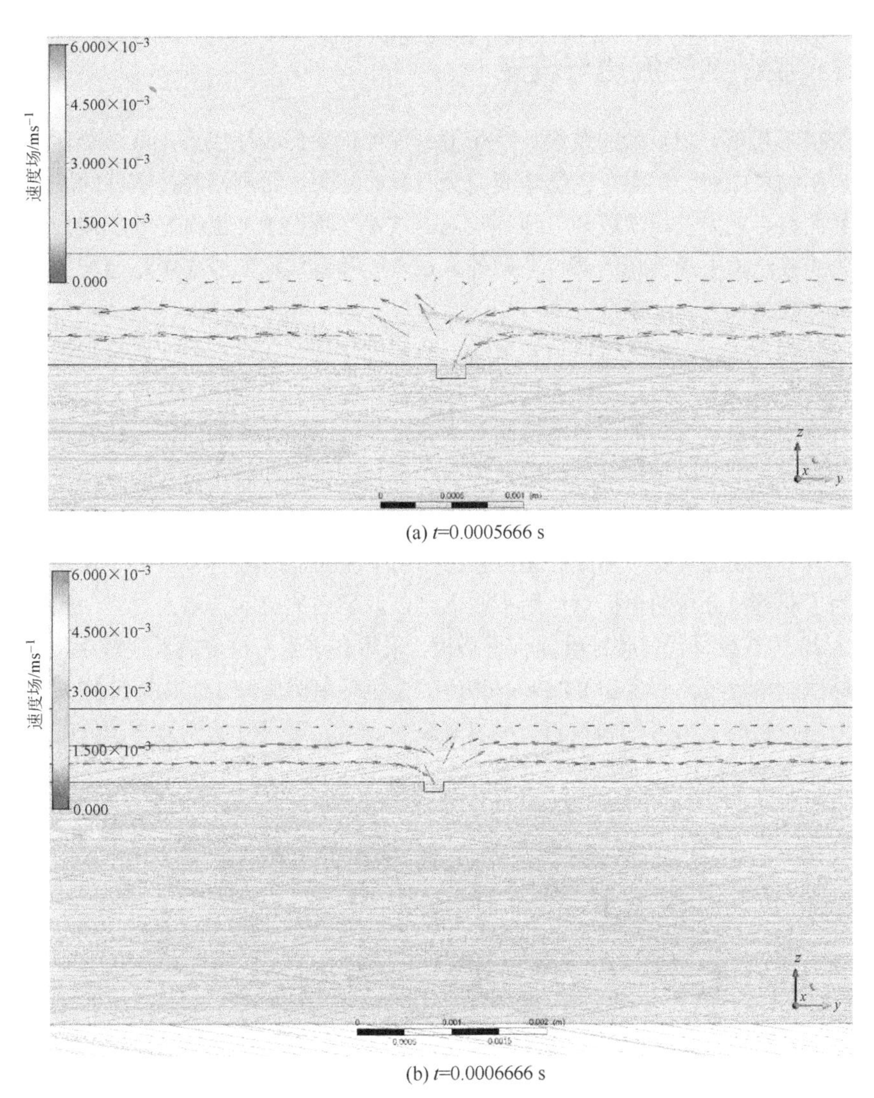

图 3-11　不同时刻胶黏剂的流动情况

3.4 超声促进胶黏剂流动与分布

3.4.1 胶黏剂的流动与填充

胶接工艺是一个复杂的过程，要想得到性能优异的胶接接头，就必须保证胶黏剂在被粘物表面充分润湿，胶层填充完全且分布均匀，否则，胶接零件的胶层中会存在界面结合能力差、缺胶和气泡等缺陷，这些区域很难产生良好的胶接力，同时也成为胶接结构中最薄弱的部位。此外，在缺胶和有气泡的胶层中还会产生应力集中，降低胶接强度和胶接持久度[131]。

胶黏剂为液态，通常可以自发流动。胶层固化前，胶黏剂会在胶接区域内流动与填充，其驱动力主要是毛细作用力。仅依靠胶黏剂自身的流动与填充实现填充完全与分布均匀是不可靠的。目前增强胶接强度、改善胶接性能的相关研究中很少采用外力场直接干预胶接过程，即通过外力场促使胶黏剂在胶接区域的流动填充与均匀分布。前面章节数值分析结果表明超声振动可以促进胶黏剂在胶接区域的流动与填充，本节将通过实验研究分析超声振动作用下胶黏剂的流动与填充行为。

为了观察与分析超声振动作用下胶黏剂在胶层内的流动与填充过程，采用米白色的 ABS 塑料板材代替碳纤维复合材料板，采用高透明有机玻璃板代替铝板，采用黏度等性能参数与乳白色 3M DP460 相近的黑色环氧树脂胶 3M DP420 作为探究流动行为的胶黏剂。ABS 塑料板材、有机玻璃板、胶接区尺寸的设计与碳纤维复合材料/铝板胶接样件的尺寸保持完全一致，如图 3-12、图 3-13 所示。胶黏剂流动过程

图 3-12 对照组胶接过程中胶黏剂的状态

图 3-13 超声实验组胶接过程中胶黏剂的状态

的记录采用美国 IDT 公司生产的 MotionPro Y3-S1 型高速摄像机拍摄，其最大分辨率为 1016×1016dpi（dots per inch，每英寸点数），最高帧率为 11700fps（frames per second，每秒传输帧数）。与该高速摄像机配套的镜头有 Tokina 100mm F2.8 MACRO 微距镜头和 Nikon AF Nikkor 50mm f/1.4D 大光圈定焦镜头。

3.4.2 超声促进胶黏剂流动与填充

很少有学者从胶黏剂的流动与填充方面强化胶接过程以及研究其机理。胶接工艺中，胶黏剂在胶层内的填充与分布直接影响着胶接性能。采用 MotionPro Y3-S1 高速摄像机配备 Nikon AF Nikkor 50mm f/1.4D 镜头对无/有超声振动作用下胶黏剂在胶接区域内的流动与填充过程进行多次观察，各选取两组进行分析，得到如图 3-14～图 3-17 所示的结果。

图 3-14、图 3-15 是无超声振动作用下胶黏剂在胶接区域中自然流动与填充的过程，图 3-16、图 3-17 是胶黏剂在胶接区域自然流动与填充一段时间，然后施加超声振动后观察到的胶黏剂的流动与填充。同前述超声振动强化碳纤维复合材料/铝板胶接工艺一样，本节的实验中超声振动的施加为间歇性。图 3-16 中，施加超声振动的时间段为第 50～53s、56～59s、62～65s、68～71s 与 74～77s，图 3-17 中，施加超声振动的时间段为第 50～52s、54～56s、58～60s、62～64s 与 66～68s。

将图 3-16、图 3-17 与图 3-14、图 3-15 中胶黏剂填充稳定后的分布进行对比发现，超声振动作用明显促进了胶黏剂在胶接区域的填充。超声作用下胶黏剂在胶接区域的填充面积明显大于无超声振动作用下胶黏剂的自然流动与填充的面积，即超声振动增大了胶黏剂在胶接区域内的填充面积。

超声振动作用下胶黏剂在 t=70～80s 左右的分布基本达到其填充稳定后的状态，

而无超声振动作用下胶黏剂在 t=300s 左右其填充状态才基本稳定。将图 3-16、图 3-17 与图 3-14、图 3-15 进行对比发现，超声振动作用几秒钟胶黏剂的填充面积可以达到无超声作用下胶黏剂填充几十秒的效果。因此超声振动可以提高胶黏剂在胶接过程中的流动与填充速率。

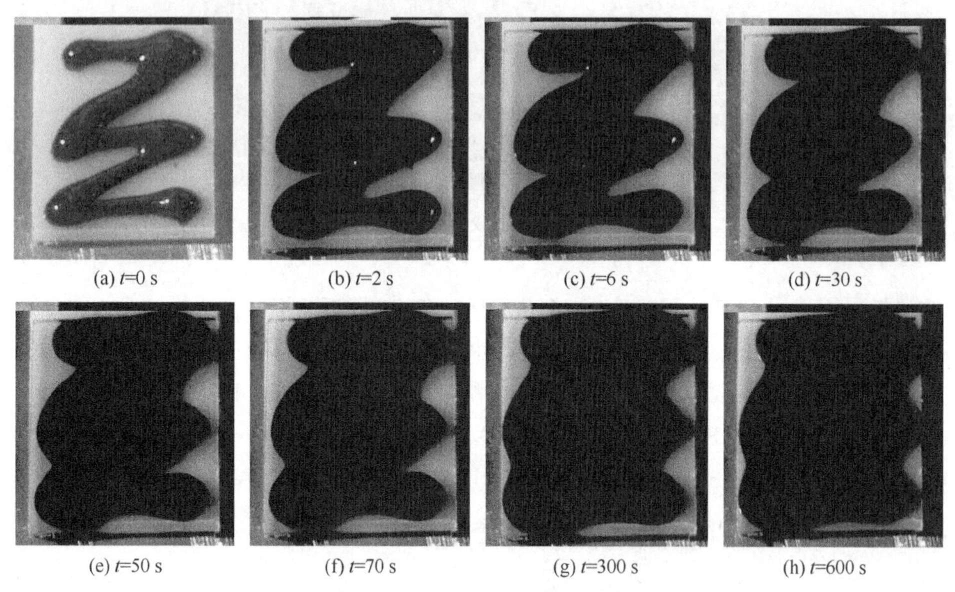

图 3-14　对照组胶黏剂的流动与填充观察（实验一）

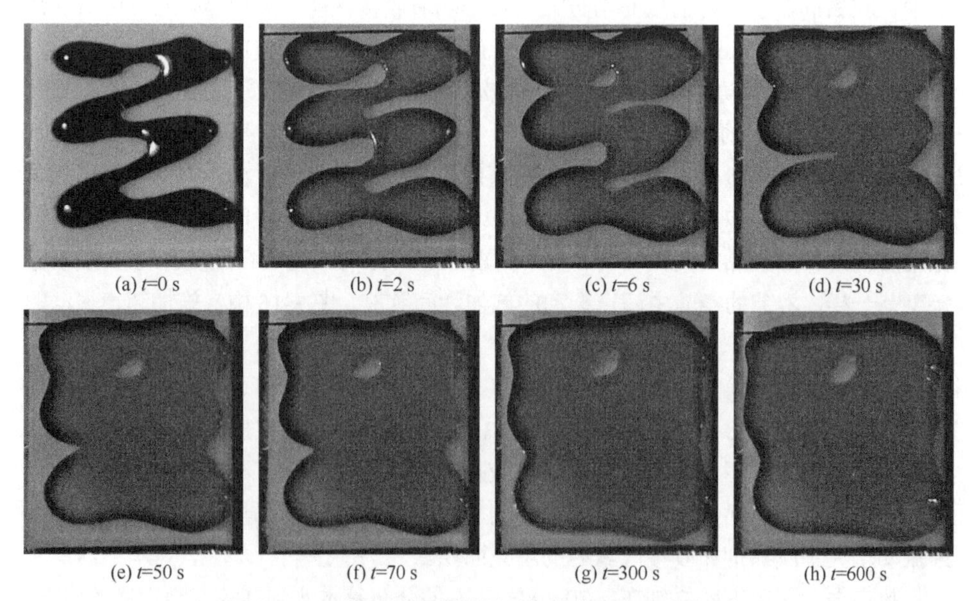

图 3-15　对照组胶黏剂的流动与填充观察（实验二）

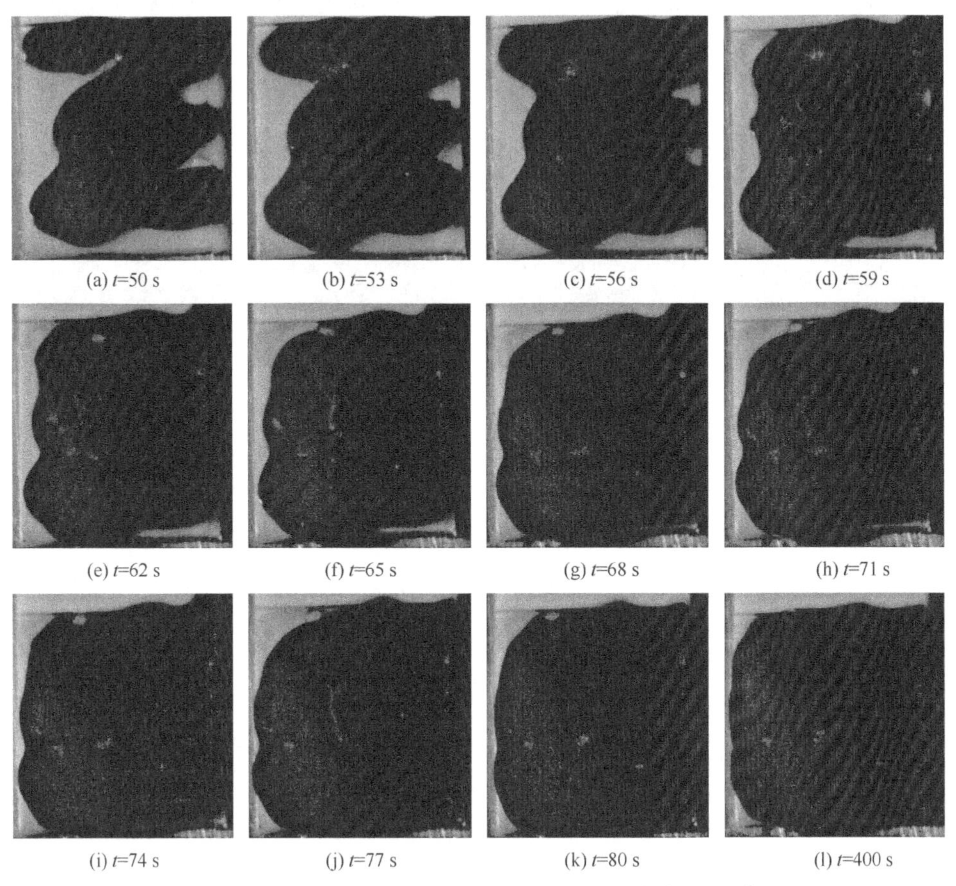
(a) t=50 s (b) t=53 s (c) t=56 s (d) t=59 s
(e) t=62 s (f) t=65 s (g) t=68 s (h) t=71 s
(i) t=74 s (j) t=77 s (k) t=80 s (l) t=400 s

图3-16　超声作用下胶黏剂的流动与填充观察（实验一）

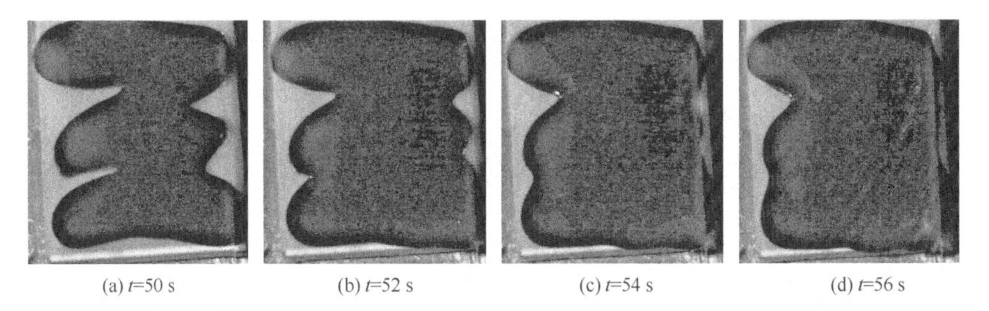
(a) t=50 s (b) t=52 s (c) t=54 s (d) t=56 s

图3-17

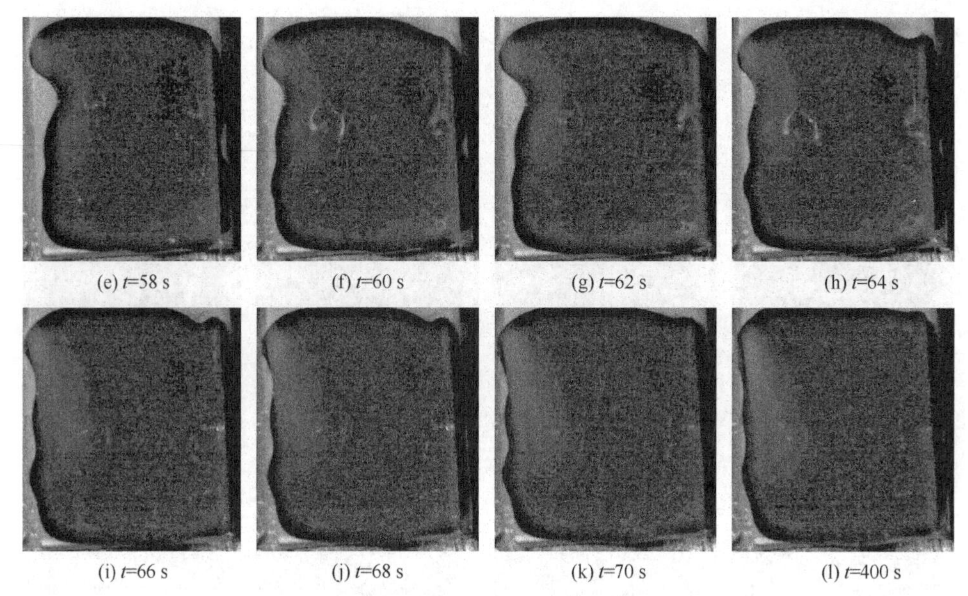

图 3-17　超声作用下胶黏剂的流动与填充观察（实验二）

3.5
超声振动消除胶层气泡的数值分析

在涂胶过程中不可避免地会带入部分气体，尤其是当胶黏剂在开放空间流动时，气体会大量聚集形成气泡。胶层中气泡的存在会严重影响胶接的强度以及稳定性，但通过物理方法消除胶层中的气泡较为困难。超声振动对流体和气泡的运动有较大的影响，为了分析超声振动对碳纤维复合材料/铝板胶层气泡的作用，选择 ANSYS Workbench（R18.0）中的 Fluid Flow（FLUENT）模块和 Transient Structure 模块建立超声振动作用下碳纤维复合材料/铝板胶接过程的 VOF（Volume of Fluid）多相流有限元模型，结合 System Coupling 模块研究胶接过程的双向流-固耦合作用和包含气泡在内的多相流，探索超声作用下气泡的运动行为和机理，为实验现象和理论探究奠定基础。

3.5.1　几何模型

如图 3-18 所示，建立的几何模型与碳纤维复合材料/铝板胶接样件实际尺寸相同。图中，下板 A 为碳纤维复合材料板，尺寸为 101.6mm×25.4mm×2.5mm；上板 C 为铝板，尺寸为 101.6mm×25.4mm×1.5mm；胶层尺寸为 25.4mm×25.4mm×0.76mm。根据实验条件，在碳纤维复合材料板距右侧胶接区域 30mm 的位置设置一个宽度为 5mm 的分割面 B，该分割面尺寸与超声工具头尺寸相同，用于加载超声振动。

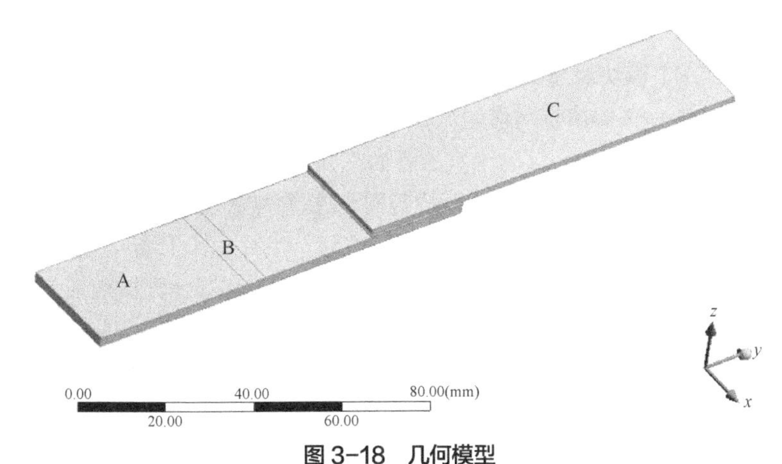

图 3-18 几何模型

A—碳纤维板；B—超声振动位置；C—铝板

3.5.2 控制方程和边界条件

对于固体域，其控制方程和边界条件与 3.2.2 节相同。流体域类似，但为了模拟超声振动作用下气泡在流体中的运动，利用流体体积（VOF）模型和连续表面力（CSF）模型建立了气泡在超声作用下高黏非牛顿流体中的运动仿真模型。流体控制方程中密度和黏度计算如下：

$$\rho=\alpha\rho_{\mathrm{g}}+(1-\alpha)\rho_{\mathrm{l}} \tag{3-9}$$

$$\mu=\alpha\mu_{\mathrm{g}}+(1-\alpha)\mu_{\mathrm{l}} \tag{3-10}$$

式中，α 为相的体积分数，ρ_{g} 和 ρ_{l} 分别表示气相和液相的密度，μ_{g} 和 μ_{l} 表示气相和液相的黏度。

连续表面力（CSF）模型可以用于计算界面处的表面张力，Brackbill 等[132]提出可以根据散度定理将表面张力转化为体积力，则表面张力计算公式为：

$$\boldsymbol{F}=\sigma\frac{\rho\kappa\nabla\alpha}{0.5(\rho_{\mathrm{g}}+\rho_{\mathrm{l}})} \tag{3-11}$$

式中，$\kappa=\nabla\hat{n}$ 为曲率，$\hat{n}=\boldsymbol{n}/|\boldsymbol{n}|$，$\boldsymbol{n}=\nabla\alpha$ 为表面法向，σ 为表面张力系数。

采用流体体积法对含气泡的多相流进行建模，流体体积法具有实现简单、计算复杂度小、精度高的优点，能够跟踪网格中流体的体积而不是流体粒子的运动，体积分数方程为：

$$\left[\frac{\partial}{\partial t}\left(\alpha\rho_{\mathrm{g}}\right)+\nabla\cdot\left(\alpha\rho_{\mathrm{g}}\boldsymbol{u}\right)\right]=0 \tag{3-12}$$

利用 FLUENT 模块对控制方程及相应的边界条件进行数值求解，其中流体体积法利用体积比函数α（即填充网格的流体体积分数）来实现目标，当α=1 时为气相，当α=0 时为液相，当$0<\alpha<1$时为气液界面。

气泡多相流采用流体体积法数值模拟时，主相为空气，第二相为胶黏剂，用“Patch”命令在流体中心位置建立三维球形气泡，半径为 0.15mm。在仿真分析过程中认为流体为均质流体，同样不考虑流体的固化反应和其他添加剂带来的影响。

在超声振动过程中，外部作用力引起固体的形状变化和运动变化，固体的这种变形和运动传递到流体交界面，引起流体载荷的分布和大小的改变。同时流体运动和载荷的变化也会反过来影响固体的变形和运动，在这种反复作用下产生了流-固耦合现象。碳纤维复合材料板上表面和铝板下表面的胶接部位为流-固耦合面。System Coupling 模块用于耦合 Fluid Flow 模块的流体求解和 Transient Structural 的固体计算。设置求解器的启动顺序，Transient Structural 为 1，Fluid Flow 为 2。把固体耦合面和流体耦合面设为流-固耦合面。在 Transient Structural 模块中对结构场进行计算，得到固体耦合面上位移量的变化。该位移增量传递到 System Coupling 模块作为流体区域的计算条件。然后在 Fluid Flow 中对流体进行计算，通过 System Coupling 得到流体对固体产生的作用力，该作用力施加到固体上开始新一轮的计算，直到流体和固体在 System Coupling 中的计算结果收敛。设置步长为 1×10^{-6}s，总时长为 20s，与固体和流体中的设置相同。然后开始进行流-固耦合计算。

3.5.3 超声作用下气泡与流体的运动仿真

超声工具头在 z 方向上随着时间变化呈周期性的位移，该垂直位移引起碳纤维复合材料板 y 方向上的振动，然后通过耦合界面将振动传递到胶黏剂，表明相对于普通胶接工艺，超声振动能在一定程度上对碳纤维复合材料/铝板胶接区域施加外力场干预，促进了胶黏剂在 y 方向上的流动和填充，如图 3-19 所示。

在图 3-20 中，得到了胶黏剂在 y 方向不同时刻的速度，可见在不同的时刻，胶黏剂的流动方向相反。这表明振动的周期性变化使得流体在不同时刻速度方向不同，也就是流体 y 方向的流动速度随着时间往复变化。将实验过程中超声振动作用下胶黏剂的流动用慢镜头播放也能观察到上述现象。

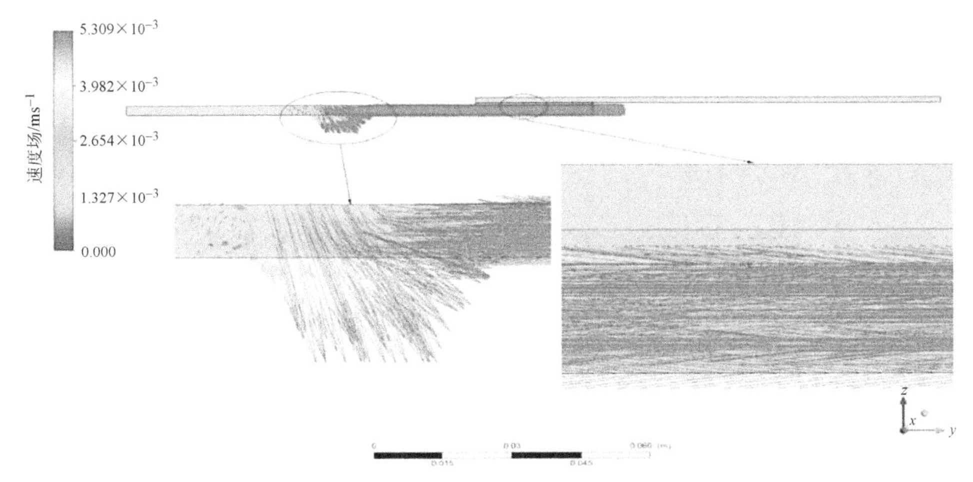

图 3-19　速度场分布图

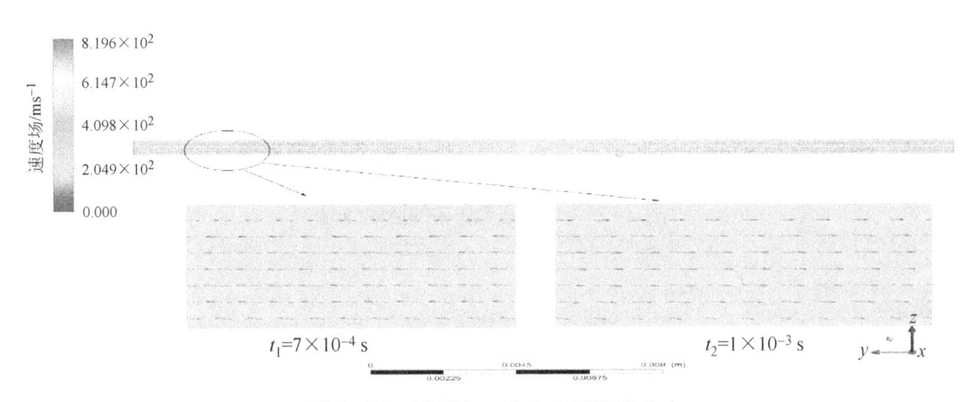

图 3-20　流场在 y 方向上的速度分布

为了探究超声振动作用下气泡在流体中的运动情况，选取 y 方向上的气泡中心截面，根据气液两相的体积分数分布得到气泡在流体中的运动情况，如图3-21所示，图中模拟了单个气泡在流体中的运动情况。结合图 3-20 可知气泡会随着流体呈周期性反复振荡，最终形成向流体出口的定向运动，在 10s 之后会被排出流体，符合实验观察，从气泡的行为基本验证了模拟分析的可靠性。

根据 Young-Laplace 公式和相关研究可知，超声振动过程中气泡内部压强和气泡外部流体压强并不相等。胶黏剂在狭窄空间流动时，在附加压强作用下气泡可能会对流体的流动产生一定阻力[133]。为了进一步探究超声振动作用下气泡在流体中的运动机理，分析气泡周围流体的速度和压强，如图 3-22 和图 3-23 所示。由图 3-22 可知，气泡内部压强远远大于气泡外部流体压强，而碳纤维复合材料/铝板胶层区域狭窄，所以气泡两侧流体会受到气泡影响。在图 3-23 中，气泡有向外的速度，结合

图 3-22 可知，气泡内外压强差引起气泡向外膨胀。气泡两侧流体体积不同，对气泡的阻碍作用也不同。尤其是当流体黏度较大时，气泡向两侧的膨胀受到不同程度的限制。综上所述，在超声振动作用下气泡和流体有不同的压强和速度，还需结合实验深入分析气泡运动机理。

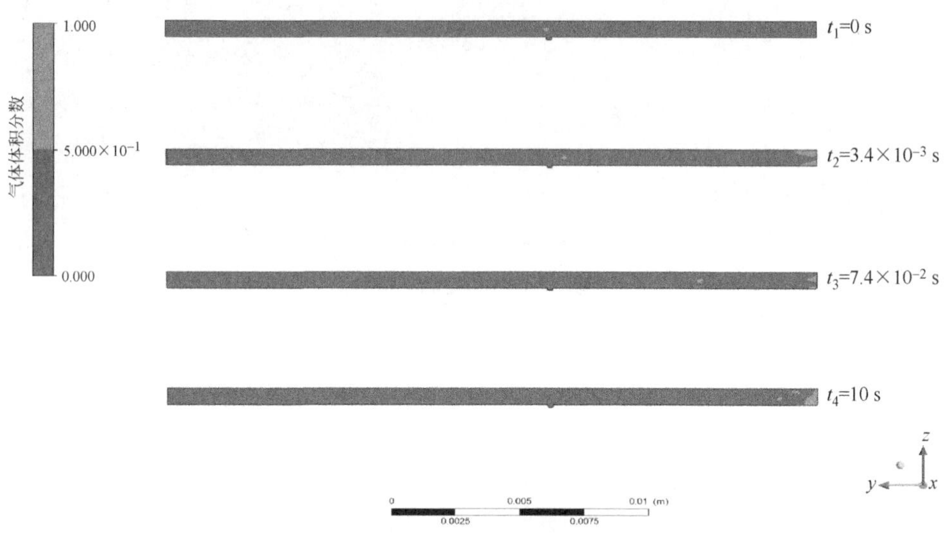

图 3-21　气泡在流体中的运动情况

图 3-22　流体和气泡的压强分布

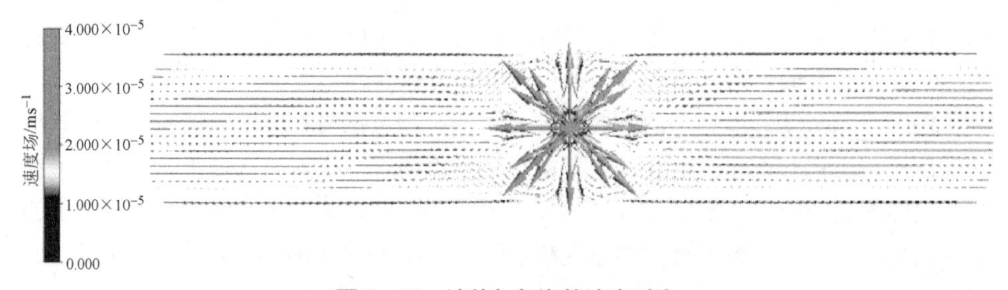

图 3-23　流体与气泡的速度对比

3.6 超声作用下气泡的运动行为

3.6.1 气泡运动

为了观察气泡和周围胶黏剂的运动行为，用高透明有机玻璃板代替铝板进行胶接实验，涂胶过程中在 3M DP460 乳白色环氧胶黏剂内的气泡周围涂上少量 3M DP420 黑色环氧胶。用高速摄像机记录超声振动过程中胶层内胶黏剂的运动，如图 3-24 所示，过程中需用灯光照明，通过电脑保存数据。

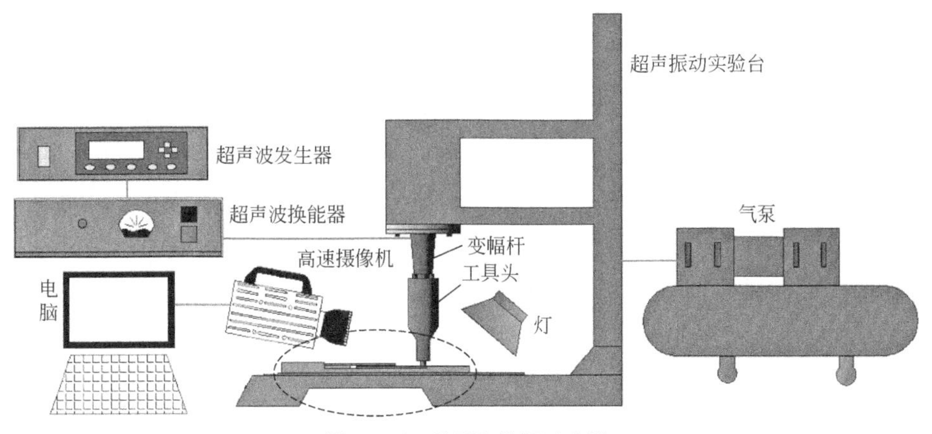

图 3-24 胶层气泡运动实验

胶层内气泡和流体的运动如图 3-25 所示。从图中可以看到在振动开始前胶层内部存在大气泡，如图 3-25（a）所示。施加超声振动后流体开始剧烈运动，由于气泡和流体的速度差和不同位置流体本身的速度差，当流体内局部因拉应力产生负压时，部分气体逸出并迅速形成空化气泡群。当流体内部相互挤压时，由于受到快速流动流体的强烈冲击，在振动结束后空化泡群基本溃灭消失，相较于小气泡有更大承受面积的大气泡更容易急速破灭或分裂成更小的气泡。同时大气泡向距离边缘最近的方向产生拉伸变形并缓慢移动，最终大气泡会在流体运动过程中被带到边缘排出。振动时间持续 10～20s，从图 3-25（i）可以看到振动结束后胶黏剂内部基本不存在大气泡，气体体积分数减少，可见超声振动能有效地消除胶层气泡。

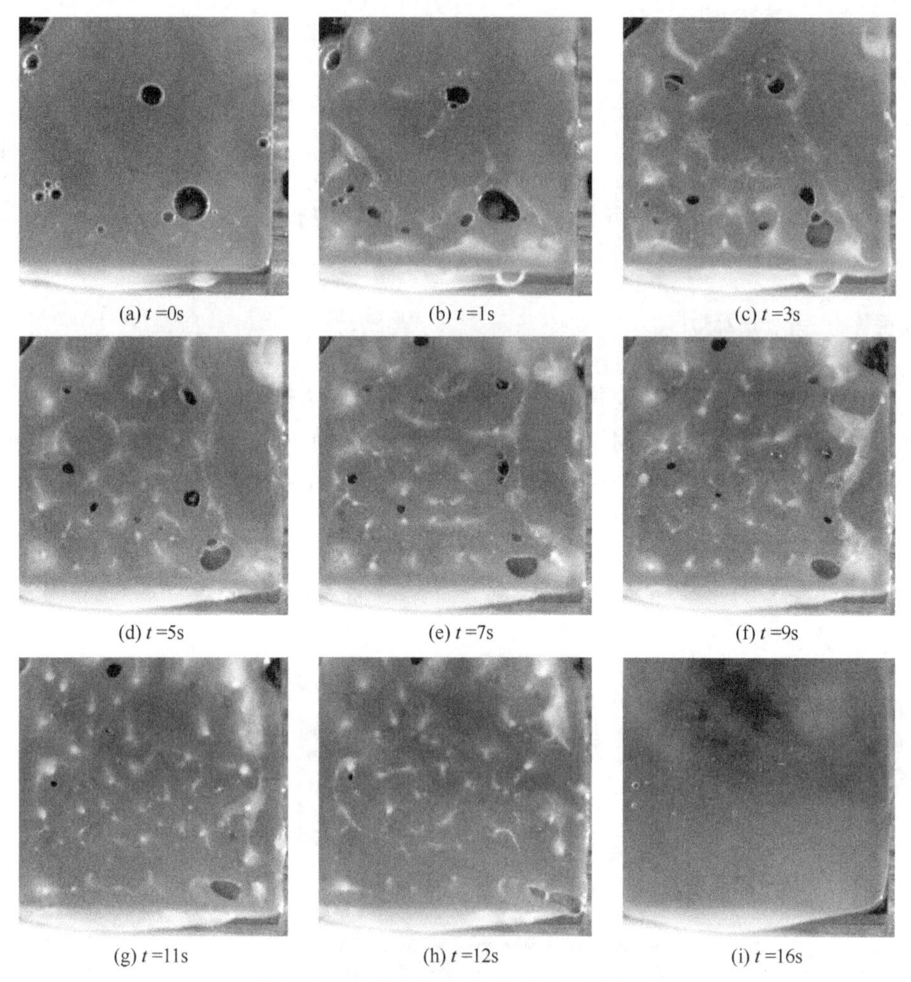

图 3-25　气泡和流体在超声振动下的运动

3.6.2　示踪分析

为了探究黏性阻力作用下气泡在流体中的运动机理，在充满黏性流体的狭窄缝隙中设置一个满径向的气泡[134]，如图 3-26 所示。图中 p_0 为气泡内部压强，缝隙左、右两端的压强 p_3 和 p_4 分别为动力压强（向右）和阻力压强（向左），由于缝隙厚向较小，气泡左、右两端弯曲液面可看作球面的一部分，其有效曲率半径分别为 R_1 和 R_2，靠近气泡左、右两端弯曲液面的外部流体压强分别为 p_1 和 p_2。

气泡左右两侧的球形凸液面附加压强为：

$$\Delta p_1 = p_0 - p_1 = \frac{2\sigma}{R_1} \tag{3-13}$$

$$\Delta p_2 = p_0 - p_2 = \frac{2\sigma}{R_2} \tag{3-14}$$

式中，σ为流体的表面张力系数。

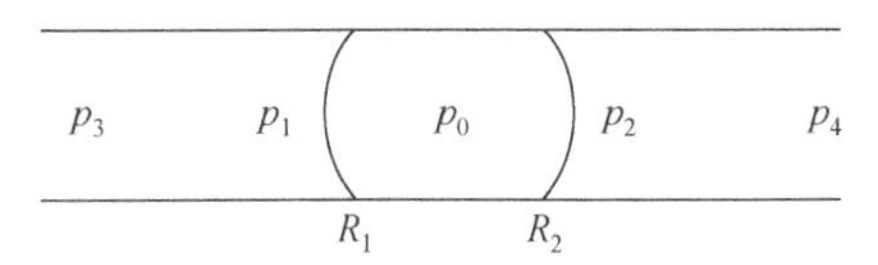

图 3-26　气泡周围的压强分布

气泡左右两侧液面的附加压强差为：

$$\Delta p' = p_1 - p_2 = \frac{2\sigma}{R_2} - \frac{2\sigma}{R_1} \tag{3-15}$$

而缝隙左、右两端的压强差为：

$$\Delta p = p_3 - p_4 \tag{3-16}$$

采用隔离法研究气泡左右两端弯曲液面对整体系统产生的作用力。由流体表面理论可知，流体的表面积总是趋于减小，此时气泡两侧弯曲液面有变平和移动的趋势。左侧弯曲液面的移动使得流体压强p_1趋于减小，而气泡内部压强p_0趋于增大。由此可知，左侧弯曲液面对气泡两侧液柱产生了向右的动力效果，与动力压强p_3的作用力性质相同。同理，气泡右侧弯曲液面对气泡两侧液柱产生了向左的阻力效果，与阻力压强p_4的作用力性质相同。当系统处于静止状态时，气泡两端的液柱压强处处相等，即$p_1 = p_2 = p_3 = p_4$。根据式（3-13）和式（3-14）可得左右两侧有效曲率半径$R_1 = R_2$，$\Delta p = \Delta p' = 0$。

保持p_4不变，逐渐增大p_3，气泡和流体系统还没发生移动，气泡两侧有效曲率半径R_1和R_2分别增大和减小，即$R_1 > R_2$。则气泡右侧弯曲液面的变平趋势强于左侧弯曲液面的变平趋势，导致右侧弯曲液面的阻力效果大于左侧弯曲液面的阻力效果。而此时$p_3 > p_4$，即p_3带来的动力效果大于p_4带来的阻力效果。综合说明，p_3和p_4对整个系统产生了动力作用，而气泡产生了相反的阻力作用，在系统静止状态下，两个作用相互抵消，但$\Delta p = \Delta p' > 0$。

随着p_3不断增大，气泡两侧有效曲率半径R_1和R_2分别持续增大和减小，同时气泡的阻力效果增大。而液体分子和固体分子之间的附着力有限，所以两个曲率半径变化也是有限的。当p_3增大超过一定值时，左右两侧与壁面接触的弯曲液面将会发生滑动，带着气泡和两侧液柱向右移动，整个系统的平衡状态被打破，这表明气泡的阻力有一定的临界值。因此，只有p_3和p_4压强差产生的动力大于气泡阻力临界值时，整个系统才会发生移动。

在临界状态下，令气泡左右两侧液面的附加压强差为δ，据式（3-15）可表示为：

$$\delta = p_1' - p_2' = \frac{2\sigma}{R_2'} - \frac{2\sigma}{R_1'} \tag{3-17}$$

式中，R_1'为临界状态下气泡左侧弯曲液面的曲率半径，R_2'为临界状态下气泡右侧弯曲液面的曲率半径。

当Δp大于δ时，系统才会移动。如果空间内有n个气泡，则需要$\Delta p > n\delta$。胶黏剂为黏性流体，会存在内摩擦力，根据流体动力学可知，当系统发生移动时流体中的压强会随着移动方向逐渐降低，则$p_3 > p_1$，$p_2 > p_4$，和气泡的作用力性质相同。

为了探索超声振动消除气泡的机理，用相同尺寸的高透明有机玻璃板代替铝板重复实验，并结合液体示踪法探究气泡在流体中移动和破裂的原理。涂胶过程中，在3M DP460乳白色环氧胶黏剂内人造气泡，再在气泡周围涂上少量3M DP420黑色环氧胶作为示踪剂，观察气泡和示踪剂的运动行为。两种胶黏剂具有类似的性能，包括黏度、固化特性等，但颜色不同。在该过程中用高速摄像机记录胶黏剂的流动和气泡在胶黏剂中的运动和状态。图3-27是以3M DP420黑色环氧胶为示踪剂时的流动情况。图中标示的1处表示气泡和距离其最近的边缘之间示踪剂的流动行为。

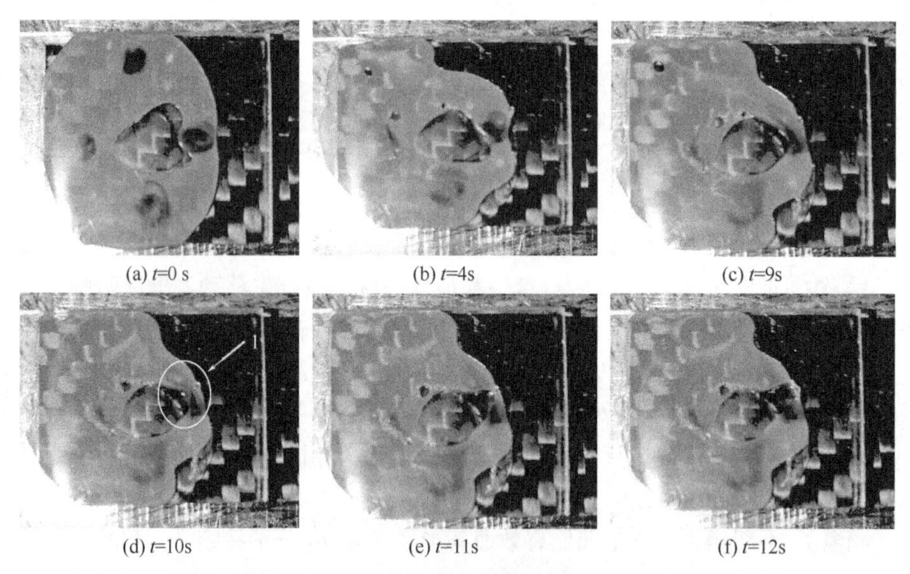

(a) t=0 s (b) t=4s (c) t=9s (d) t=10s (e) t=11s (f) t=12s

图3-27 以3M DP420黑色环氧胶为示踪剂的气泡运动

如图3-27所示，气泡向右侧前移并拉长变形直至破裂。由上面的仿真分析可知，超声振动引起胶黏剂在y方向（图示左右方向）上反复振荡流动。当流体速度向右时，气泡左侧流体动力压强升高。由上述理论分析可知，当动力压强和阻力压强差超过临界值时，气泡和流体系统会产生向右的移动。结合图3-22和图3-23可知，由于气泡内部压强大于气泡外部流体压强，气泡会有向外的膨胀速度，该速度远大于超声振动作用下流体的运动速度。在气泡内部压强的作用下，气泡的膨胀和右侧弯曲液面的移动会强化气泡右侧胶黏剂向右的运动，排开右侧胶黏剂，气泡向右产生拉伸变形，如图3-27中（e）和（f）。同时在气泡左侧，流体在超声作用下向右运动，左侧胶黏剂会挤压气泡，气泡左侧弯曲液面也向右移动，为气泡向左的膨胀带来更大的阻力，由于上述过程中气泡右侧壁面向右移动，气泡拉伸内部压强减小，导致气泡在左侧容易被向右运动的胶黏剂压缩挤占，从而形成气泡整体的右移和拉伸。

同理，当流体速度向左时，气泡右侧流体动力压强升高，气泡和流体系统产生向左的移动。在内部压强的作用下，气泡自身的膨胀速度远大于流体向左的移动速度。然而左侧胶黏剂较多，流动阻力大，所以气泡无法轻易排开左侧胶黏剂向左发生拉伸变形。在气泡右侧，流体由于超声作用向左运动，右侧胶黏剂会挤压气泡，由于气泡内部压强大，不易压缩变形，所以对其产生整体向左的推动作用，但气泡左侧胶黏剂较多，流动阻力大，右侧胶黏剂无法推动气泡左移，只能绕过气泡沿着气泡边缘向左流动，如图3-27（c）和（d）中1处所示。

气泡在上述流体振荡流动中，形成了向流前方向（右侧）的运动，从而被排出流体。由于气泡内部压强和气泡周围流体阻力的不对称性，在超声的周期性往复作用下，气泡最终向右侧也就是距离胶层边缘最近的方向拉伸和变形，直至被排出。

3.7 胶层气孔测试

3.7.1 Micro-CT检测

CT（computed tomography，电子计算机断层扫描）是材料内部缺陷的最佳无损检测手段，运用CT技术观察材料在工作过程中缺陷的形成和分布、微结构形态和形貌变化以及孔隙率的增长，有利于深入研究材料的强度、韧性和硬度等力学性能的改变。随着CT技术的发展和完善，运用微型计算机断层扫描技术（Micro-CT）研究材料缺陷的形成和机理成为热点。Micro-CT能够加快3D图像的采集速度、提高图像分辨率并获得真正的容积图像，且在检测过程中不受结构件材料种类和尺寸形貌的约束，凭借其特有的优势在众多检测手段中脱颖而出。结合电脑软件不仅能够对材料内部的孔隙和脱层情况进行基础的观测，还能对缺陷的尺寸大小和分布进行概率统计分析并得到分布函数，最后根据数据和断层扫描的图像进行三维重建、分析和测量。实验表明，Micro-CT对材料内部缺陷的检测具有很好的分辨率，三维重建能够很好地显示密度的空间分布，为进一步研究性能提供重要的依据。

胶黏剂内部孔隙检测采用天津三英精密仪器股份有限公司 nanoVoxel-5000 型 Micro-CT，该仪器有 240kV 高能微焦点 X 射线源，最大分辨率为 0.5μm。测试时，先制备胶黏剂试样，再将试样放入仪器内做 X 射线扫描得到试样透视图，随后还原试样三维结构，完整展现试样内部结构，得到孔隙等缺陷三维展示。试样检测完后，可以进行实验测试，得到真实内部结构与性能的对应，建立试样结构与性能的关系。采用普通胶接工艺时，胶黏剂固化后的表面和内部结构如图 3-28 所示，该对照组胶黏剂外表面粗糙，内外都存在大量气孔缺陷。采用超声振动消除胶层气泡之后，测试结果如图 3-29 所示，实验组胶黏剂外表面更为光滑，内部几乎没有气孔，但有挤压现象。通过对比可知，超声振动作用可消除胶黏剂气孔缺陷，减少胶层内缺胶部位和应力集中，增强结构的胶接强度和胶接耐久性。同时也促进了胶黏剂流动，胶黏剂交联固化前在被粘物表面较好润湿并形成很好的界面结合，使得胶黏剂与被粘物产生良好的胶接力。

图 3-28　对照组固化胶层 Micro-CT 检测

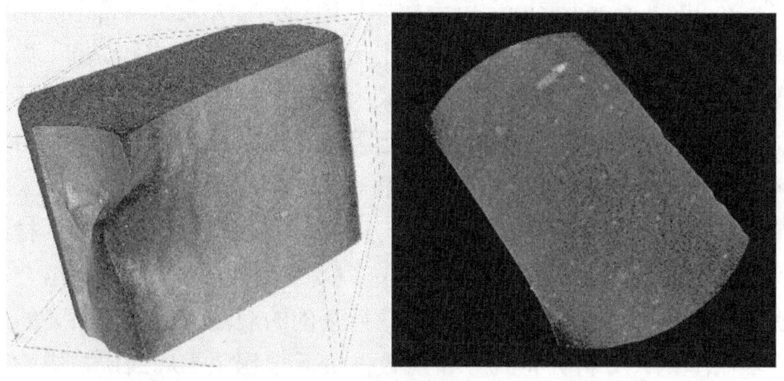

图 3-29　实验组固化胶层 Micro-CT 检测

3.7.2 胶层破坏模式

胶接样件拉伸实验得到如图 3-30 所示的破坏结果，分析实验结果可知：

① 在超声振动作用后，如图 3-30（b）所示，实验组样件气泡数量减少，且不存在大气泡。证明超声振动消除碳纤维复合材料/铝板胶层气泡的有效性。

② 未经超声振动强化的胶接接头，在剪切力的作用下，破坏发生在铝合金板与胶层之间，是界面黏附破坏，这说明铝合金板与胶层的结合强度并不高。而使用超声振动处理的接头，可以发现剪切破坏主要发生在碳纤维复合材料板与胶层之间或者是胶层内，属于混合破坏。在前期的研究中发现 3M DP460 环氧树脂胶与树脂基碳纤维复合材料的胶接强度高于未经表面处理的铝合金材料，在经过超声振动作用后，胶接强度较高的样件，剪切破坏一般都发生在碳纤维复合材料板与胶层界面，而胶接强度较低的样件，剪切破坏一般都发生在铝合金板与胶层界面。这说明超声振动提高了碳纤维复合材料/铝板胶接样件的界面结合，增强了胶接性能，符合第 2 章剪切实验结果。

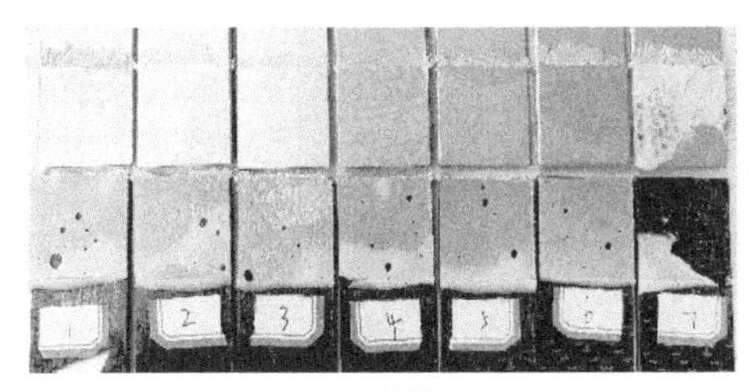

(a) 对照组

(b) 实验组

图 3-30 拉伸破坏后样件表面

3.8 本章小结

本章根据实验研究得到的超声振动强化碳纤维复合材料/铝板最优胶接工艺方案，建立了超声振动强化碳纤维复合材料/铝板胶接的有限元模型，进行了超声振动作用下胶层内胶黏剂流动与分布的数值仿真与实验研究。根据超声振动改善胶层孔隙缺陷的实验工艺方案，建立了超声作用下碳纤维复合材料/铝板胶接过程的 VOF 有限元模型，结合高速摄像机观察振动过程中气泡和流体的运动，分析气泡在流体中的运动规律。得到如下结论：

① 垂直加载到碳纤维复合材料板上 z 方向的超声振动，在碳纤维复合材料板内

转变为 y 方向的振动，碳纤维复合材料板通过胶接界面将振动传递给胶黏剂，促进了胶黏剂在 y 方向上流动。胶黏剂在外力场作用下流动、填充得更加均匀，强化了胶接性能。

② 超声振动作用下，胶黏剂有指向凹槽的速度矢量，说明胶黏剂在外力场干预作用下填充到被粘物表面的微观结构中。胶黏剂对被粘物的充分润湿强化了胶接性能，提升了胶接样件的强度与稳定性。

③ 模拟了单个气泡在流体中的运动情况，根据气液两相的体积分数分布得到气泡在流体中的运动情况可知，气泡在超声作用下会随着流体反复振荡，但最终形成向流体出口的定向运动。

④ 通过高速摄像机观察超声振动引起胶层中气泡的运动和破裂，有效地排出了气泡。结合 ANSYS 仿真和示踪法分析气泡运动，表明由于气泡内部压强和气泡周围流体阻力的不对称性，在超声振动的周期性作用下，气泡最终向距离胶层边缘最近的方向拉伸和变形，直至排出。

第4章 超声作用下胶接界面的机械嵌合

4.1
超声强化胶接界面机械嵌合实验方法

胶接强度代表了接头的胶接性能。如果胶接接头的胶接性能更好，那么该接头在任意破坏下的表现将更好。因此，可以选取一种强度测试方式代表接头的胶接性能[135]。拉伸剪切试验，作为检测单搭接胶接接头的一种常用手法，在本节中仍作为胶接性能的检验依据。

本节围绕单搭接胶接接头的制备，对超声强化碳纤维复合材料胶接接头界面机械嵌合工艺方法进行详细介绍，主要包括实验材料、实验设备、涂胶工艺、超声作用、表面处理等。

4.1.1 胶接接头及夹具

碳纤维复合材料板（T700-3k）采用预浸料热压而成，胶黏剂为3M DP460双组分环氧树脂结构胶，材料的具体性质见第2章。

单搭接胶接接头的尺寸依据ASTM D5868-01标准执行，接头试样如图4-1（c）所示，碳纤维复合材料板尺寸为101.6mm×25.4mm×25.4mm，胶接区域面积为25.4mm×25.4mm，胶层厚度为0.76mm。根据尺寸和实验要求，加工7075铝合金夹具，如图4-1（a）和图4-1（b）所示，用以保证胶接接头的尺寸以及用于超声振动强化胶接工艺中试样的定位。该夹具分为上下两腔，分别用于放置两块碳纤维复合材料板。通过夹具空腔的位置，保障了胶接区域的面积。同时夹具上下两腔的高度差为3.26mm，碳纤维复合材料板厚度为2.5mm，保证了上下两块碳纤维复合材料板间的高度差为0.76mm，该高度差保证了胶接的胶层厚度。

该夹具不仅能用于普通胶接实验时的接头成形，还可在超声作用过程中限制试样移动与旋转。当碳纤维复合材料板被放入夹具内时，板的四周即被夹具结构限位。超声作用过程中，超声工具头将下压至下腔内的碳纤维复合材料板上，施加0.4MPa的压力，超声工具头的作用位置如图4-1（c）中灰色区域所示，距离胶接区域的最近距离为30mm。同时上腔内的碳纤维复合材料板通过机械夹具压紧，作用位置如图4-1（c）中红棕色区域所示。单搭接试样在制备完成后进行拉伸剪切测试，此时需要在其两端放置厚3.26mm的垫片，如图4-1（c）所示，用以消除轴向拉伸时的弯矩作用。

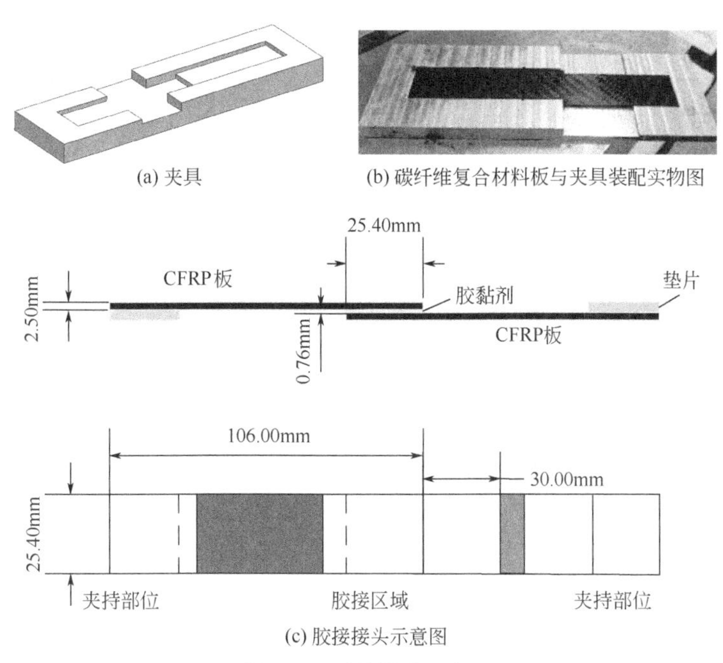

(a) 夹具　(b) 碳纤维复合材料板与夹具装配实物图

(c) 胶接接头示意图

图 4-1　胶接接头及夹具

4.1.2　激光处理碳纤维复合材料板超声强化胶接

针对本研究内容，在传统的胶接接头制备工艺上增加超声振动工艺设计。为充分发挥出超声振动对胶接接头的影响，本研究在涂胶工艺之后、胶黏剂固化之前引入超声振动作用。这样有利于振动对胶黏剂产生作用，促进流体的流动与填充，同时还有利于超声作用于胶层内部，使得胶黏剂/碳纤维复合材料板界面机械嵌合效果更好。制备超声强化碳纤维复合材料胶接接头的整体流程与第 2 章类似，主要包括表面处理、制胶、涂胶装配、超声强化处理、固化等工艺，但碳纤维复合材料板的表面处理工艺不同，流程如图 4-2 所示。

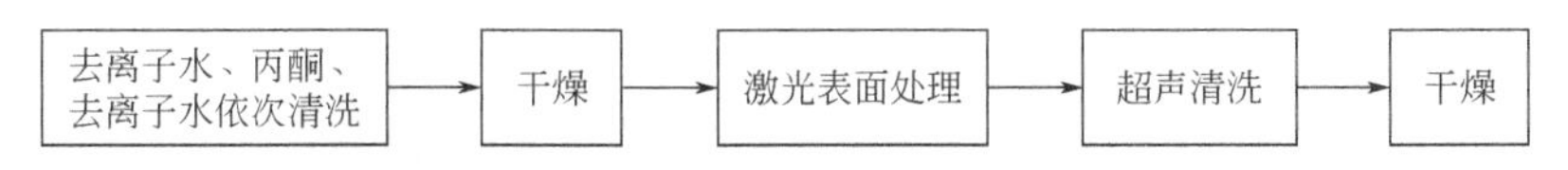

图 4-2　碳纤维复合材料板的表面处理工艺流程

被粘物在胶接前都需要进行表面清洗，避免表面残留的灰尘、油脂等污染物对后续工艺及结果的影响。首先使用去离子水进行冲洗，去除大部分浮尘。再使用丙酮溶剂浸泡过的脱脂棉球对碳纤维复合材料板胶接区域进行反复擦拭，它能溶解大部分有机物，具有挥发性，可以很好地清除表面的油脂及小颗粒杂质。最后再次

图 4-3　数显加热平台

使用去离子水对试样进行冲洗，洗去残留的粒子。将清洗好的碳纤维复合材料板干燥，采用如图 4-3 所示数显加热平台，加热台采用优质铝板作为发热体，通过 CPU 智能温控。使用时调节加热台温度为 70℃，保持碳纤维复合材料板在平台上的加热时间为 5min，得到完全干燥的碳纤维复合材料板。

经过上述两步处理的碳纤维复合材料板将作为原始试样组。由于碳纤维复合材料板的表面是光滑的环氧树脂层，为了使胶接强度最大化，在胶接前还需要对基体表面层进行处理，以提高基体与胶黏剂的胶接性能。激光表面处理方法可以通过调整参数来控制加工性能，保证有效去除表层环氧树脂层的同时不损伤纤维丝。后文将详细介绍碳纤维复合材料板的激光表面预处理工艺，通过试样和正交试验，选取合适的激光设备与最优处理参数，为胶接接头的界面机械嵌合创造表面条件。经过上述步骤后，得到具有一定表面微观形貌的板材，再将板材置于装有去离子水的超声清洗机（洁盟 010S）中清洗。清洗后的碳纤维复合材料板再次进行干燥，干燥过程与上述第一次相同。经过激光处理与超声清洗后的碳纤维复合材料板被用于后续的试样制备及研究实验。

将处理好的碳纤维复合材料板放入夹具下腔内，再使用胶枪将 3M DP460 胶黏剂涂于碳纤维复合材料板的胶接区域内，涂覆时保证胶黏剂用量合适、分布均匀。然后将另一块碳纤维复合材料放入模具上腔，并按压板材，使其与胶黏剂充分接触，以保证胶层厚度为所设计的尺寸值。最后，将挤出的胶黏剂用无纺布擦拭干净，避免胶瘤大小对胶接结果造成干扰[136]。

将装配好单搭接胶接试样的夹具置于超声实验平台上，首先调节超声工具头限位螺母，使其在达到最大行程前压在夹具下腔的碳纤维复合材料板上，以保证施加的预紧压力是设置的值。设置好超声工具头的下降行程后，再将超声工具头升起，调整夹具在实验平台上放置的位置，然后压下超声工具头，如图 4-4 所示，以保证超声工具头压在碳纤维复合材料板上的位置为距离胶接区域 30mm 处。

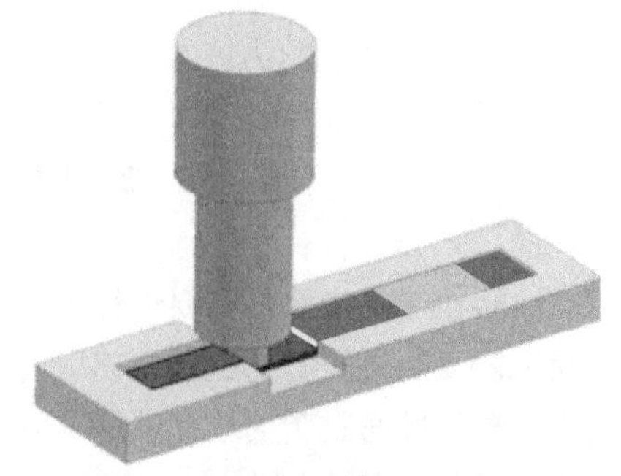
图 4-4　超声工具头与胶接接头

打开超声发生器，根据已有关于超声振动强化胶接的参数优化的研究[137]，设置超声作用参数。通过计时器来设定超声振动模式为间歇式，每振动 2s 间歇 1s，总作用时长为 48s。通过改变气缸气压，调节超声工具头预紧压力为 0.4MPa。设置超声发生器，得到输出的超声振幅为 24μm。

设置好参数后，同时按下超声实验台上的两个绿色按钮使超声工具头下压，并按照设定的参数完成振动。达到设定的振动总时长后，超声工具头将自动停止振动并升起，等待下一次的工作。实验全部完成后，依次关闭计时器开关、超声发生器开关、气泵阀门，断电确保安全。

胶接接头固化按照胶黏剂说明书指导要求进行，该胶黏剂完全固化条件为 60℃保温 2h，采用如图 2-11 所示的真空干燥箱，为胶接接头的固化提供可靠的环境条件。实验过程中，先设置好真空干燥箱的温度，经过一段时间的升温后设备达到 60℃。随后进行制样，按照上述过程，将涂胶后的试样或超声振动强化处理后的试样，连同固定其的夹具一起放置于真空干燥箱内，确保得到完好的接头。设置好保温时长，待胶黏剂充分固化后取出夹具，自然冷却至室温后取出胶接接头，检查试样是否完好后准备后续检测。

研究重点针对超声强化胶接界面的机械嵌合作用来设计，不经激光表面处理而直接进行超声强化的接头，由于其表面光滑的环氧树脂层而不具备形成机械嵌合作用的表面基础条件，直接对其进行超声强化作用所得到的试样将由于无法充分实现界面机械嵌合而胶接强度得不到明显提高。因此以仅进行激光表面处理不进行超声振动强化的试样作为对比，来验证超声作用对激光表面处理后胶接界面机械嵌合的改善。此外，使用不经激光处理的胶接样件作对照组，验证激光表面处理对胶接接头性能的影响。

因此实验分三组进行，第一组为对照组，碳纤维复合材料板依次经过了去离子水、丙酮溶液、去离子水的表面清洗和干燥处理，不经过激光表面处理和超声振动强化过程。第二组为激光组，在第一组的基础上增加了紫外激光对表面环氧树脂的去除工艺，使用的激光参数为后续章节中得到的最优参数组合，胶接不经过超声振动强化。第三组为超声实验组，接头在第二组的基础上增加了超声振动强化胶接的工艺过程。每组制备 5 个试样进行试验，取平均值作为最终的结果评价。

4.1.3 碳纤维复合材料板的激光表面处理

采用激光加工的方法对复合材料进行表面处理，旨在不损伤纤维丝的前提下对碳纤维复合材料板表面光滑的环氧树脂层进行去除，使得暴露出的碳纤维丝形成有序的微沟槽，为胶接界面机械嵌合提供条件。

4.1.3.1 激光器的选择

激光器分为红外光源激光器和紫外（UV）光源激光器，这两种光源的作用机理不同。红外激光主要是热效应占主导地位，作用于碳纤维复合材料板时，红外激光透过表面透明的环氧树脂层，折射到碳纤维丝上，使得它吸收红外光产生热量，这个热量再作用于环氧树脂。当激光的能量密度足够高的情况下，材料的局部温度可达到其沸点或热分解温度，材料会因此发生气化、燃烧或分解。

紫外激光通过与被处理材料的光化学反应发生作用，一般条件下，大部分的物质在紫外光下都能发生化学反应。激光表面处理以材料表面微观形貌的改善为主，对表面官能团的影响较小。这种光化学反应是高能量紫外激光光子对材料内部化学键的直接破坏，得到加工边缘更加光滑无热烧蚀的试样。紫外激光热效应小，不易产生热量的累积。

（1）激光设备

研究采用了两种激光设备，分别对碳纤维复合材料板进行表面处理。紫外激光设备是由武汉华锐精密激光有限公司生产的三倍频二极管泵浦固体激光器，基本参数规格见表 4-1。激光器是一台皮秒紫外设备，其脉宽为 10ps，热影响小，光束质量 $M^2<1.2$，稳定性好，具有高重复率。图 4-5 为紫外激光设备的实物图和结构原理图。紫外激光器输出波长为 355nm，作用于复合材料板时焦点处的光斑直径约为 0.042mm。

表 4-1　UV 激光器参数规格

参数	规格
型号	PINE-355-30A
操作模式	脉冲
波长/nm	355
平均功率/W	30
脉冲频率/MHz	2
脉宽/ps	10
激光器输出光斑直径/mm	1.5 ± 0.2
焦点处光斑直径/mm	0.042
脉冲能量/μJ	40

(a) 实物图

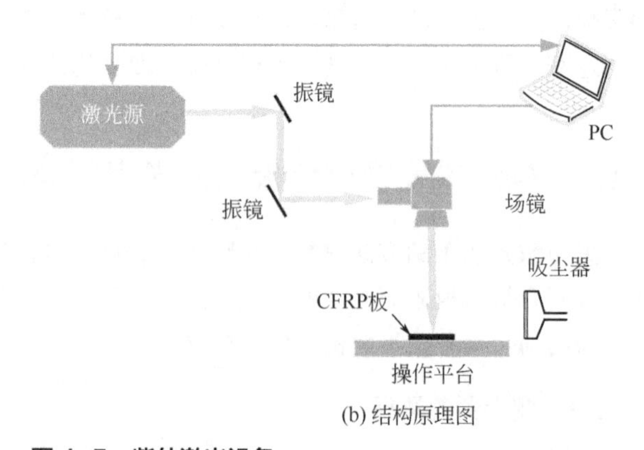

(b) 结构原理图

图 4-5　紫外激光设备

红外激光设备为大族激光科技有限公司生产的YGA-T80C型的激光打标机，设备如图4-6所示，该激光打标机可作用于各种材料。设备使用380V三相四线外接电，整机功率7kW，采用高速扫描振镜来实现光路的偏转和运动。

图4-6 红外激光设备

实验时，将碳纤维复合材料板试样放在激光设备操作平台上，对碳纤维复合材料板进行小面积的激光表面处理。首先考察各种单因素对试验结果的影响，根据处理后表面形貌，得到环氧树脂、碳纤维烧蚀阈值的大致范围，初步确定合适的参数。接着，针对两种激光设备分别选取处理状况较好的三组扫描速率，进行胶接区域的大面积表面处理，后进行胶接接头的制备，通过拉伸剪切实验测试胶接性能，对比两种设备的处理效果。

（2）红外激光表面处理结果

如图4-7（a）所示，对碳纤维复合材料板进行了小面积激光表面处理试验，通过观察处理区域的激光作用效果，选定红外激光的加工参数：离焦量0mm，扫描线间距0.03mm，输出功率10W。固定好上述参数后，改变扫描速率，得到具有相对差异的三组试样，激光扫描速率分别为V_1=400mm/s，V_2=600mm/s，V_3=800mm/s。对面积为25.4mm×25.4mm的单搭接胶接区域进行激光处理，得到的复合材料板表面处理结果如图4-7（b）所示，从左到右依次为扫描速率V_1～V_3。研究发现随着扫描速率的增大，表面处理的热效应逐渐减小。此外，红外激光表面处理对邻近的未处理区域的表层环氧树脂也会产生一定的烧蚀作用，使其变色，称之为热影响区。热影响区面积随着扫描速率的增加逐渐减少，这是由于较小的激光扫描速率将导致更长的作用时间，激光在复合材料板表面停留越久，热效应的积累就更严重。对激光处理区域进行光学显微镜观察，得到的表面形貌如图4-8所示。所使用的光学显微镜设备型号为蔡司Axio Scope A1，设备有5倍、10倍、20倍、50倍和100倍的物镜可供选择，目镜放大倍数为10倍。设备自带长效LED光源，为试样检测提供大小可调的稳定反射光源。

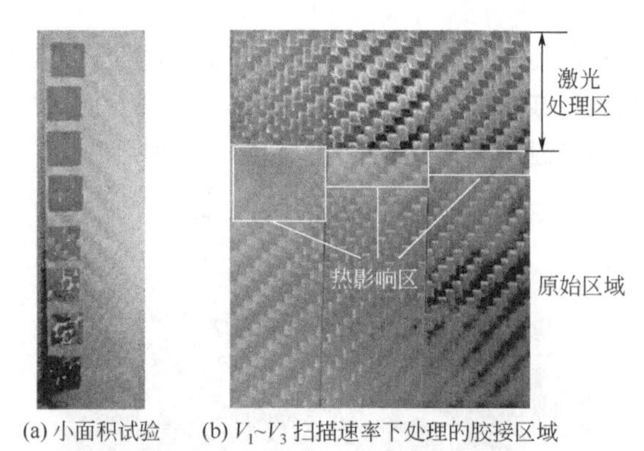

(a) 小面积试验　(b) V_1~V_3 扫描速率下处理的胶接区域

图 4-7　红外激光表面处理试验

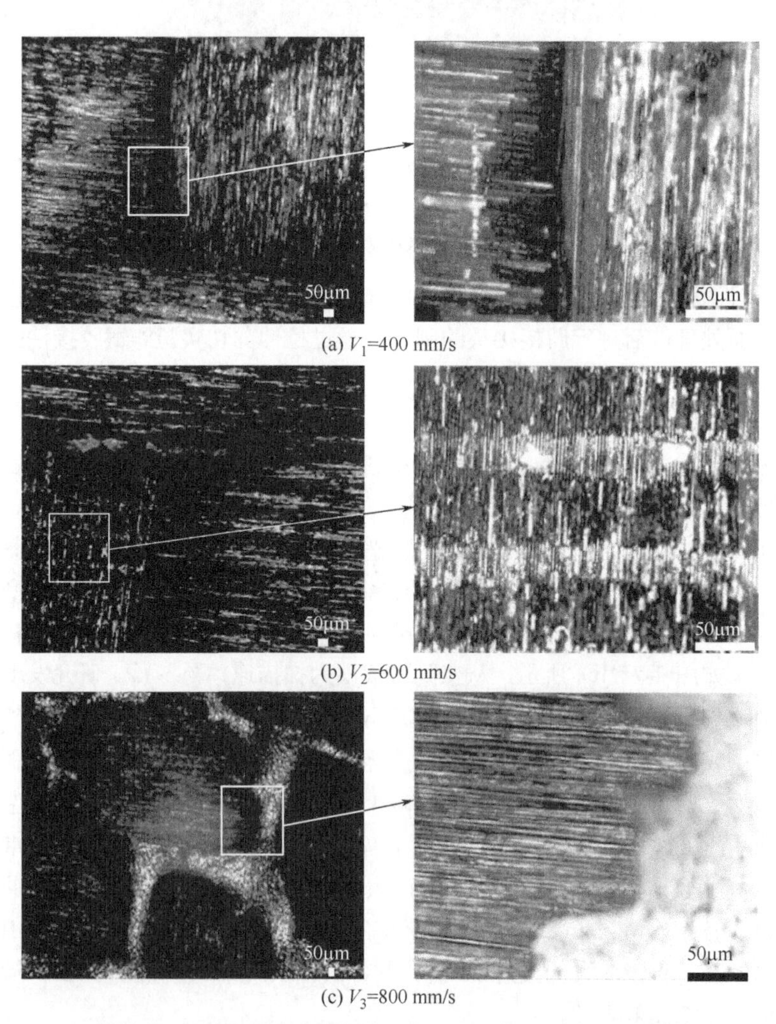

(a) V_1=400 mm/s

(b) V_2=600 mm/s

(c) V_3=800 mm/s

图 4-8　不同扫描速率红外激光处理的复合材料板的表面形貌

由图 4-8 可知，当红外激光的扫描速率为 400mm/s 时，板材表面几乎没有残余的环氧树脂层，然而部分碳纤维丝出现损伤。当扫描速率为 600mm/s 时，碳纤维复合材料板表层大面积环氧树脂已去除，然而部分纤维丝上仍残余有少量环氧树脂薄层。扫描速率为 800mm/s 时，碳纤维复合材料板表面纤维交叠区域有大块较厚的环氧树脂残留，而在其他非交叠区域的纤维丝上也有薄层的环氧树脂。这是由于激光扫描速率较快，激光束能量在光斑处较大，而离开中心越远能量越小，作用时间较少的情况下，热量积累与传递不足，未能将表面的环氧树脂充分燃烧分解，此时暴露的碳纤维丝基本不会被损伤破坏。

（3）紫外激光表面处理结果

如图 4-9（a）所示，通过对碳纤维复合材料板小面积试验结果的观察分析，选定紫外激光加工参数：平均功率 30W，脉冲频率 2MHz，离焦量 0mm，线间距 0.03mm。改变激光的扫描速率，得到不同扫描速率下的试样。通过初步的试验，选择出 V_1'=1200mm/s、V_2'=1500mm/s、V_3'=1800mm/s 三组参数，对面积为 25.4mm × 25.4mm 的胶接区域进行激光处理，结果如图 4-9（b）所示。紫外激光处理后，试样表面未被处理的区域的环氧树脂层颜色几乎没有发生变化，基本没有热效应发生。

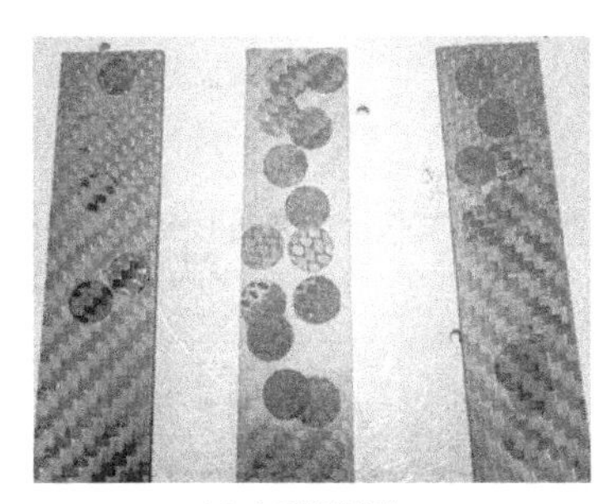
(a) 小面积试验

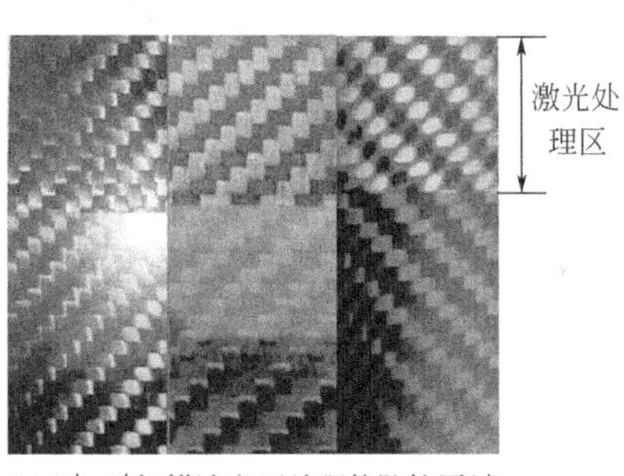

(b) V_1'~V_3' 扫描速率下处理的胶接区域

图 4-9　紫外激光表面处理试验

对三组试样表面进行光学显微观测，光学显微镜为上述的蔡司 Axio Scope A1，所得结果如图 4-10 所示。随着激光扫描速率的变化，三组试样的紫外激光处理效果也发生变化。扫描速率最慢的 V_1' 组，表层的环氧树脂已被清理干净，然而碳纤维丝出现了断裂破坏，且纤维丝的形貌发生改变，呈现串状，如图 4-10（a）右图中方框所示。扫描速率为 V_2' 时，复合材料板上纤维布交叠的部位几乎没有残留的环氧树脂，纤维丝也未见破损。扫描速率为 V_3' 时，表面处理后残留有面积较大的薄层环氧树脂。

（4）接头胶接强度对比

对激光处理后的复合材料板进行胶接，固化后对试样进行拉伸剪切测试，两组激光设备的不同扫描速率处理的试样均进行五组重复试验，取平均值作为该参数下的胶接强度，得到各组试样胶接强度如图 4-11 所示。

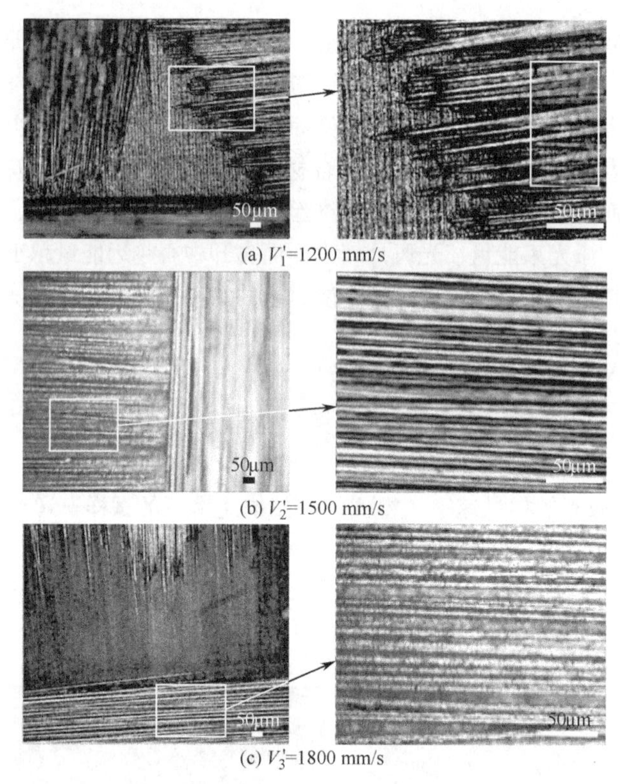

图 4-10　不同扫描速率的紫外激光处理复合材料板的表面形貌

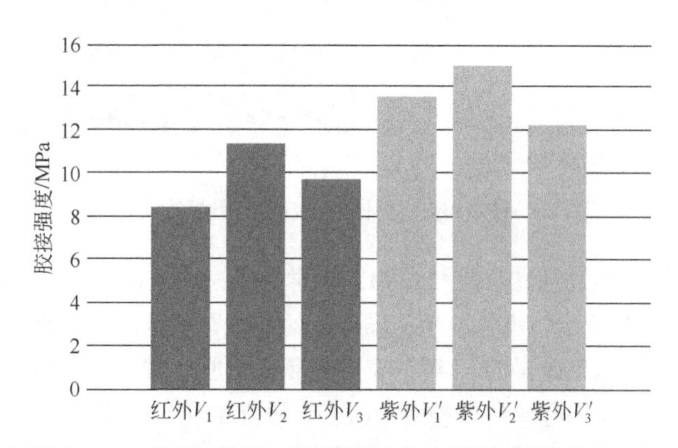

图 4-11　两组激光设备不同扫描速率处理的试样的胶接强度

结果表明，紫外激光表面处理的胶接试样的强度均较红外激光的强度高。这是由于红外激光热效应容易导致纤维的破坏和大面积的热影响区，造成复合材料板的损伤，使其胶接强度降低。紫外激光无热效应，减少了纤维损伤的风险，且残留环氧树脂未发生烧蚀变性，与下层碳纤维之间的黏附较好。

根据上述结果，选择紫外激光作为碳纤维复合材料板的表面处理方式。通过对碳纤维复合材料表面进行合理的加工处理，紫外激光能在尽可能去除表层环氧树脂的同时，不损伤碳纤维丝，且不损伤碳纤维与内部环氧树脂基体间的连接，避免了红外激光的热效应对复合材料的不利影响，获得明显高于红外激光表面处理的胶接强度，能较好地得到所需的利于界面机械嵌合的碳纤维复合材料表面，为后续超声强化碳纤维复合材料的界面机械嵌合研究做准备。接下来还需通过正交试验进一步确定紫外激光加工参数的最优组合。

4.1.3.2 正交试验设计

在选定紫外激光设备后，需要在加工参数的一定范围内进一步通过正交试验来选择最优的参数组合。通过前期的试验，可以明确加工参数中的扫描速度、扫描间距、扫描次数和离焦距离对表面处理的效果影响十分大，因此需要进一步对这些参数进行优化，得到最优的表面处理工艺。

正交试验根据已规划好的一套正交试验表，能够对多因素的实验进行高效的实验安排，具有均衡分散性的特点，大大减少所需的实验次数，能选出最佳的实验参数组合，即最佳的各因素的组合。还可以对各因素对结果的影响程度大小做出判断，分析出因素的独立性或与其他因素之间的相关性。

激光作用于碳纤维复合材料板的过程中，各种不同激光参数共同影响着处理效果，为减少实验工作量，结合前期对各参数的考量，采用正交试验设计的方式来获得该紫外激光器的最优工艺参数。本实验所用激光设备平均功率为30W，保持激光脉冲频率为2MHz不变，激光设备其他基本参数如表4-1所示，选取45°的激光扫描方向，根据前述试样过程的观察，选取对表面处理结果影响较大的以下参数进行正交优化，分别是扫描速率、光斑间距、扫描次数和离焦量，各参数如图4-12（a）中所示，其中离焦量如图4-12（b）所示。每个参数在一定取值范围内的处理效果比较适宜，超出或低于该取值范围将使得表面处理过度或无效。因此根据各工艺参数取值范围，将各因素（工艺参数）分为四个处理水平，使得各处理水平之间具有相对较明显的处理效果。每个参数所选取的水平如表4-2所示。

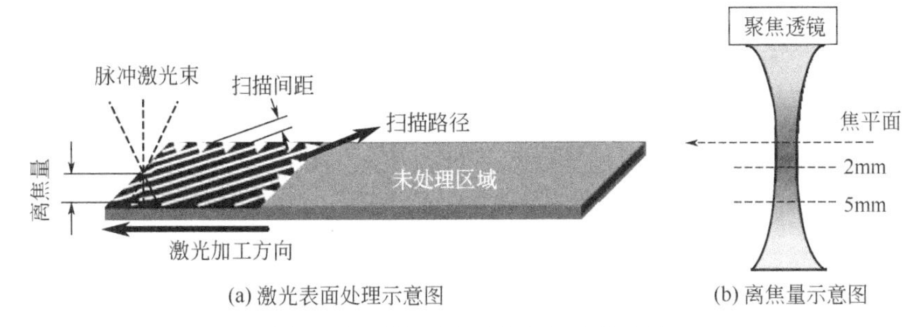

(a) 激光表面处理示意图　　(b) 离焦量示意图

图4-12　激光表面处理过程及其参数

表 4-2 正交试验因素水平表

水平	因素			
	扫描速率/(mm/s)	光斑间距/mm	扫描次数	离焦量/mm
1	1000	0.01	1	−2
2	1200	0.02	2	−1
3	1500	0.03	3	0
4	1800	0.04	4	1

其中离焦量的正负值分别表示试样在激光光斑焦点的外侧和内侧。根据各因素的水平，使用 Minitab 软件设计正交试验方案。在 Minitab 中选择创建“田口设计”，选定四因素四水平，创建出 L_{16}（4^4）正交表。然后将表 4-2 中各因素及其水平填入表中，可以得到表 4-3 所示的正交试验方案。随后按照正交试验方案进行单搭接胶接试验，除上述四个影响因素外其他因素均相同，且胶接过程中均不施加超声振动。

4.1.3.3 正交试验结果分析

为消除实验误差，16 组实验每组进行五次重复实验，去掉最大值和最小值后取剩余三组强度的均值作为响应结果，实验方案及响应结果记录于表 4-3 中。在 Minitab 软件中选择“分析田口设计”，得到均值响应表（表 4-4）和均值主效应图（图 4-13）。

表 4-3 正交试验方案及均值结果

序号	因素				
	扫描速率/(mm/s)	扫描间距/mm	扫描次数	离焦量/mm	胶接强度/MPa
1	1000	0.01	1	−2	12.16
2	1000	0.02	2	−1	12.50
3	1000	0.03	3	0	11.32
4	1000	0.04	4	1	10.85
5	1300	0.01	2	0	13.67
6	1300	0.02	1	1	15.48
7	1300	0.03	4	−2	13.70
8	1300	0.04	3	−1	14.57
9	1600	0.01	3	1	13.31
10	1600	0.02	4	0	15.07
11	1600	0.03	1	−1	14.60
12	1600	0.04	2	−2	14.15
13	1900	0.01	4	−1	13.86
14	1900	0.02	3	−2	13.92
15	1900	0.03	2	1	12.89
16	1900	0.04	1	0	11.70

表 4-4 均值响应表

水平	扫描速率/(mm/s)	光斑间距/mm	扫描次数	离焦量/mm
1	11.71	13.25	13.48	13.48
2	14.35	14.24	13.30	13.88
3	14.28	13.13	13.28	12.94
4	13.09	12.82	13.37	13.13
极差	2.65	1.43	0.20	0.94
排秩	1	2	4	3
极差的最优选	水平 2	水平 2	水平 1	水平 2

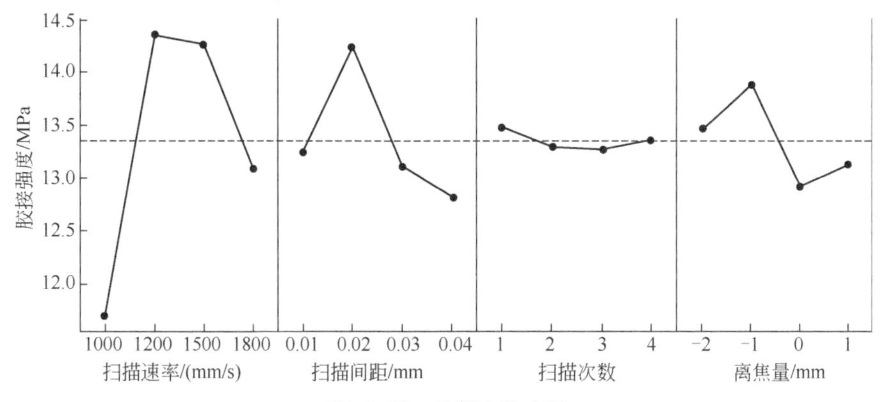

图 4-13 均值主效应图

由于极差反映了因素水平对胶接强度的影响程度，根据均值响应结果可知，激光处理各参数对胶接强度的影响大小排序为：激光扫描速率>扫描间距>离焦量>扫描次数。从均值主效应图中直观地分析在某一个因素作用下，胶接强度随水平的变化而变化的趋势，初步得到最优参数组合为：扫描速率取水平 2，扫描间距取水平 2，扫描次数取水平 1，离焦量取水平 2。由于得到的最优组合未被包含在正交试验表 4-3 中，还需通过额外实验验证该最优参数组合。最优参数组合获得的实验结果如表 4-5 中第二组所示，对比最优组合的胶接强度与正交试验方案（表 4-3 中所有方案）中的其他结果，该结果优于正交试验中所有方案，可以证明该最优参数组合成立。后续激光表面处理将采用该最优参数组合，即扫描速率取 1200mm/s，扫描间距取 0.02mm，扫描次数取 1 次，离焦量取-1mm。

4.2 超声强化胶接界面机械嵌合结果与分析

前文已根据试验需求建立了超声振动强化碳纤维复合材料胶接接头的实验平台，

对胶接工艺、超声强化工艺及碳纤维复合材料的激光表面处理进行了探究。下面将对超声振动强化复合材料胶接界面机械嵌合的实验结果进行分析。通过拉伸实验结果分析超声对胶接接头的强化作用，并对接头的断面形貌及失效模式进行分析。对复合材料板的表面形貌和接头的截面形貌进行直接观测，分析胶接接头界面处的结合状况。

拉伸剪切试验结果如表 4-5 所示，其中第一组为对照组，第二组为激光组，第三组为超声实验组，各组处理工艺不同，见 4.1 节。第一组的平均胶接强度仅为 4.82MPa，第二组为 16.09MPa，第三组为 21.19MPa。结果表明，经激光处理后，碳纤维复合材料的胶接强度提高了 234%。经超声处理后胶接强度进一步提高，较原始试样的胶接强度提高了 340%，较仅激光表面处理的试样提高了 31.70%，结果说明超声作用显著提高了接头性能。

表 4-5 拉伸剪切试验结果

分组	试样序号	最大剪切力/N	剪切强度/MPa	平均值/MPa
1	1	2806.88	4.42	4.82
	2	3067.24	4.83	
	3	3361.28	5.21	
	4	3348.38	5.19	
	5	2870.96	4.45	
2	6	10655.97	16.78	16.09
	7	9684.36	15.25	
	8	10116.10	15.68	
	9	10306.70	16.23	
	10	10651.59	16.51	
3	11	13551.75	21.34	21.19
	12	13270.94	20.57	
	13	13406.42	20.78	
	14	14070.94	21.81	
	15	13627.96	21.46	

根据标准 ASTM D5573-99（2019）[16]，胶接的失效形式被分为界面黏附失效、胶层内聚失效、薄层内聚失效、被粘物表层纤维撕裂失效、被粘物表面纤维轻微撕裂失效、被粘物本体断裂失效以及混合失效。胶接接头试样拉伸破坏后的失效面如图 4-14 所示。图 4-14（a）为不进行激光表面处理的胶接接头的失效，表现为界面黏附失效，是胶黏剂/碳纤维复合材料板界面之间的失效，拉伸破坏后胶黏剂全部残留在一块板上。激光表面处理的接头失效如图 4-14（b）所示，为混合失效模式，既包含有部分薄层内聚破坏，还有部分被粘物表面纤维轻微撕裂破坏，即薄层胶黏剂/

胶黏剂之间、碳纤维复合材料板表面纤维层同时发生失效，破坏后胶黏剂主要残留在一块板上，但另一块板上也有些许薄层胶黏剂的残留，同时部分胶黏剂上粘有撕裂下来的纤维丝，如图中方框所示。经过超声振动强化后的胶接接头失效如图 4-14（c）所示，基本为胶层内聚破坏，两块复合材料板上均残留有大量的胶层，破坏发生在胶层内部核心区域。由此可见，超声振动强化了胶接效果是由于促进了胶黏剂/碳纤维复合材料板界面之间更紧密的结合。

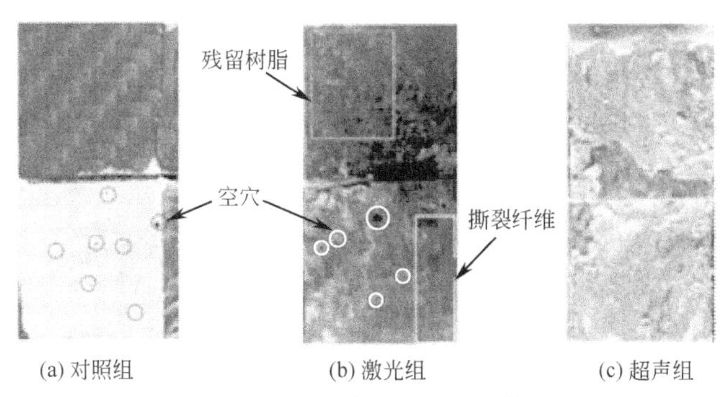

(a) 对照组 (b) 激光组 (c) 超声组

图 4-14 接头拉伸破坏后失效面

此外，对胶层组织进行观察，发现前两组中胶层里还含有大量的孔隙，如图中画圈部分所示。而超声处理后的胶层几乎不含有这样的孔隙缺陷，这说明超声振动消除了胶层内部的孔隙或气泡缺陷，使得胶黏剂混合更加均匀，形成了更为致密的胶层组织，这也有利于进一步提高胶接强度。

对激光处理后的碳纤维复合材料板进行观察，有/无激光处理的碳纤维复合材料板的表面微观形貌如图 4-15 所示。所使用的光学显微镜为前述蔡司 Axio Scope A1。碳纤维复合材料层合板的原始表面被光滑的环氧树脂覆盖，如图 4-15（a）所示。选用优化的激光加工参数进行表面处理后，碳纤维复合材料板的表面形貌如图 4-15（b）所示，可见紫外激光表面处理能有效去除表层的环氧树脂，暴露出内部的碳纤维丝。仅在纤维布的交叠区域残有少量未被去除的树脂，如图中方框 A 所示。图 4-15（c）

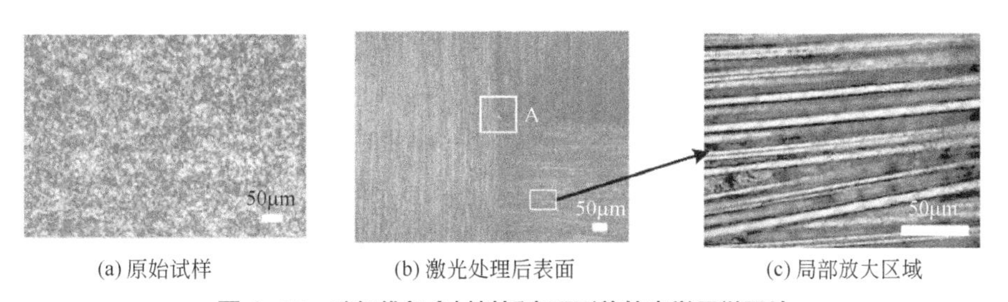

(a) 原始试样 (b) 激光处理后表面 (c) 局部放大区域

图 4-15 碳纤维复合材料板表面形貌的光学显微照片

是图 4-15（b）图的局部放大图像，可以清楚地观察到暴露的碳纤维丝。纤维无明显断裂或损伤，呈现良好的状态，且这些纤维丝之间的间隙形成了有序的沟槽，这将为胶黏剂的界面机械嵌合提供良好的表面条件，增加有效黏附面积，使得胶黏剂/碳纤维复合材料界面机械嵌合的形成成为可能。

采用原子力显微镜（AFM）对激光处理后的碳纤维复合材料板的表面形貌进行观察，试样表面形貌如图 4-16 所示。AFM 设备由美国维易科（Veeco）公司生产，型号为 Nanoscope Ⅳ。AFM 能对表面粗糙度做定量分析，测试表面的算数平均粗糙度 Ra、均方根粗糙度 Rq 及轮廓最大高度 Rz 的相关数据，结果如表 4-6 所示。

(a) 无激光处理试样

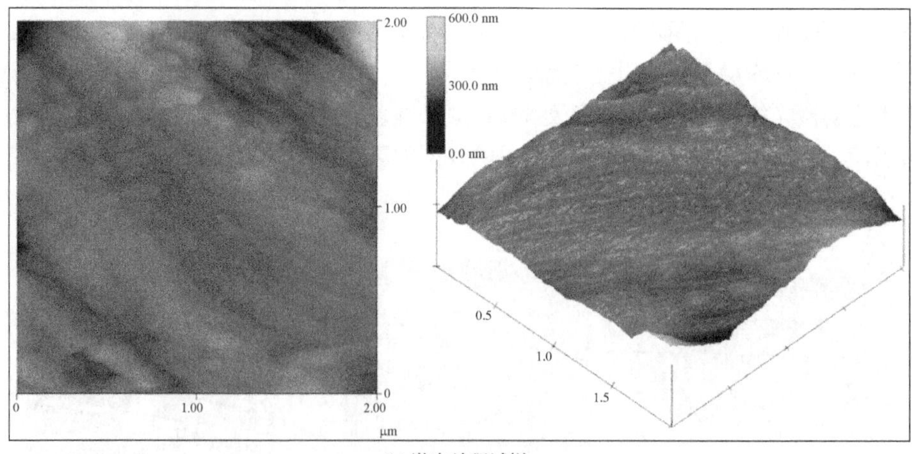

(b) 激光处理试样

图 4-16　碳纤维复合材料板表面形貌原子力显微镜观察

表 4-6　试样表面的粗糙度检测结果

碳纤维复合材料试样	*R*q/nm	*R*a/nm	*R*z/nm
原始试样	2.168	1.433	35.628
激光处理试样	27.975	20.271	332.17

由图 4-16（a）可以看到，未经过激光处理的碳纤维复合材料板表面是无规则凹凸起伏状的环氧树脂基体，但其起伏波动不大，高度变化范围在 0～30nm 左右。其表面粗糙度相关参数 *R*q、*R*a、*R*z 均较低，仅为 2.168nm、1.433nm 和 35.628nm。激光处理后的试样表面环氧树脂被去除，暴露出碳纤维丝，如图 4-16（b）所示，其中深色和浅色交错排布，表明试样表面呈现高低起伏地规律性的沟槽，高度变化范围在 0～600nm 左右，其表面粗糙度相关参数 *R*q、*R*a、*R*z 较未经过激光处理的试样明显增大，分别为 27.975nm、20.271nm、332.17nm。结果表明激光表面处理后的碳纤维复合材料板表面较未处理的原始试样粗糙度更大，且具有深浅交错的沟槽形貌。

试样胶接界面结合形貌通过扫描电子显微镜进行表征。检测设备为日本 JEOL 公司的 JSM-IT300 型扫描电子显微镜（SEM）。设备放大倍率为 5～300000 倍，二次成像分辨率为 3.0nm，加速电压 0.3～30kV。测试试样为 2cm×2cm 的块状试样，采用角磨机对胶接试样进行切割，得到满足检测尺寸要求大小的试样，对切割后的试样进行超声清洗并干燥后再送检。该切割方法对已固化的胶接接头界面形貌不产生破坏，且切割后残留的大部分粉末能得到清除，检测结果具有可靠性。检测前进行喷金处理，试样的检测部位如图 4-17 所示。

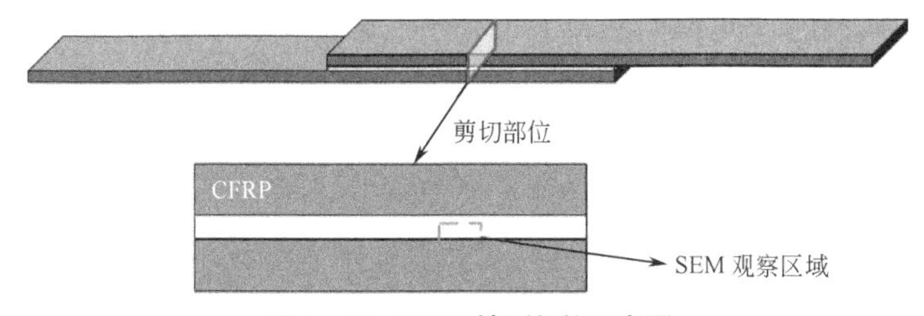

图 4-17　SEM 检测部位示意图

试样胶接界面结合形貌如图 4-18 所示。图 4-18（a）显示了仅经激光表面处理后的碳纤维复合材料接头界面，图 4-18（b）显示了经过激光表面处理+超声强化胶接工艺的胶接界面形貌。可以发现，激光处理后，胶接界面呈现出了不平整的起伏，但由于微小凹槽中胶黏剂的填充性差而产生了孔隙，如图中圆圈标识所示。然而，如图 4-18（b）所示，从超声作用后的胶接界面可见，胶黏剂/碳纤维复合材料板的胶接界面起伏波动更大，胶黏剂在超声作用下填充到沟槽缝隙内的深度更大，界面结合更紧密，因此界面机械嵌合效果更好。同时还可以观察到碳纤维复合材料板表面微凹槽中未被填充的孔隙较少，界面之间的结合面积更大。

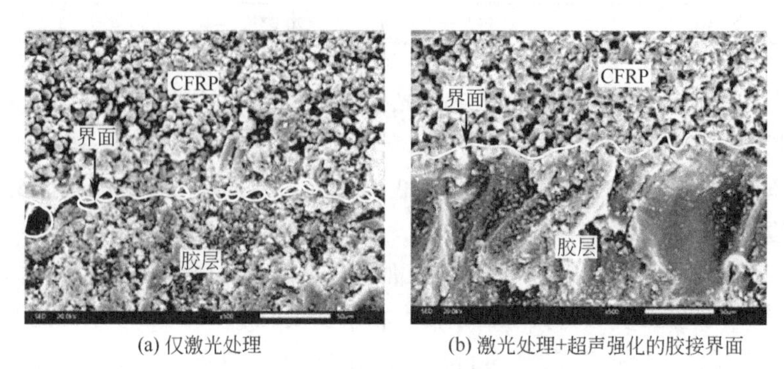

(a) 仅激光处理 (b) 激光处理+超声强化的胶接界面

图 4-18 胶接接头界面结合形貌

超声促进界面机械嵌合的示意图如图 4-19 所示，由于激光处理后复合材料板表面微观形貌发生变化。激光处理去除了表面树脂，暴露出内部的碳纤维丝，凸起的纤维丝间形成沟槽状的表面形貌，这种表面形貌使得胶接面积更大，为界面机械嵌合创造了表面基础，超声振动能进一步促进胶黏剂向碳纤维复合材料板表面纤维间隙凹槽的填充与渗透，形成更紧密的界面机械嵌合效果。

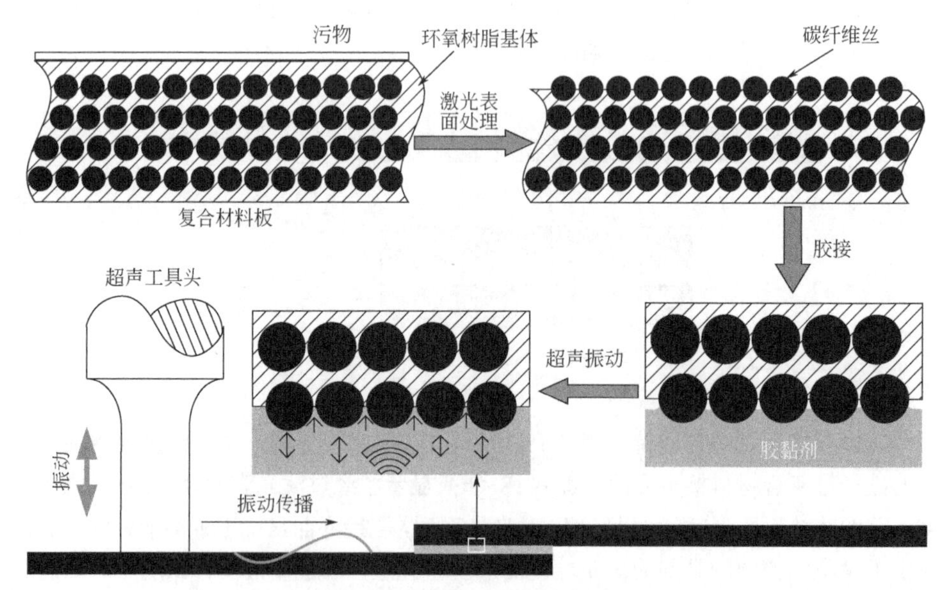

图 4-19 超声促进界面机械嵌合

4.3 超声作用对毛细渗透的影响

由激光处理后的碳纤维复合材料板表面形貌可知，其表面不是光滑平整的，微观上呈现出凹凸不平的形貌，暴露的碳纤维丝之间形成微沟槽，这些间隙都为胶黏剂的毛细渗透提供了条件。当胶黏剂涂覆到复合材料板表面后，会填充到这些毛细结构里，然而毛细作用受到结构尺寸、流体本身特性的影响，如果胶黏剂在固化前的短时间内无法充分填充到微沟槽内，会导致胶接界面存在一定的孔隙缺陷，降低胶接强度。

由于胶接过程中胶黏剂在复合材料板表面微凹槽内的实时动态渗透过程难以观察，使得对超声作用促进界面机械嵌合过程的研究较为困难。使用毛细玻璃管模拟微凹槽，通过超声作用下胶黏剂的毛细实验，探究胶黏剂的毛细渗透行为，对超声强化促进界面机械嵌合的机理进一步分析。

4.3.1 毛细效应及超声毛细实验

毛细效应是指液体在窄缝中沿壁面上升或下降的现象，这种现象是由于液体分子与固体介质的吸引力作用导致的。对于润湿性液体，固体表面分子对液体的吸附力大于液体本身的内聚力，此时液体将在窄缝中上升。对于不润湿的液体，液体分子与壁面之间的吸附力小于液体本身内聚力，因此液体将在窄缝内出现下降现象。由于壁面对液体分子的这种作用，液体在毛细窄缝内的液面会发生弯曲，对于润湿液体，液面将变成凹液面，对于非润湿液体，液面将变成凸液面，这是由液体和固体本身的性质决定的。在日常生活和自然界中的毛细现象非常多，例如植物的根茎吸收土壤里的水分、房屋里的砖块吸水等。

对于润湿性的胶黏剂，其在毛细管内产生毛细上升，当液面两侧压力差与上升段胶黏剂液柱所受重力相等时，上升停止。根据力的平衡，毛细上升高度为：

$$h=\frac{2\sigma\cos\theta}{\rho gR} \tag{4-1}$$

式中，R 为毛细管内径（半径），ρ为液体密度，θ为液体与固体壁面间的平衡态接触角，σ为液体表面张力系数。

实验采用玻璃毛细管，高 15mm，内径 0.09mm，体积为 0.1μL，两端开口，该毛细管尺寸接近复合材料板表面微沟槽的尺寸，因此可被用来模拟复合材料板表面的沟槽。实验如图4-20所示，超声设备及其实验参数和制备单搭接胶接接头时相同，超声频率取 25kHz，预紧压力为 0.4MPa，振动位置为 30mm，振幅为 24μm，振动模式为每振动 2s 暂停 1s。实验前，先清洗碳纤维复合材料板，由于此时的复合材料板仅作为传递超声的载体，因此无需对其进行激光表面处理。将胶黏剂涂覆到胶接区域，再将毛细管垂直插入胶黏剂中，并在一侧用铁架台将其固定。

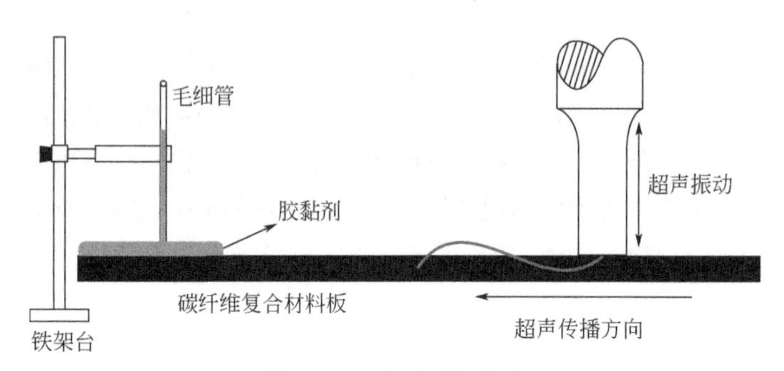

图 4-20　超声毛细实验

4.3.2　超声作用下的毛细上升

搭建好超声毛细实验平台后，实验分两组进行，分别为不施加超声作用的对照组和施加超声的实验组。实验所用的液体为 3M DP460 胶黏剂。记录不同时刻毛细管内胶柱上升高度，得到实验结果如图 4-21 所示。记录方式为每隔一定时间，将毛细管取出，采用电子数显游标卡尺（日本三丰，分辨力 0.01mm）量取液面中心的高度。实验中，对照组未施加超声作用，当毛细管接触胶黏剂后，胶黏剂便开始在管内上升，这是由于润湿液体的毛细作用。直到毛细管壁面作用于液体产生的向上拉力与管内上升胶柱所受重力相等时，上升现象将会停止。由图中结果可知，该对照

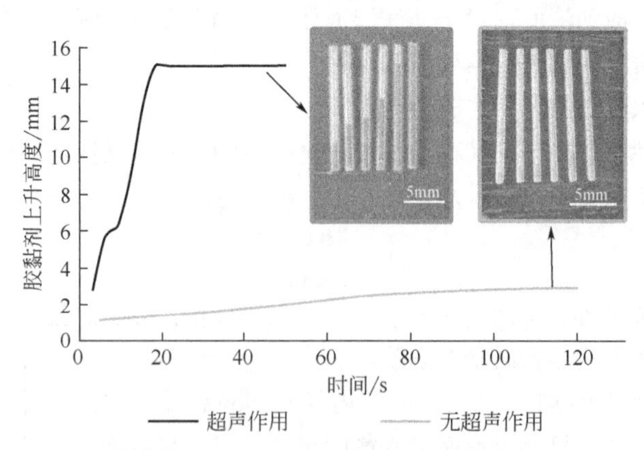

图 4-21　3M DP460 胶黏剂毛细上升实验

组在未施加超声作用的条件下，胶黏剂在毛细管中上升缓慢。根据式（4-1），代入胶黏剂的相关参数，如表4-7所示，计算可得胶黏剂在该尺寸毛细管内达到平衡状态时候上升的最大高度约为60mm，然而该结果是建立在胶黏剂不发生固化反应的基础上，以原始参数代入公式计算所得。在实际情况下，随着A、B组分的混合，胶黏剂的固化反应将不断进行，导致胶黏剂的黏度逐渐变大，且由于胶黏剂自身黏度较大（30Pa·s），在其操作时间内毛细上升非常缓慢，都会加剧胶黏剂在复合材料板表面凹槽里的不良填充。

表4-7 胶黏剂毛细参数

平衡态接触角/(°)	密度/(g/cm³)	表面张力系数/(N/m)
64	1.1	0.040

实验组为施加超声振动的条件下，由结果可知，超声作用下，胶黏剂在毛细管内的上升高度随时间增加迅速增长，在总工作时长20s内便填充满毛细管（15mm），该结果与胶接接头界面结合的情况相符，证明了超声振动促进了胶黏剂的毛细渗透，进而导致对界面机械嵌合的促进效果。

由上述实验过程可知，黏度这一参数对胶黏剂在界面的毛细渗透影响很大，黏度小的液体流动性强容易渗透，黏度大的液体流动性差渗透则困难。本节通过改变胶黏剂类型，针对更大黏度的胶黏剂进行超声毛细实验，检验超声振动对大黏度胶黏剂的毛细渗透是否仍然有效。

实验选用汉高乐泰9395 AERO航空结构胶，其适用于复合材料的胶接及修复，也是一种双组分环氧树脂胶。由于胶黏剂不同，原胶枪不适用于该胶黏剂。根据说明书要求，按照A组分与B组分为100∶17的质量比将两者混合后搅拌均匀，配好的胶黏剂的操作时长为95～100min（25℃，450g），其黏度较3M DP460大得多，室温约为200Pa·s。

实验条件与上述3M DP460胶黏剂的毛细实验相同，将未施加超声作用的胶黏剂的毛细上升实验作为对照组，将超声作用下的毛细实验作为实验组，得到毛细管内胶柱上升高度随时间变化的结果如图4-22所示。由实验结果可知，超声作用对毛细上升过程的促进效果仍然显著，未施加超声振动时，胶黏剂上升十分缓慢，经过5min上升了约0.3mm，且上升速率随着时间的增加越来越慢。而超声作用下，胶黏剂在毛细管内的上升非常迅速，40s内上升了4.8mm，且胶黏剂的上升速率随着超声作用时长的增加而明显增加，能够在胶黏剂固化前将胶黏剂充分填充进毛细管内。仍然证明了超声作用下胶黏剂能在毛细管内迅速上升，提高了胶黏剂在微结构中的渗透性。

对比两种不同黏度的胶黏剂的毛细行为，发现超声均能促进其毛细渗透。黏度越大的液体，其自然状态下的毛细渗透现象越难进行，这是由于黏度大，流动性差，使得毛细过程进行缓慢。此外随着时间推移，固化反应不断进行，黏度进一步增大，

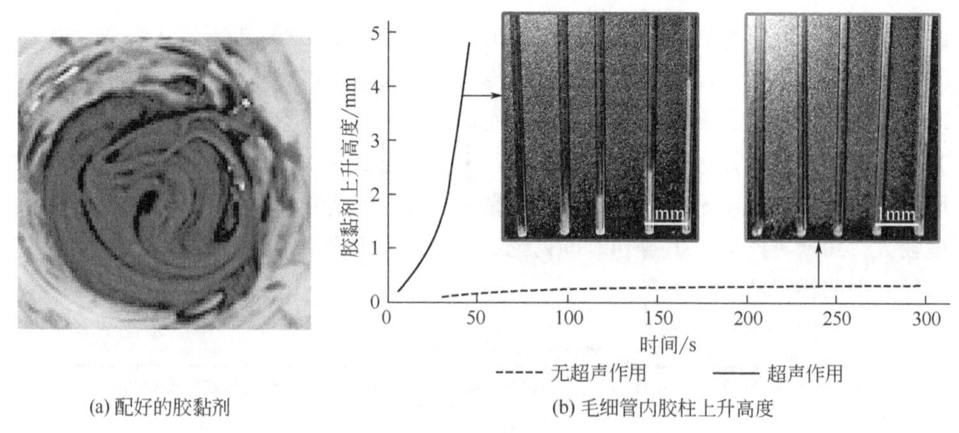

(a) 配好的胶黏剂　　(b) 毛细管内胶柱上升高度

图 4-22　9395 胶黏剂毛细上升实验

导致胶黏剂毛细渗透更加困难。超声作用对不同黏度的胶黏剂都能促进其毛细渗透，但对于黏度较大的胶黏剂，要达到同样的毛细渗透水平，所需的超声作用时长更长，毛细过程速率更慢，然而相较于未施加超声作用的情况，超声促进毛细渗透的作用仍然十分显著。

由于超声作用下毛细渗透过程较快，且毛细管尺寸非常小，因此实验采用带放大镜头的高速摄像机对毛细上升过程作了进一步观察。高速摄像机为日本 Photron 公司生产的 FASTCAM NOVA S12 型高性能高速摄像机，如图 4-23 所示，设备机身尺寸为 120mm×120mm×230mm，重量为 3.3kg，分辨率为 1024×1024DPI（100 万像素），最大帧率为 12800fps，ISO 感光度 6400，相机配备有操控软件 PFV.x64（Photron-FASTCAM-viewer4），可通过电脑对相机拍摄的画面进行实时观察与记录。由于所用毛细管尺寸偏小，配备有一个 navitar 12×变焦放大镜头，放大镜头部分最大直径 46mm，长 150.8mm，镜头组件整体长 474.3mm。另外还配备有三脚架用于相机位置的固定，和一个无闪烁的 LED 光源用于补光。实验中选择触发模式为“结束”，记录帧速率选择每秒 5000 帧。

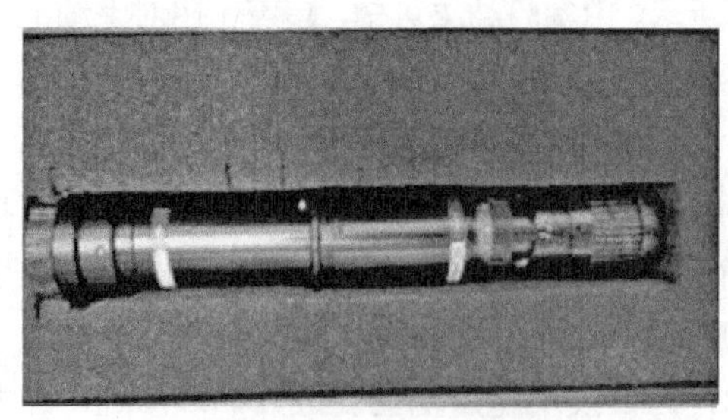
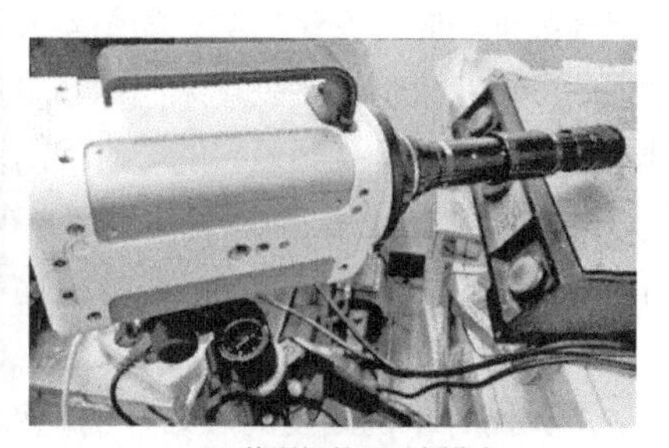
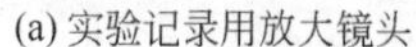

(a) 实验记录用放大镜头　　(b) 装配好的高速摄像机

图 4-23　超声毛细实验记录用放大镜头（a）与装配好的高速摄像机（b）

无超声作用时的毛细弯月面如图 4-24（a）所示，可以看到由于胶黏剂是润湿性液体，其在毛细管内的液面是凹形。超声作用下毛细管内胶黏剂在上升过程中液面变化过程如图 4-24（b）所示，图中展示了一个超声作用周期内毛细管中胶黏剂胶柱的变化过程，从 T 到 T+2s（T=3s）时间段内，超声振动持续施加，超声参数与前文一致。在这 2s 内毛细管中的胶黏剂在超声作用下迅速上升，同时毛细弯月面从向下凹陷的状态变为向上凸起，接触角达到 145°左右。从 T+2s 到 T+3s 处于脉冲超声振动的间歇时段，此段时间超声振动暂停，凸起的弯月面恢复为原来的微凹状态，毛细上升高度基本保持不变。

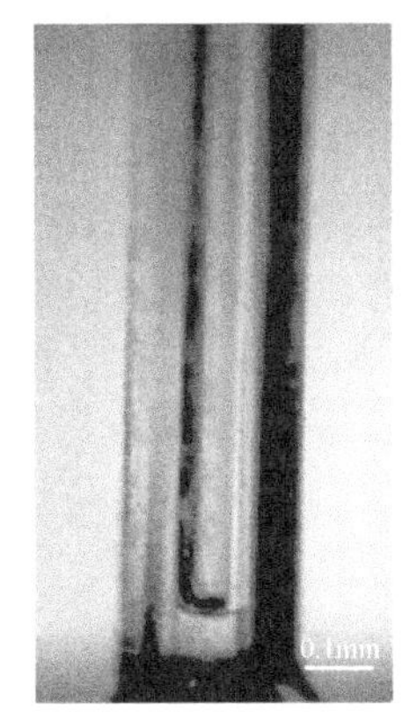

(a) 无超声作用下的毛细弯月面

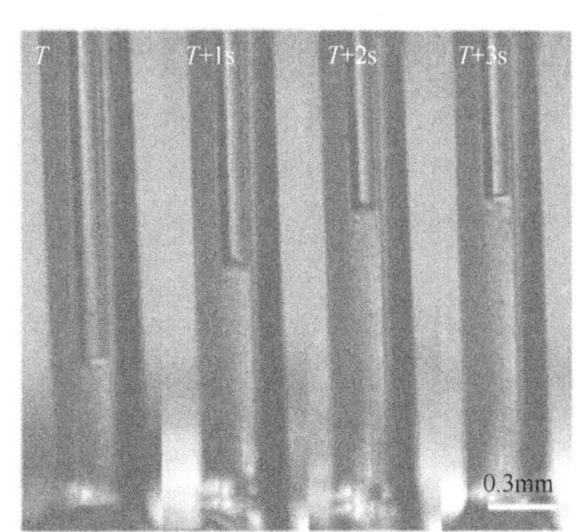

(b) 超声作用下的毛细弯月面变化

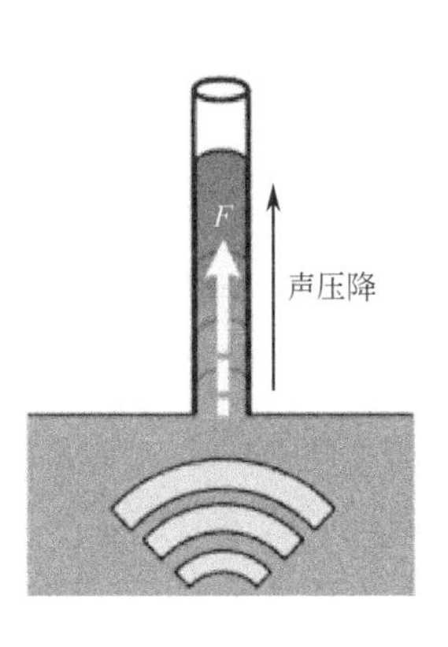

(c) 超声作用下毛细上升示意图

图 4-24　毛细管内胶柱液面

上述胶柱液面变化表明，超声振动的施加对毛细管内的胶黏剂有驱动作用。超声作用下的毛细上升过程与普通毛细渗透有本质区别：传统的毛细作用是在胶黏剂与固体壁面润湿形成的凹形弯月面导致的界面附加压力的作用下上升，而超声作用下的渗透行为主要是由于超声导致的额外驱动力，且这种驱动作用远大于毛细作用。超声驱动力与超声作用下毛细管内胶黏剂的声压变化有关。如图 4-24（c）所示，当超声传递到达毛细管时，部分超声在毛细管底端被反射，剩余的超声则进入毛细管内的胶黏剂中，由于胶黏剂本身的黏滞阻力以及胶黏剂与管内壁的摩擦阻力，超声在传播的过程中振幅会发生衰减，这就在胶黏剂流体内形成了声压梯度。

4.3.3　声压及超声驱动力

超声在胶黏剂中的传播可表示为：

$$P = P_0 e^{-\alpha x} e^{j(\omega t - kx)} \tag{4-2}$$

式中，P 是距离毛细管底部 x 处的声压，P_0 是毛细管底部的声压，t 为超声传播时间。ω是超声的角频率，且 $\omega=2\pi f$ 。k 是毛细管中的波数，表示由于超声传播导致的声压相位差，$k=\omega/C$，C 为声速。α是衰减系数，其计算公式如下：

$$\alpha=\frac{1}{dC}\sqrt{\frac{\mu\omega}{2\rho}} \tag{4-3}$$

式中，d为毛细管直径，μ为胶黏剂的黏度，ρ为密度。根据以上公式通过MATLAB软件（R2019a）计算得到毛细管内的相对声压分布，结果如图4-25所示，计算参数如表4-8所示。由于被粘物表面微凹槽尺寸较小，远远小于超声波长，相位变化不大，且相对于因相位变化导致的声压变化，衰减导致的声压变化要大得多，所以此处声压计算不考虑相位变化影响。设毛细管底部声压为P_0，随着超声在毛细管内的传播，声压随着胶黏剂在毛细管内上升高度的增加而逐渐减小。在超声作用下，毛细管底部的胶黏剂声压与液柱顶部声压形成明显的声压差，这种能量的耗散导致的声压梯度将产生驱动力，驱动毛细管内的胶黏剂迅速上升，因此使得胶黏剂在毛细结构中的渗透更加迅速而充分。

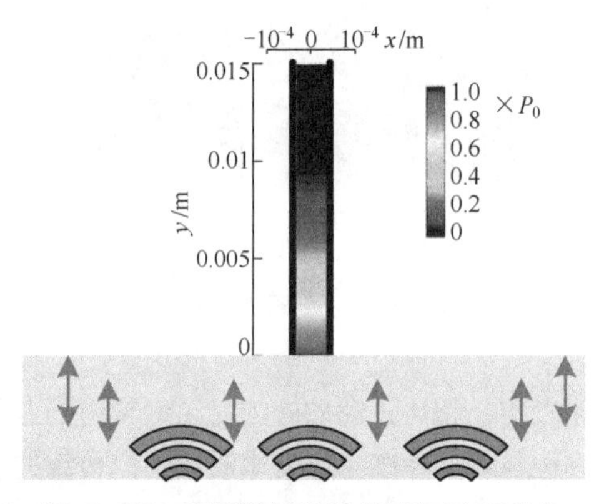

图4-25 毛细管内胶黏剂的相对声压分布

表4-8 声压计算参数

毛细管直径/mm	密度/(g/cm³)	声速/(m/s)	黏度/Pa·s	频率/ kHz
0.09	1.1	1500	30	25

毛细管的一端密封，另一端保持开口，称为盲孔毛细管。此种毛细管（开口端）接触液体时，由于末端密封，自然状态下，基本不会在毛细管中观察到液柱上升现象。如果对毛细管外液面进一步施加压力，则可以驱动液体在盲孔毛细管内上升。上升达到平衡状态时，外部驱动压力等于盲孔毛细管中上升液柱的压力、弯曲液面附加压力与盲孔上部压缩空气产生的压力三者之和。如果获得液柱上升的高度和压

缩空气的压力以及液体表面张力系数，则可以求得外部驱动压力。基于这种思路，进行了超声盲孔毛细实验。通过记录超声作用下盲孔毛细管中胶黏剂的上升，对超声促进毛细渗透的驱动力进行计算。实验前需对上述实验所用的两端开口的玻璃毛细管进行一端封口处理，用 3M DP460 胶黏剂封堵毛细管的一端，固化完全后即得到一端密封的盲孔毛细管。实验过程中，使用 FASTCAM NOVA S12 型高速摄像机对盲孔毛细管中胶黏剂的运动过程进行记录。

实验结果表明，当毛细管顶部被密封得到盲孔毛细管后，胶黏剂在毛细管中的运动过程较通孔毛细管中的现象发生了改变。超声振动工艺同上，仍采用脉冲模式，单个脉冲周期内超声振动 2s 暂停 1s。胶黏剂在超声振动施加过程中会快速上升，但在超声暂停的间歇段，胶黏剂便迅速下降，如此反复。图 4-26 展示了一个超声作用周期内，胶黏剂在盲孔毛细管中的上升和下落的过程。图 4-26（a）～图 4-26（e）为该超声振动周期内胶黏剂在盲孔毛细管中的上升过程，图中虚线指示胶柱凸形弯月面的最高点，图 4-26（f）～图 4-26（i）为超声振动暂停的间歇内胶黏剂的下降过程，图中虚线指示胶柱凹形弯月面的最低点。

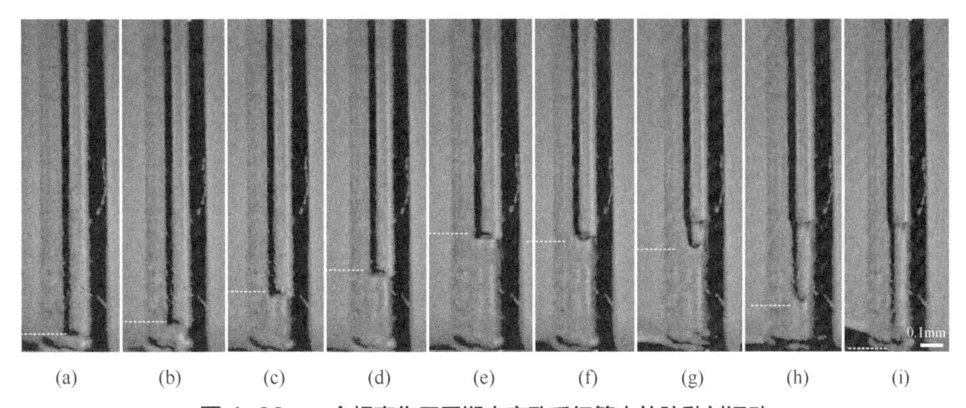

图 4-26　一个超声作用周期内盲孔毛细管内的胶黏剂运动

（a）～（e）为上升过程，（f）～（i）为下降过程

随着超声作用时长的增加，会出现一个时刻胶黏剂上升到最高位置并在该处保持停留，随着超声继续振动，高度也不再增加。此时即达到平衡状态，该时刻胶黏剂受到向下的自身重力、表面张力和顶部压缩空气的压力，它们与向上的超声驱动力平衡，一旦停止超声作用，胶黏剂将在重力、表面张力和顶部空气压力共同作用下迅速下落，毛细弯月面也从凸变凹，表面张力变为向上，直到再次达到平衡状态。因此，可以通过胶黏剂在最高处保持平衡状态时的受力平衡来计算超声驱动力的大小。图 4-27 为胶黏剂达到最高位置并保持一段稳定时间时，前后动态变化的过程。下面将根据该最高点处的受力对超声驱动力进行计算。

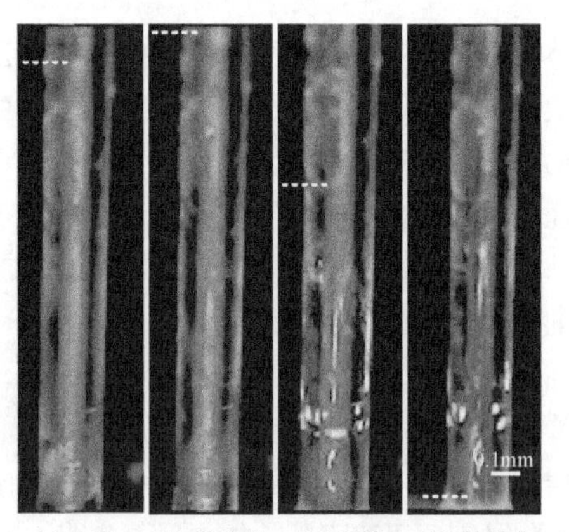

(a) 上升　(b) 最高点　(c) 下降　(d) 最低点

图 4-27　盲孔毛细管内胶黏剂达到最高处时流动变化

由波义耳定律可知，当温度变化较小时，管内气体被压缩近似存在以下关系：

$$p_0V_0 = p_1V_1 \tag{4-4}$$

式中，p_0 为初始时刻毛细管内气体压强，为标准大气压 1.013×10^5Pa，p_1 为胶黏剂上升最高处稳定时刻管内气体压强。V_0 为初始时刻毛细管内的空气体积，由于无超声作用时盲孔毛细管内几乎无胶黏剂上升，此时空气体积近似为毛细管体积，可由式（4-5）计算得到。V_1 为胶黏剂稳定时刻毛细管内剩余气体体积，由式（4-6）计算得到。

$$V_0 = \frac{\pi d^2 h_0}{4} \tag{4-5}$$

$$V_1 = \frac{\pi d^2 h_1}{4} \tag{4-6}$$

式中，d 为毛细管内径，h_0 为毛细管高 15mm，h_1 为胶柱到达最高位置处时管内剩余空气段的高度。

如图 4-27（b）所示，胶黏剂达到最高点时，管中胶柱高度约为 1.5mm，可得管内空气高度 h_1 为 13.5mm，计算可得 p_1 等于 1.125×10^5Pa。

上升段胶柱产生的压强 p_2 为：

$$p_2 = \rho g(h_0 - h_1) \tag{4-7}$$

式中，ρ为胶黏剂的密度，取 1.1g/cm^3；g 为重力加速度，取 9.8m/s^2。计算得 p_2 等于 16.17Pa。

盲孔毛细管内液柱是凸液面，产生的附加压强指向胶黏剂内部，即向下。该凸液面是由于超声振动产生的驱动力所致，因管径尺寸较小，驱动力压强在管径方向上均匀分布，根据 Young-Laplace 公式则凸液面是球面。此外，通过上述毛细管实验可知，超声驱动作用远大于毛细作用，使得凸液面边缘与管壁相切。根据

Young-Laplace 公式，盲孔毛细管内液柱凸液面产生的附加压强为：

$$p_3 = \frac{4\sigma}{d} \tag{4-8}$$

式中，σ 为胶黏剂的表面张力系数，d 为毛细管管径。根据胶黏剂相关参数（表 4-7 和表 4-8），计算得到 $p_3 = 1777.778\,\text{Pa}$ 。

超声对胶黏剂的驱动压强 $p = p_1 + p_2 + p_3 - p_0$，代入上述数据计算得到超声对胶黏剂的驱动压强大小为 1.299×10^4Pa。

盲孔毛细管的实验现象与开口毛细管有明显的区别，对比可知，开口毛细管内的胶黏剂高度在超声停止作用后能够保持不变，而盲孔毛细管内胶黏剂高度会迅速下降。这是由于超声作用下毛细管内胶黏剂迅速上升，对管内的气体进行挤压，使管内的气压明显大于外界大气压强，一旦停止施加超声振动，失去了超声驱动力的支持，胶黏剂将迅速回落，以维持毛细管内外压强的平衡。

对于开口毛细管，超声振动下，其管内的气体容易从顶部出口被排出，管内气压没有发生变化，因此停止超声作用后胶黏剂不会下降。实际复合材料板材的胶接情况下虽然不同于开口毛细管，但也不是盲孔毛细管这样的封闭情况，复合材料板表面的孔隙和胶黏剂之间的接触面复杂且不规则，因此超声振动时，复合材料板表面孔隙里的微量空气是可以在振动接触的过程中从缝隙逸出，使得超声振动作用下胶黏剂的渗透效果良好。

4.4 超声作用对黏度及润湿性的影响

本节将从超声对胶黏剂的黏度及其在复合材料板上的润湿性的影响角度，进一步分析超声作用强化界面机械嵌合的机理。

4.4.1 超声作用下胶黏剂黏度变化

4.4.1.1 胶黏剂的黏度及其测量

黏度是流体的一种属性，在流体流动过程中，流速不同的分子间将由于分子间作用力，互相拉扯，流体的流动因此表现出层层传递的黏滞特性[138]。黏度与液体的种类、温度及压力有关，能充分反映流体的流动特性。研究超声对胶黏剂黏度的影响有助于分析超声作用下胶黏剂的流动与渗透能力的提高与否，进而阐述超声促进界面机械嵌合作用的机理。

根据被测液体的不同和应用领域的不同，黏度的测量方法不同，主要有管流法、落体法、振动法及旋转法。随着特定测量对象及各种新技术的发展，黏度的测量方法也有了更多创新，如超声技术、微电子技术、光纤光栅技术等，都在黏度的测量上起到了推动作用。

毛细管黏度计主要采用管流法，按测量方式主要分为重力型毛细管法和加压型毛细管法。重力型毛细管法就是测量一定体积的液体在重力（即液柱本身重量）的作用下经过毛细管所需要的时间。加压型毛细管法，是利用从外部施加压力（正压力或负压力）而使流体在毛细管中流动。设备制造成本低，易于操作，精度高，但是对流体本身具有一定的要求，测量时所需用液体量过大，且过长的测量时间将导致胶黏剂在测量过程中固化反应程度加剧，对测量结果造成误差，甚至堵塞毛细管黏度计。落体法测量结构简单，应用范围十分广泛，但是由于需测量球下落所需的时间，准确性较低，且对胶黏剂试样的用量较大，容易造成浪费。振动法的测试原理是当薄片在液体中引发高频振动时，薄片会带动周围的流体做平行于平面的振动，所产生的振动与液体的机械阻力（即黏度）成反比，其结构复杂，测试易受外部干扰。旋转法测黏度时，将旋转黏度计浸于流体中，当黏度计转子开始旋转后，流体的黏性力矩将对转子的运动产生阻力，影响其转速或转矩，设备通过测量这些量的变化得到流体的黏度值。依据牛顿黏性定律，有以下公式：

$$\mu = \tau / \gamma \tag{4-9}$$

式中，μ 是被测液体的黏度，τ是黏度计转子所受剪切应力，γ是流体的剪切速率。根据旋转黏度计的设备参数，上述公式可以转变成：

$$\mu = KM / \omega \tag{4-10}$$

式中，K 是不同测量仪器的常数，M 是电机输出的转矩，ω是电机旋转时的角速度。

旋转法测胶黏剂黏度，胶黏剂的用量小，测量方法简单易操作，应用范围非常广泛，黏度测量范围大，精度准确，因此选用该方法来进行胶黏剂黏度的测量。

使用的黏度计为美国 BROOKFIELD（博力飞）DV-Ⅱ+锥板黏度计，该黏度计一次只需少量的试样便能快速测得黏度结果，测量范围大，操作简单方便，满足本研究要求。黏度计如图 4-28（a）所示，设备功耗 20W，净重 9kg，测量精度±1%，每次测试所需试样最少为 0.5～2mL，量程 0.01～200r/min。测量时通过选择合适的转子和转速即可满足被测试样的黏度范围。根据本研究所使用的环氧胶黏剂，选用 CPA-52Z 型号的转子，转子如图 4-28（b）所示，转速设定为 6r/min。试验前，需要用硅油制成的标准黏度液对黏度计进行标定，标准黏度液如图 4-28（c）所示，测得该液体的黏度值的误差在 2%以内，因此可以使用该黏度计进行接下来的测试。

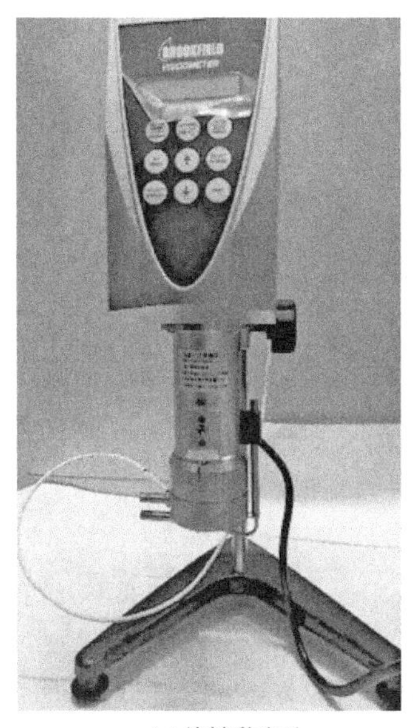

(b) 黏度计转子

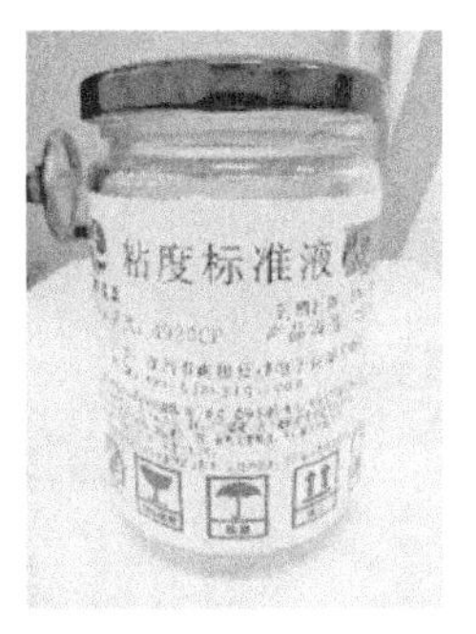

(a) 旋转黏度计　　(c) 标准黏度液

图 4-28　黏度测量设备

实验分为实验组和对照组来进行，实验组是经过超声振动作用的胶黏剂的黏度变化，对照组不施加超声振动，室温自然条件下放置不同时长试样的黏度变化。实验组测量的超声振动时长的节点选择 0s、1s、3s、5s、10s、15s、20s、30s、40s、50s、60s。由于自然静置时黏度变化较慢，黏度测量的时间间隔增大，取 0s、300s、600s、900s、1200s 的时长分组测量并记录，这样能在减少实验次数的条件下得到较准确的黏度变化规律曲线。实验组的超声振动参数与前面一致。通过已经清零的电子天平量取 5g 的胶黏剂，倒入黏度计量筒，再将量筒安装到黏度计上。黏度计自带的水浴夹套可以使每次测量的试样保持在相同的测量温度下，设置好水浴温度为室温 23℃，按下黏度计上的测量开关后，黏度计开始工作，数秒后记录下稳定的示数。每个时间点下的胶黏剂黏度进行五次测量，取平均值作为最终的黏度测量结果。

4.4.1.2　胶黏剂黏度变化

黏度测量结果如图 4-29 所示，由图中施加超声振动和不施加振动条件下的黏度值变化可知，超声对胶黏剂的黏度有显著影响。不施加超声时胶黏剂黏度如图 4-29（b）所示，胶黏剂黏度随静置时间的增加逐渐增大，这是由于双组分胶黏剂中环氧树脂与固化剂之间固化反应随时间不断进行，胶黏剂逐渐固化，黏度增大趋势在前 300s 较快，之后较为稳定平缓，20min 后胶黏剂的黏度已从 26.46Pa·s 升到 35.59Pa·s。

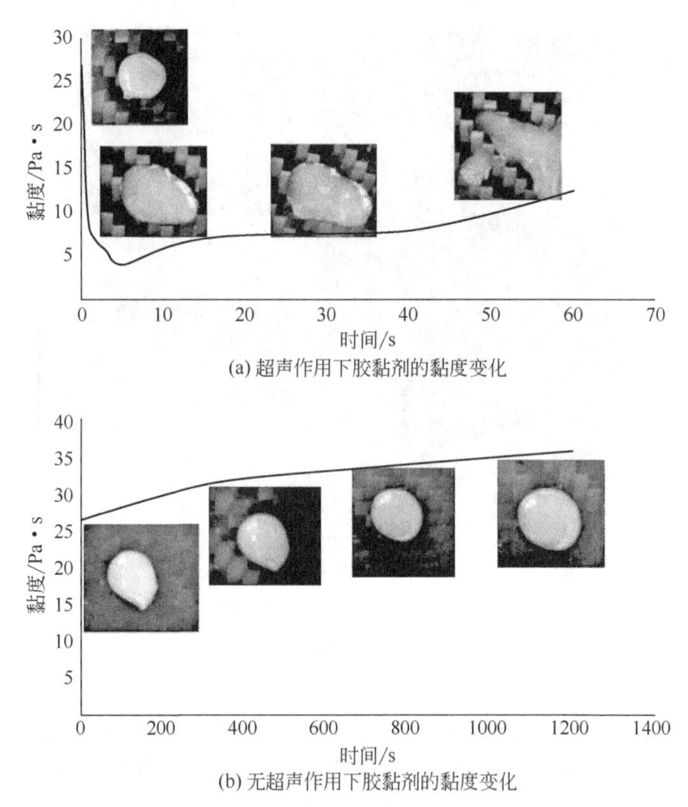

(a) 超声作用下胶黏剂的黏度变化

(b) 无超声作用下胶黏剂的黏度变化

图 4-29 黏度测量结果

超声作用下黏度变化情况如图 4-29（a）所示，胶黏剂的黏度在不同时长超声的作用下均较初始值显著下降，在作用时长为 5s 时，黏度下降程度最大，从 26.46Pa·s 下降到 4.03Pa·s。超声作用降低了胶黏剂的黏度，这是由于超声振动作用对胶黏剂聚合物分子产生了影响，如图 4-30 所示，环氧树脂胶发生固化反应形成交联网状组合结构，由于胶体的流动是在聚合物分子链间的协同作用下进行，而这些高分子链间容易产生缠绕、卷曲在一起，这将导致其黏度较大，流动性较差。在超声振动作用下，聚合物分子链将被拉伸、解缠，甚至发生断裂，因此胶黏剂内部组织中的空间缺陷减少，胶体流动时的内摩擦阻力减小，胶黏剂的黏度大大降低。

观察超声作用不同时长后黏度变化，发现超声作用时长低于 5s 时，黏度随作用时长的增加迅速下降，而在超声作用时长大于 5s 时，胶黏剂黏度较 5s 时开始有所增大，作用时长为 10s 时达到 5.82Pa·s。这是由于超声同时也能提高化学反应速率，促进了胶黏剂中环氧树脂与固化剂之间的固化反应，因此胶黏剂的黏度较前期稍有增大。

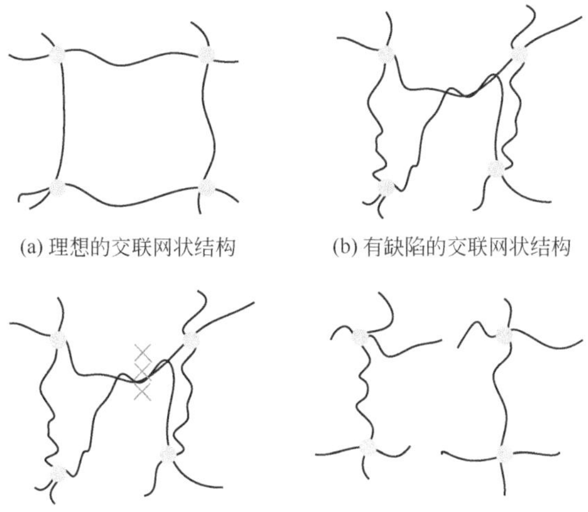

(a) 理想的交联网状结构　(b) 有缺陷的交联网状结构

(c) 超声振动对交联网状结构的作用　(d) 超声作用后的交联网状结构

图 4-30　超声作用下环氧树脂聚合物的组织变化

超声作用时长为 10～40s 时，黏度保持较为平稳的水平，说明这个作用时长下超声振动对分子内部组织结构及化学反应的影响是一个相对平衡的状态。当超声作用时长继续增加，胶黏剂黏度开始不断增大，60s 时达到 12.48Pa・s。这一阶段，超声促进固化反应对黏度的提高作用占优势，但黏度仍低于初始时刻值。若继续施加超声振动，预计胶黏剂将随着其固化不断进行而黏度快速增加，这个阶段是不利于促进胶黏剂的界面机械嵌合的。

此外，对胶黏剂试样（3M DP460）的状态进行直观拍照观察，结果如图 4-29 所示。可以看到，无超声作用的情况下，胶滴初始时刻为浓稠的乳白色状，随着时间延续，胶滴在重力作用下轻微铺展，但是颜色和质地均未发生明显变化。而超声作用下的胶黏剂随着超声时长增加，胶黏剂的颜色逐渐变淡，呈现较稀的观感，同时胶滴在复合材料板上流动铺展开来，说明超声振动降低了胶黏剂的黏度，提高了胶黏剂的流动能力。

由于温度对胶黏剂的黏度影响较大，测量过程存在一定的时间延迟，且黏度计的水浴装置设置为室温，因此黏度在实际测量时的值并不完全等于超声作用时刻胶黏剂的真实黏度。为减小温度对黏度的影响干扰，使用红外测温仪通过取点法对胶黏剂的温度进行实时测量记录，得到结果如图 4-31 所示。

从图 4-31 中可以看出，脉冲模式下的超声作用仍然会导致胶黏剂的温度一定程度的上升。超声振动产生大量的摩擦热，这会导致胶体的温度升高，暂停振动的时间间歇里，胶黏剂温度会有一定程度的下降，但随着超声作用时长的增加，胶黏剂总体的温度仍然呈现上升趋势，这与间歇的时间长短有关。与室温（水浴温度）对比，超声振动后的温度较高，但在 60s 时长内其温度均低于 35℃。

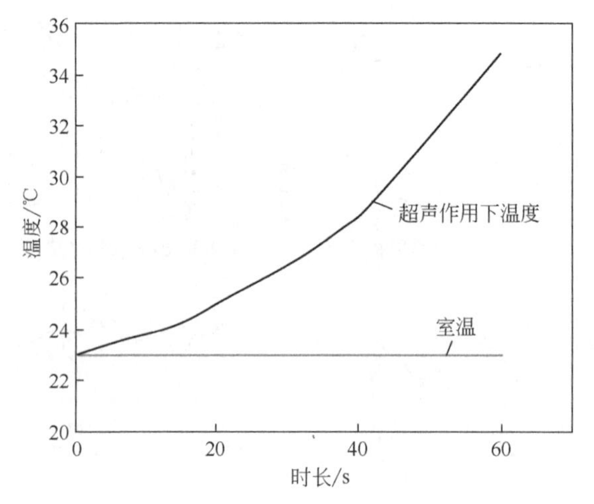

图 4-31 超声作用不同时长后胶黏剂温度变化

对室温至 35℃下胶黏剂的黏度取 2℃的温度间隔进行测量，得到胶黏剂黏度随温度的变化趋势。实验中分别将水浴温度设置为 23℃、25℃、27℃、29℃、31℃、33℃、35℃，将 5g 胶黏剂试样在黏度计中保持水浴加热 1min，使胶黏剂温度与水浴温度达到稳态平衡后测试其黏度。实验测量结果如图 4-32 所示，可见温度的升高会导致胶黏剂黏度降低，温度升高至 35℃时，胶黏剂黏度已下降至 20.19Pa • s。

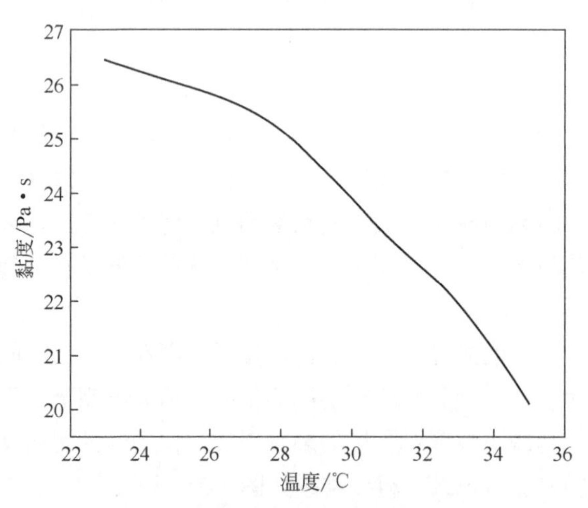

图 4-32 胶黏剂黏度随温度的变化

对比超声作用下胶黏剂黏度的变化，结果表明超声作用下胶黏剂黏度的下降程度远远大于相同热作用下胶黏剂黏度的下降。由此可知，在超声振动减小胶黏剂黏度的作用中，超声热效应贡献较小，而超声机械效应对聚合物分子链的影响占据主导地位，超声促进其分子链的解缠，降低了分子链间的流动阻力，进而降低了黏度。

液体的流动性与其自身的黏度密切相关，黏度较大的液体流动性较差，黏度小的液体流动性也越好。由实验结果可知，超声振动能够大幅降低胶黏剂的黏度。毛细渗透的速度与流体的黏度有关，黏度越小越易于渗透，其渗透速度也就越快。超声振动使环氧树脂胶的黏度大幅减小，进而促进其在界面上的流动渗透，促进界面处机械嵌合作用。

4.4.2 超声作用下胶黏剂在碳纤维复合材料板上的润湿

4.4.2.1 润湿性与接触角

润湿现象是液体与固体接触时表现出的现象，是固体表面上液体替代气体的过程，按照润湿的程度有：浸润润湿、铺展润湿、沾附润湿。液滴在固体表面上的形状可以是圆的，也可以是扁平的，这是由各个界面的表面张力大小决定的。液滴在固体表面上时，受到固-气界面张力 σ_{sg} 、固-液界面张力 σ_{sl} 、气-液界面张力 σ_{gl} ，图 4-33 是典型的两种液滴状态。气液界面与固液界面通过液体内部的夹角 θ 被称为接触角，当接触角为锐角时，表示液体在固体上润湿，当接触角为钝角时，表示液体与固体间不润湿。接触角的大小通常用来衡量固液间的润湿性。

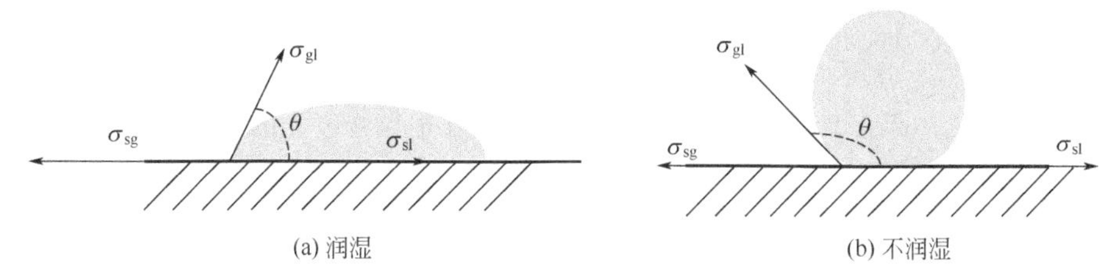

图 4-33 典型固体表面液滴状态

液体在固体表面润湿时，若不存在物理和化学反应，有 Young 氏方程：

$$\sigma_{sg} = \sigma_{sl} + \sigma_{gl}\cos\theta \tag{4-11}$$

该模型是建立在光滑平整表面的基础上得到的，对于非理想的粗糙表面润湿，可通过其他模型[139,140]描述。

考虑实际固体表面的粗糙度对固液接触角的影响，Wenzel 在 Young 氏方程的基础上提出了新的表观接触角计算公式：

$$\cos\theta_{w} = r\frac{\sigma_{sg} - \sigma_{sl}}{\sigma_{gl}} \tag{4-12}$$

粗糙表面的固液接触面积更大，该式中的 r 为固体表面的粗糙度因子，是固液实际接触面积与表观接触面积的比值，将该式代入 Young 氏方程中可以得到表观接触角与光滑表面的接触角的关系：

$$\cos\theta_{\mathrm{w}} = r\cos\theta \tag{4-13}$$

Cassiel 模型认为，液体在粗糙表面上的接触并不是填充到微凹槽里，而是在部分固体的支撑下悬浮于凹槽内的空气之上，因此液滴一部分与固体接触，一部分与空气接触，其接触角公式为：

$$\cos\theta_{\mathrm{c}} = f_{\mathrm{a}}\cos\theta_{\mathrm{a}} + f_{\mathrm{b}}\cos\theta_{\mathrm{b}} \tag{4-14}$$

式中，该模型的接触角 θ_{c} 由固液间的理想接触角 θ_{a} 与气液之间的理想接触角 θ_{b} 共同决定，该模型把粗糙表面的接触理解成一种复合接触，f_{a} 为液体与空气接触所占百分比为，f_{b} 为固体和空气接触所占的百分比，它们之间有关系：

$$f_{\mathrm{a}} + f_{\mathrm{b}} = 1 \tag{4-15}$$

两种模型示意图如图 4-34 所示。

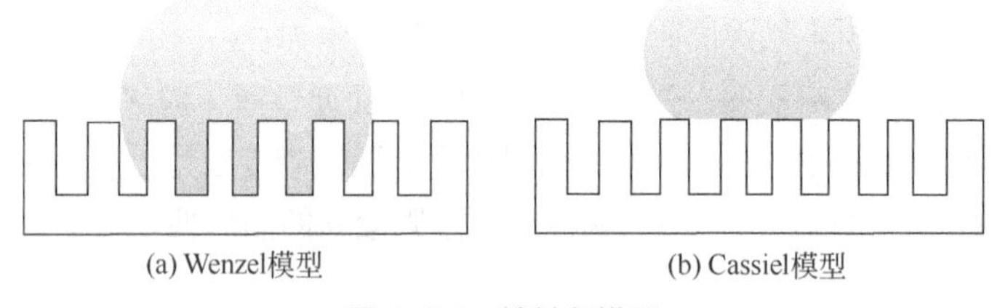

图 4-34 接触角模型

对于胶黏剂而言，其润湿性越好，越易发生在被粘物表面的渗透和填隙，胶接机械嵌合效果越显著，胶接强度会越高。本节通过超声作用对胶黏剂润湿效果的影响来进一步研究超声促进胶接界面机械嵌合的机理。

胶黏剂在被粘物表面的润湿可以通过胶滴在板材上的铺展来反映，实验过程中通过对铺展面积的观察和最终接触角的测量获得润湿速度和润湿程度，进而表征胶黏剂在被粘物表面的润湿性能。

4.4.2.2 超声作用下接触角的变化

实验采用座滴法对胶黏剂在激光处理后碳纤维复合材料板表面的接触角进行检测，通过对胶黏剂的外形图像分析得到接触角的大小数值。实验中，将胶黏剂滴落于固体表面，使用 Photron 公司的 FASTCAM NOVA S12 型高速摄像机配合 navitar 12 倍放大镜头对胶黏剂的接触角和铺展进行观察，通过计算机及 PFV.x64 软件记录实时画面，进而得到胶黏剂接触角的大小及其运动行为。

通过对图像的处理，得到接触角数值和其铺展过程。接触角的大小根据如图 4-35 所示的胶滴截面几何形貌计算得到。图中灰色部分为胶滴，θ 角为接触角，h 为胶滴的高，r 为胶滴的半径，根据几何关系可以得到接触角大小的计算公式为：

$$\theta = 2\arctan\frac{h}{r} \tag{4-16}$$

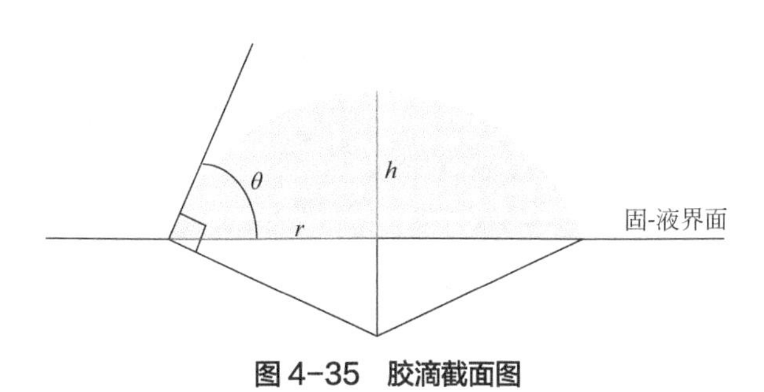

图 4-35　胶滴截面图

将经过激光处理的碳纤维复合材料板置于夹具内，然后置于超声实验平台上，将一定质量胶黏剂滴落在复合材料板表面，随后启动超声，超声振动通过复合材料板传递到胶黏剂，观察并记录超声振动作用下胶滴在固体表面的铺展和接触角变化。同时另取相同质量的试样于碳纤维复合材料板上，不施加超声振动，作为对照组。超声作用的参数与前文一致，仍采用每振动 2s 间歇 1s 的脉冲振动模式。

超声作用下胶滴的运动过程如图 4-36 所示。图中呈现了胶黏剂从开始振动到第 11.5s，共四个振动周期内的胶滴动态变化过程，按照 0.5s 的时间间隔选取图样来进行观察。从图中可以看到，由于超声振动的施加是间歇式的（脉冲模式），每个周期内前 2s 振动不断施加，后 1s 振动暂停，胶滴的变化也随着超声振动施加的周期变化。

每个周期内，随着超声振动的进行，胶滴被驱动向两侧膨胀凸出，胶滴的接触角增大为钝角的状态，这是由于高频振动能在固液界面处产生黏性动量传递层，能对液滴的表面产生额外的张力，促使液滴向外扩张，这个力的大小为[141,142]：

$$F \approx \frac{\rho}{32\beta^{-1}}(AR)^2\cos^2\theta \tag{4-17}$$

式中，ρ 是胶黏剂的密度，A 是振幅，R 是胶滴的接触半径，θ是胶滴的动态接触角，β^{-1} 是产生黏性动量传递发生的界面微米区域的厚度，大小通过式（4-18）得到[143]。

$$\beta^{-1} = \sqrt{2\mu/\rho\omega} \tag{4-18}$$

式中，μ是胶黏剂的黏度，ω是振动角频率。

停止超声振动后，胶滴界面处的接触角逐渐减小，但此时接触角较振动前更小，说明超声振动促进了胶黏剂在复合材料板上的润湿，且这种促进过程是靠超声振动对胶滴产生的驱动导致的强制润湿。超声振动停止后，胶滴的轮廓得到回复，接触角恢复为锐角。整理记录下振动停止时刻胶滴的静态接触角大小，结果见表 4-9。

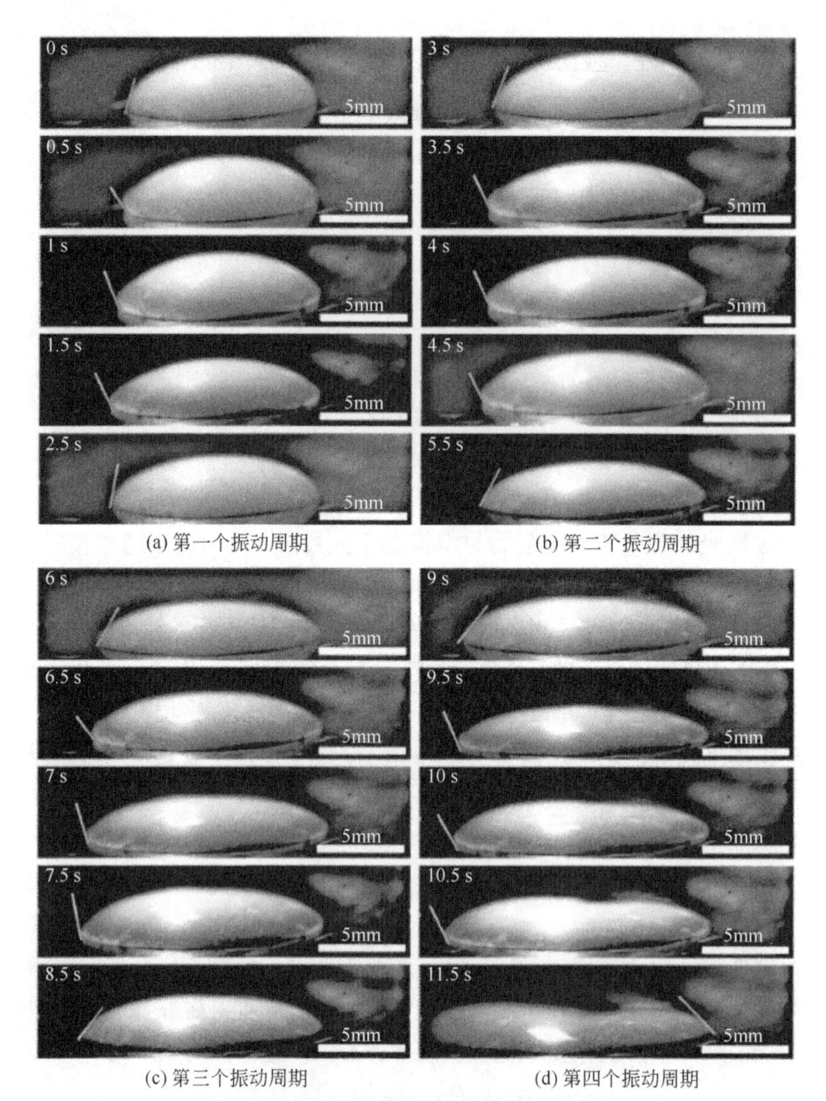

(a) 第一个振动周期　(b) 第二个振动周期

(c) 第三个振动周期　(d) 第四个振动周期

图 4-36　超声作用不同周期时胶滴的变化

表 4-9　有无超声作用情况下液滴接触角的变化

时刻/s	接触角(超声振动作用下)/(°)	时刻/min	接触角(无超声振动作用下)/(°)
T=0	57.36	T=0	57.36
T=3	35.43	T=5	50.34
T=6	30.94	T=10	49.26
T=9	28.83	T=15	48.80
T=12	21.88	T=20	48.39

从该结果可知，随着超声作用时间的增长，胶黏剂的接触角总体呈减小趋势，且变化非常快速和明显，在 12s 内便从初始时的 57.36°减小到 21.88°，对比无超声振动作用下胶黏剂的接触角变化，前 10min 在重力的作用下胶黏剂缓慢铺展，接触角减小到 49.26°，而后几乎没有发生变化，保持在 48°左右。这说明对比自然状态，超声作用促进胶滴的润湿效果显著。对一个振动周期内胶滴的运动过程俯视观察，得到动态变化如图 4-37 所示，图中记录的时间间隔为 0.25s，T 为振动开始后的第 3s。

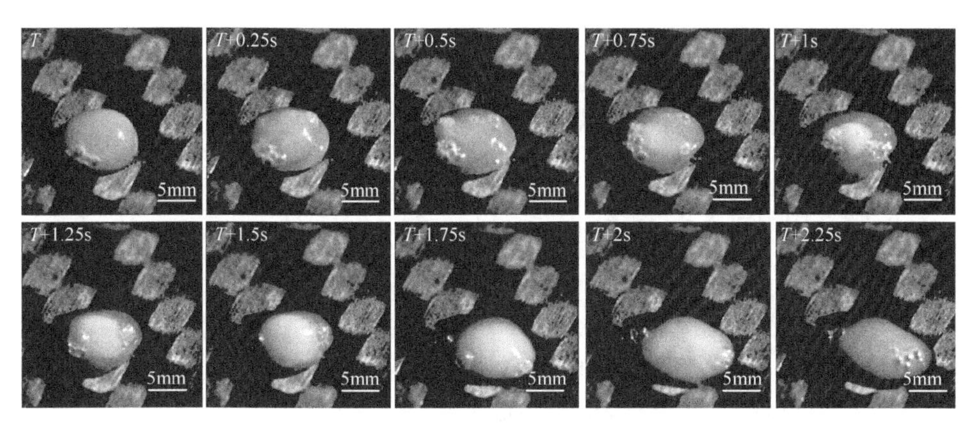

图 4-37 超声振动作用下胶滴运动过程

结果表明随着超声时长的增加，胶滴的铺展出现了两个阶段。第一阶段是均匀铺展的阶段，半球形的胶滴在超声作用下向外扩张，随着超声作用时长的增加，这一阶段胶滴的中心顶部有轻微的凹陷出现，边缘部分加厚，胶滴高度下降，胶黏剂在复合材料板表面的润湿铺展面积增大。第二阶段是非均匀铺展，胶黏剂在超声振动作用下，内部剧烈振动，空化现象明显，如图中颜色偏白部分所示，随着超声时长的继续增大，胶黏剂内部声压和组织结构也不断发生变化，超声对胶滴影响效果显著增大。随着胶滴的铺展，其面积增大，导致传递到胶黏剂中的超声强度不同，胶滴将沿着强度衰减的方向发生偏移。从图 4-37 中 T+1.75s～T+2.25s 过程可见超声作用下胶滴的扩展在向右偏移（超声工具头作用于胶滴左侧）。

通过对比，超声作用下胶黏剂的润湿铺展明显好于无超声作用的情况。超声对胶黏剂在复合材料板上的润湿与铺展效果的促进，使得胶黏剂能在未完全固化时就充分渗透复合材料板表面，加强胶接界面的机械嵌合，得到更高的胶接强度。

4.4.3 超声作用下复合材料板表面自由能变化

表面自由能由物质表面分子间作用力引起，液体在固体介质表面的润湿与表面自由能的大小密切相关。一般来说，固体会对液体分子产生吸附作用，这是由于固体不能移动，而系统都有降低表面自由能的趋势，因此固体介质只能通过对液体的吸附作用来降低其表面自由能，因而固体物质的表面自由能越高，对相同液体的吸附作用就越大。固体表面自由能无法直接测得，一般是通过测量特定液体在其上的接触角，通过理论模型来求得该固体表面自由能大小。本研究采用 Owens-Wendt 法对固体表面自由能进行计算，结合式（4-11）中的 Young 氏方程有如下公式：

$$\gamma_1(1+\cos\theta)=2\sqrt{\gamma_s^d\gamma_1^d}+2\sqrt{\gamma_s^p\gamma_1^p} \tag{4-19}$$

式中，γ_1^d 与 γ_1^p 为探测液体表面自由能的色散分量与极性分量，γ_s^d 与 γ_s^p 为被测固体表面自由能的色散分量与极性分量，γ_1 为液体的表面自由能且有以下关系：

$$\gamma_1=\gamma_1^d+\gamma_1^p \tag{4-20}$$

由此可得固体表面的自由能为：

$$\gamma_s=\gamma_s^d+\gamma_s^p \tag{4-21}$$

式中包含极性分量 γ_s^p 和色散分量 γ_s^d，因此需要通过两组已知 γ_1^d 和 γ_1^p 的探测液体，通过分别测量其在固体表面的接触角大小，联立方程组，即可计算得到固体表面的自由能。常见的探测液体表面能参数如表 4-10 所示。

表 4-10　常见探测液体的表面能参数　　单位：mJ/m^2

液体	γ_1	γ_1^d	γ_1^p
水	72.8	21.8	51.0
乙二醇	48.3	29.3	19
甲酰胺	58.2	39.5	18.7
甘油	64	34	30

实验选取蒸馏水和甘油两种液体，先通过高速摄像机测量其在待测固体表面的接触角数据，再将表格中水与甘油的表面能参数分别代入式（4-19），然后联立求解方程组，即可得相应碳纤维复合材料板表面自由能参数。实验待测板材分为三组，分别为仅经过试剂清洗的原始碳纤维复合材料板，激光处理后的碳纤维复合材料板和激光处理+超声作用的碳纤维复合材料板，每组测试分别取三块试样板，将探测液滴滴落于板上后，得到其接触角大小，取三次所测接触角的平均值作为最终接触角，测试结果如表 4-11 所示。

表 4-11　接触角测量值　　单位：(°)

被测液体	原始表面	激光处理表面	激光处理表面+超声作用
蒸馏水	70.96	46.35	35.74
甘油	55.26	53.64	50.12

首先将两种探测液体在原始试样表面的接触角分别代入式(4-19)，得到式(4-22)和式（4-23）组成的方程组：

$$72.8(1+\cos 70.56°)=2\sqrt{\gamma_s^d\times 21.8}+2\sqrt{\gamma_s^p\times 51} \tag{4-22}$$

$$64(1+\cos 55.26°)=2\sqrt{\gamma_s^d\times 34}+2\sqrt{\gamma_s^p\times 30} \tag{4-23}$$

计算得到碳纤维复合材料板原始表面自由能 γ_s^d 为 34.43mJ/m², γ_s^p 为 8.57mJ/m²，因此碳纤维复合材料板的原始表面自由能 γ_s 大小为 43mJ/m²，该结果符合环氧树脂表面能 43～47mJ/m² 的取值范围，证明检测方法和所求数据具有可靠性，因此进一步对其他表面自由能依次分别计算，所得结果如表 4-12 所示。

表 4-12　表面自由能计算结果　　单位：mJ/m²

表面	γ_s^d	γ_s^p	γ_s
原始表面	34.43	8.57	43.00
激光处理表面	2.84	56.48	59.32
激光处理表面+超声作用	0.75	75.15	75.90

由表 4-12 结果可以看出，原始碳纤维复合材料板的表面自由能较小，激光处理后其表面自由能明显提高了 37.95%。施加超声振动后，表面自由能进一步提高，较初始状态增加了 76.51%，尤其是其极性分量增加了 7.76 倍。这是由于激光处理去除了表面惰性的环氧树脂层，暴露出的碳纤维丝使得板材的表面自由能增大。超声作用对复合材料板产生影响，使得碳纤维复合材料板表面自由能进一步增大，因此提高复合材料板表面对胶黏剂的吸附作用，这将有利于胶黏剂对复合材料板的润湿，促进界面的机械嵌合，从而提高胶接强度。

4.5

本章小结

针对碳纤维复合材料的胶接，本章研究了超声振动强化胶接界面机械嵌合，对工艺、机械嵌合界面及其强化机理进行了设计与分析。本章的主要结论如下：

① 通过激光设备对碳纤维复合材料板进行表面处理。对红外/紫外激光处理效果进行对比，发现红外激光处理热效应较严重，会对复合材料板产生不良影响，而紫外激光无热效应，处理效果更好，所得胶接接头的强度更高。对紫外加工参数进行正交试验优化，选取了相关参数的最优组合。通过超声振动实验平台，在胶接过程中施加超声振动，得到了经过超声强化的单搭接接头试样。

② 通过拉伸剪切试验，分析超声作用下接头的胶接强度、失效模式和断面形貌，发现超声振动使试样的胶接强度较原始试样提高了340%，较仅激光处理的试样提高了31.7%，且超声作用后接头的失效形式由碳纤维复合材料/胶黏剂界面间的黏附失效变为了胶层的内聚失效。通过光学显微镜、原子力显微镜对复合材料板表面形貌进行表征，发现激光作用后碳纤维复合材料板表面光滑的环氧树脂层被去除，暴露出未受损的碳纤维丝，凸起的碳纤维丝间形成微凹槽，该结构为界面机械嵌合提供良好的表面基础。通过扫描电子显微镜对胶接界面的截面形貌进行观察，发现超声作用使得胶黏剂在表面凹槽内的填充更充分，结合更加紧密，碳纤维复合材料/胶黏剂的界面机械嵌合程度增大。

③ 通过毛细实验对胶黏剂在复合材料板上的渗透过程进行模拟，研究超声促进界面机械嵌合的机理。实验结果表明超声作用加快了胶黏剂在毛细管中的上升速率，使得胶黏剂能充分渗透，且这种促进作用不随胶黏剂黏度增大而失效。通过高速摄像机对毛细弯月面进行观察，发现弯月面由凹变凸的变化过程，说明超声作用对毛细渗透的促进是由于超声驱动力，而非原本的毛细作用力。对毛细管内胶黏剂的声压进行计算，结果表明随着毛细上升高度的增加，声压呈现下降的趋势，这种声压梯度导致了毛细上升。通过超声作用下胶黏剂在盲孔毛细管中的动态变化，计算得到该实验条件下，超声对毛细渗透的驱动压强为1.299×10^4Pa。

④ 从超声对胶黏剂黏度及润湿性影响方面对超声强化界面机械嵌合进行进一步研究。通过黏度计和带放大镜头的高速摄像机对胶黏剂的黏度和胶滴的接触角进行测量。结果表明，超声振动降低了胶黏剂的黏度，提高了胶黏剂的流动性，这种效应主要是由于超声振动对聚合物分子链产生的影响，而热效应产生的影响较小。超声振动作用下胶黏剂在复合材料板上动态变化，振动停止后接触角由57.36°减小到21.88°，且胶滴的铺展面积显著增大。通过测量两种探测液体的接触角，计算得到碳纤维复合材料板的表面自由能提高了76.51%，表明超声振动提高了被粘物与胶黏剂的物理吸附能力，促进了胶黏剂在复合材料板上的强制润湿。

第5章 超声作用下胶接界面的化学键合

超声化学是指利用超声加速化学反应以提高产率或者促使新的化学反应发生以得到新产物的一门新兴交叉学科。超声振动会激发液态介质，产生一些特殊的效应，如超声空化效应、声流效应、热效应等，为一般条件下难以发生的化学反应提供了一种特殊的环境，如超声空化发生的同时会伴随着巨大的瞬时高压和瞬时高温。在这种特殊的环境下，常会开辟新的化学反应通道，发生自由基的氧化还原反应和新的化学键合行为，从而使物质的状态或性能等发生变化。

在超声振动促进连接界面处化学键合的研究方面，当前的研究主要在浸镀工艺和焊接中发现了显著的超声界面化学效应，目前尚未发现关于超声作用促进胶接界面处被粘物与胶黏剂之间化学键合的专门研究。通常使用的环氧胶黏剂中含有环氧基、羟基、氨基、醚基等极性基团，在超声作用下，可能会与被粘物表面某些活性基团发生反应而形成化学键连接，提高胶接强度。在胶接体系中，界面之间的化学键合对胶接强度影响至关重要。本章以3M DP460环氧树脂胶黏剂胶接7075铝合金/碳纤维复合材料为例，研究超声作用下胶接界面的化学键合。

5.1 胶接材料化学成分

为了便于作胶接界面化学分析，首先给出胶黏剂、被粘物、接枝偶联剂等材料本身的化学成分，其中胶黏剂为3M DP460双组分环氧胶，被粘物为7075铝合金和碳纤维复合材料层合板，接枝偶联剂为KH560。

环氧胶黏剂中的主要组分包括环氧树脂、固化剂、促进剂，此外还有微量的增韧剂、填料等用来改善胶黏剂的性能。3M DP460胶黏剂，为AB双组分环氧胶。使用时按照组分A∶B=2∶1的比例混合，混合后在一定时间内发生固化，与被粘物之间形成黏合力。A组分主要为双酚A环氧树脂［4,4′-（1-甲基亚乙基）双苯酚与（氯甲基）环氧乙烷的聚合物］，结构式如图5-1所示。B组分主要包括固化剂为二乙二醇二（3-氨基丙基）醚$C_{10}H_{24}N_2O_3$，结构式如图5-2所示，促进剂为2,4,6-三（二甲氨基甲基）苯酚$C_{15}H_{27}N_3O$，结构式如图5-3所示，以及促进剂羧酸，结构式如图5-4所示。

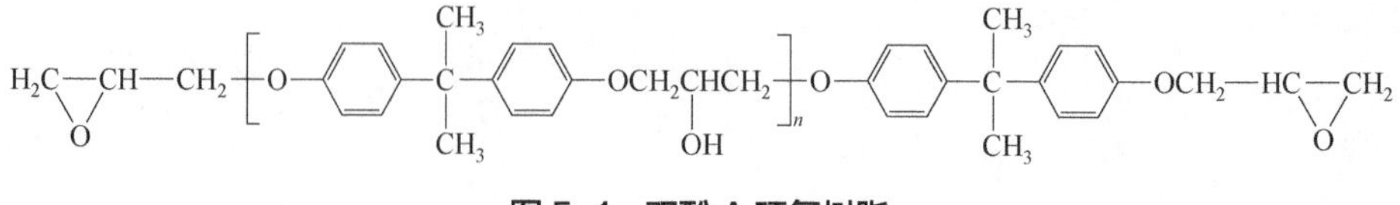

图5-1 双酚A环氧树脂

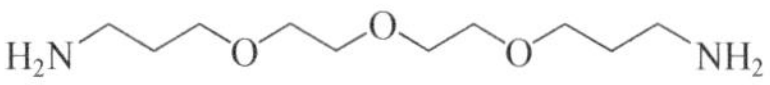

图 5-2 固化剂 $C_{10}H_{24}N_2O_3$ 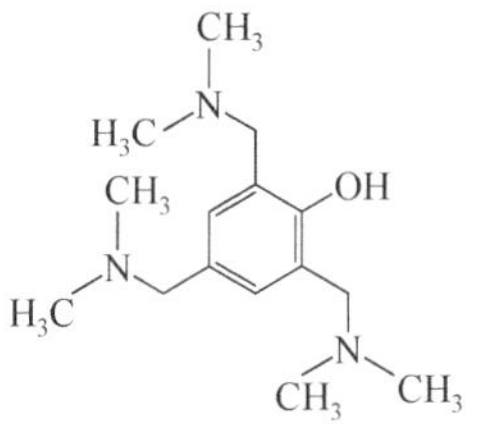　　图 5-3 促进剂 $C_{15}H_{27}N_3O$ 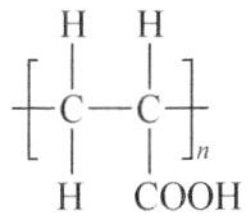　　图 5-4 促进剂羧酸

表 5-1 为研究所使用的标准 7075 铝合金板表面的化学元素及含量。从表中可以看出，7075 铝合金除了主体铝（Al）元素外，还含有一定量的锌（Zn）、镁（Mg）、铜（Cu）、铁（Fe）、硅（Si）等主要元素。

表 5-1　标准 7075 铝合金表面化学元素组成

元素	Al	Zn	Mg	Cu	Fe	Si	Cr	其他
质量分数/%	87.1～91.4	5.1～6.1	2.1～2.9	1.2～2.0	≤0.5	≤0.4	0.18～0.28	≤0.65

碳纤维复合材料层合板基体为双酚 A 环氧树脂（如图 5-1 所示）与胺类固化剂体系增韧改性后的固化产物，增强相为 T700-3k 碳纤维正交编织布。

表面处理所用的偶联接枝材料为 KH560，即γ-缩水甘油醚氧丙基三甲氧基硅烷，分子式为 $C_9H_{20}O_5Si$，其结构式如图 5-5 所示。从其结构式可以看出，KH560 分子端部含有活性环氧基团。该分子右端为三氧硅烷基，在一定条件下水解得到三硅醇基，其作为活性基团可以参与铝合金表面的接枝反应。

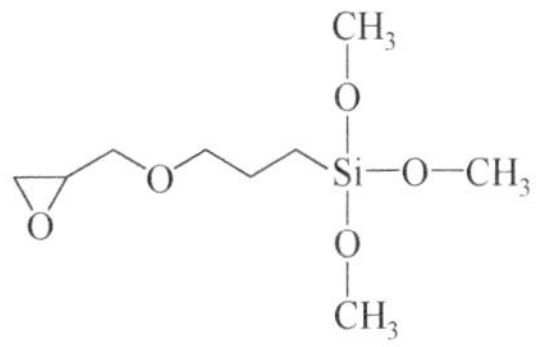

图 5-5 KH560

5.2 胶接界面化学键合表征方法

化学表征与前述物理观察有本质的区别，其分析方式也完全不同，在进行后续化学分析前，对用到的化学表征方法的原理和功能进行介绍，为后续测试结果分析研究建立理论基础。研究主要用到 X 射线光电子能谱（XPS）、傅里叶变换红外光谱（FTIR）、场发射扫描电子显微镜（FESEM）和能量色散 X 射线光谱（EDS）分析手段，本节进行简单介绍。

5.2.1 X 射线光电子能谱分析

XPS 是最常见的一种表面分析技术，对于固体表面的无损检测和分析研究都具有其特殊能力，常用于进行化学分析，因此也被称为化学分析用光电子能谱(ESCA)。

使用光子能量足够的 X 射线辐射试样时，试样表面原子的内层电子受激会摆脱原子核的束缚以一定动能从表面逸出，称为光电子。以光电子的动能和相对强度绘制光电子能谱图可以获得试样相关信息，如表面的元素组成和化学组分的含量，还可以提供“原子指纹”[144]，根据元素结合能的变化判断其所处的化学环境等。

据光电效应可得到出射光子的动能：

$$E_k = h\nu - E_b \tag{5-1}$$

式中，E_k 表示出射光子的动能，$h\nu$ 表示入射光子能量，E_b 为原子内层电子结合能。

选择费米能级作为参考能级后式（5-1）变为：

$$E_k = h\nu - E_b - \Phi_{SP} \tag{5-2}$$

考虑到表面局部电场对光电子的作用，则式（5-2）修正为：

$$E_k = h\nu - (E_b + E_c + \Phi_{SP}) \tag{5-3}$$

式中，Φ_{SP} 表示谱仪功函数，E_c 表示光电子克服试样表面电场时的能量损失。

非导电试样表面的正电势会阻碍光电子的逸出，其值由试样本身所决定，等于 E_c，同时也受试样污染程度、真空度以及仪器结构的影响，通常将其与标准参照物比较进行间接测量。Φ_{SP} 是把电子从费米能级提高到自由电子能级所需能量，由仪器本身决定。如果测得 ν 、E_c、Φ_{SP} 和 E_k，就可以根据式（5-3）计算出 E_b，根据 E_b 的值可对照 XPS 谱图进行进一步分析。

X 射线可以射进试样内部达 100nm，但光致电离的电子只能逸出 5～10nm，使用 XPS 得到试样表层信息时，可借助于刻蚀技术进行 XPS 的深度分析。用高压氩离子轰击试样表面，将材料表面层原子溅射掉，从而裸露出新的一层表面。交替循环进行刻蚀和 XPS 扫描，可建立试样表层深度分析数据。

由于组成元素的光电子和俄歇电子的特征能量值具唯一性，与 XPS 标准谱图手册和数据库的结合能进行对比，可以用来鉴别某特定元素的存在。XPS 可用于定性分析以及半定量分析，一般从 XPS 图谱的峰位和峰形获得样品表面元素成分、化学态和分子结构等信息，从峰强可获得样品表面元素含量或浓度。对于化学成分未知的样品，首先应做全谱扫描，以初步判定表面的化学成分。全谱能量扫描范围一般取 0～1200eV，因为几乎所有元素的最强峰都在这一范围之内。如果测定化学位移，或者进行一些数据处理，如峰拟合、退卷积、深度剖析等，则必须进行窄扫描以得到精确的峰位和好的峰形。扫描宽度应足以使峰的两边完整，通常为 10～30eV。为获得较好的信噪比，可用计算机收集数据并进行多次扫描。获得某元素的精确峰形后，常通过峰拟合，即分峰，将原始峰分为若干个峰的叠加，再对照该元素的标准价态峰，确定该元素的价态组成，进而获得物质的分子结构。此外，XPS 能够实现定量分析的主要原理为经 X 射线辐照后，从样品表面出射的光电子的强度I（指特征峰的峰面积）与样品中该原子的浓度（n）有线性关系，因此可以利用它进行元素的半定量分析。简单可表示为：

$$I = n \times S \tag{5-4}$$

式中，S称为灵敏度因子，由设备确定。对于对某一固体试样中两个元素a和b，如已知它们的灵敏度因子S_a和S_b，并测出各自谱线强度I_a和I_b，则它们的原子浓度之比为$n_a : n_b = \left(I_a/S_a\right):\left(I_b/S_b\right)$，从而求得相对含量。

XPS 分析技术近年来逐渐应用于研究胶接界面之间的化学作用。Li 等[145]在研究聚芳酰胺纤维的改性改善复合材料界面黏合性能的机理时，通过 XPS 分析发现界面结合强度的大幅提高与界面处形成的化学结合有关。Arikan 等[146]在研究不同处理方法对聚合物黏附力作用时，使用 XPS 分析胶接时界面处的结构与化学键合作用。Zhu 等[147]研究表面改性对铝/碳纤维复合材料/铝层合板的界面强度的影响时，发现经硅烷偶联剂预处理后，在碳纤维复合材料与硅烷改性后的 AA6061 铝合金的界面之间形成了 Al—O—Si 和 Si—C 化学键，证明了硅烷柔性层的存在，从而克服了碳纤维复合材料与 AA6061 铝合金的热膨胀系数差异较大的问题。Bagiatis 等[148]在研究等离子体处理导致的聚甲基丙烯酸甲酯（PMMA）表面变化时，也通过 XPS 分析了聚合物表面的化学变化。近年来在国内也有人用 XPS 研究胶接界面的配位作用和氢键作用，吴丰军等[149]使用 XPS 方法分析了 NEPE（硝酸酯增塑的聚醚）高能推进剂与衬层之间的化学组成，发现在界面老化的过程中硝基的分解加速了界面的失效。邸明伟等[150]通过 XPS 研究木塑复合材料的胶接工艺时发现使用异氰酸酯对木塑材料表面处理后引入了活性基团，使得胶黏剂与木塑材料表面之间产生了化学连接。

5.2.2 傅里叶变换红外光谱分析

傅里叶变换红外光谱仪（Fourier Transform Infrared Spectrometer，简写为 FTIR Spectrometer），简称为傅里叶红外光谱仪。它不同于色散型红外分光的原理，是基于对干涉后的红外光进行傅里叶变换的原理而开发的红外光谱仪，可以对试样进行定性和定量分析，用于了解单个分子的结构和分子混合物的组成，广泛应用于医药化工、地矿、石油、煤炭、环保、宝石鉴定、刑侦鉴定等领域。

当用一束具有连续波长的红外光照射物质时，如果物质分子中官能团的振动频率恰好与红外光波段的某一振动频率相同，则会引起共振吸收，使透过物质的红外光减弱。将透过的红外光进行色散，就可以得到带有暗条的谱带。如果用波长或波数作横坐标，以百分吸收率或透过率为纵坐标，把这些谱带记录下来，就得到该物质的红外光谱图。

红外光谱的吸收强度可表示为：

（1）透过率

$$T\% = \frac{I}{I_0} \times 100\% \tag{5-5}$$

式中，I_0为入射光强度，I为入射光被样品吸收后透过的光强度。

（2）吸光度

$$A = \lg\frac{1}{T} = \lg\frac{I_0}{I} \tag{5-6}$$

横坐标可为波长或波数，波数$\bar{\nu}$(单位：cm^{-1}) 是波长λ(单位：μm) 的倒数，即

$$\bar{\nu} = \frac{10^4}{\lambda} \tag{5-7}$$

红外光谱除了能根据特征峰值定性分析物质分子结构，还可通过峰面积采用内标法定量计算官能团的含量。在红外光谱图中选择基准峰，一般选取稳定的特征官能团，则内标法计算官能团相对含量的公式如下：

$$\varphi = \frac{A_X}{A_C} \times 100\% \tag{5-8}$$

式中，φ是官能团X在物质中的相对百分含量，A_X是红外光谱图中官能团X对应的特征峰面积，A_C是选取的基准峰的面积。

红外光谱仪主要由光源、单色器、检测器、电子放大器与记录系统五部分组成。理想的红外光源应该是能够发射高强度连续波长红外光的物体，高温黑体符合这个条件，目前对中红外区实用的红外光源常用比较接近黑体特性的能斯特灯和碳硅棒。单色器由狭缝、反射镜和色散元件通过一定的方式组合而成，其功能是把通过试样槽和标样槽进入入射狭缝的复色光分解为单色光投射到检测器上加以测量。检测器的作用是把红外光信号转变为电信号。由于进入检测器的红外光信号很弱，因此一般检测器需要具备灵敏的红外光接受面，对红外光没有选择吸收，热灵敏度高，热容量低，响应快，因电子的热振动产生的噪声小。放大器和记录系统用于将信号放大并记录红外光谱。

红外光谱分析的主要特点：

① 信噪比高。傅里叶变换红外光谱仪所用的光学元件少，没有光栅或棱镜分光器，降低了光的损耗，而且通过干涉进一步增加了光信号，因此到达检测器的辐射强度大，信噪比高。

② 重现性好。傅里叶变换红外光谱仪采用的傅里叶变换对光信号进行处理，避免了电机驱动光栅分光带来的误差，所以重现性比较好。

③ 扫描速度快。傅里叶变换红外光谱仪是按照全波段进行数据采集的，得到的光谱是对多次数据采集求平均后的结果，而且完成一次完整的数据采集只需要一至

数秒，而色散型仪器则需要在任一瞬间只测试很窄的频率范围，一次完整的数据采集需要 10～20min。

5.2.3 场发射扫描电子显微镜分析

FESEM 是扫描电子显微镜（SEM）的一种，该仪器具有超高的分辨率，用于试样的微观形貌观察、组织结构观察和断口分析，能做各种固态试样表面形貌的二次电子像、反射电子像观察及图像处理，获得立体感极强的试样表面超微形貌结构信息。FESEM 配备高性能 X 射线光谱仪，能同时进行试样表层微区内点、线、面元素的定性、半定量及定量分析，具有形貌、化学组分综合分析能力。FESEM 广泛用于生物学、医学、金属材料、高分子材料、化工原料、地质矿物、商品检验、产品生产质量控制、宝石鉴定、考古及文物鉴定等分析，可以观察和检测非均相有机材料、无机材料及上述微米、纳米级试样的表面特征。

FESEM 有诸多优点：

① 有较高的放大倍数，20 万～30 万倍之间连续可调；

② 有很大的景深，视野大，成像富有立体感，可直接观察各种试样凹凸不平表面的细微结构；

③ 试样制备简单，目前的扫描电镜都配有能量色散 X 射线光谱（EDS）装置，这样可以同时进行显微组织形貌的观察和微区成分分析。

5.2.4 能量色散 X 射线光谱分析

现代场发射扫描电子显微镜常配备 EDS 一起使用，且两者共用一套光学系统，通过 EDS 可以对试样表层的微区元素进行定性、半定量及定量分析，可以使用点分析、线分析和面分析等分析方法，具备化学组分综合分析能力。EDS 分析是借助于分析试样发出的特征 X 射线的波长和强度实现的，根据波长标定试样所含的元素，根据强度获得元素的相对含量。

EDS 装置的 X 射线管产生的 X 射线辐照在待测试样表面，使其原子的内层电子被逐出，产生空穴，处于不稳定的激发态。而原子外层电子会自发地以辐射跃迁的方式回到内层填补空穴，产生特征 X 射线，其能量与入射辐射无关，是两能级之间的能量差。当特征 X 射线光子进入硅渗锂探测器后便将硅原子电离，产生若干电子-空穴对，其数量与光子的能量成正比。利用偏压收集这些电子空穴对，经过一系列转换器以后变成电压脉冲供给多脉冲高度分析器，并计数能谱中每个能带的脉冲数。

EDS 装置的结构主要由探测头、放大器、多道脉冲高度分析器、信号处理和显示系统组成。探测头把 X 射线光子信号转换成电脉冲信号，脉冲高度与 X 射线光子的能量成正比。放大器用来放大电脉冲信号。多道脉冲高度分析器把脉冲按高度不同编入不同频道，即把不同的特征X射线按能量不同进行区分。信号处理和显示系统用于鉴别计算，记录分析结果。其工作过程为探头接受特征X射线信号，把特征X射线光信号转变成具有不同高度的电脉冲信号，再通过放大器放大信号，然后多道脉冲分析器把代表不同能量（波长）X射线的脉冲信号按高度编入不同频道，在荧光屏上显示谱线，最后利用计算机进行定性和定量计算。

EDS主要优点有分析速度快，效率高，能同时对原子序数在11～92之间的元素（甚至C、N、O等超轻元素）进行快速定性、定量分析，稳定性高，重复性好，且能用于粗糙表面的成分分析（如断口等）和材料成分偏析分析。在EDS分析前，需要明确下列注意事项：

① 试样要求：无磁性或弱磁性，不易潮解且无挥发性的固态试样，试样尺寸小于80mm×60mm×60mm，当试样尺寸过大时需切割取样，粉末试样最好选择对试样无污染的包装方式。

② 取样的时候避免手和取样工具接触到需要测试的位置，取下试样后选择是否喷金处理，及时检测样品成分避免外来污染影响分析结果。

试样中元素特征X射线的强度I与试样中该元素的含量成比例，所以只要在相同条件下，测出试样中元素的X射线强度I与标样中相应元素的X射线强度I'比，近似等于浓度比（C/C'）：

$$K=\frac{I}{I'}\approx\frac{C}{C'} \tag{5-9}$$

当试样与标样的元素及含量相近时，该式基本成立，一般情况下必须进行修正才能获得试样中元素的浓度：

$$K=\frac{C}{C'}\times\frac{(ZAF)}{(ZAF)'} \tag{5-10}$$

式中，(ZAF)和$(ZAF)'$分别为试样和标样的修正系数，ZAF定量修正方法是最常用的一种理论修正法，其中Z代表原子序数修正因子（电子束散射与Z有关），A代表吸收修正因子（试样对X射线的吸收），F代表荧光修正因子（特征X射线产生二次荧光）。

5.3 超声振动作用下胶接界面化学键合

胶接试样仍根据标准ASTM D5868-01制作，胶接前被粘物表面采用打磨处理，超声强化胶接工艺与前述介绍类似，详见文献[137]。

5.3.1 XPS 制样

在碳纤维复合材料板的制备过程中，环氧树脂基体中的活性官能团在固化阶段基本反应消耗完全，所以复合材料层合板表层覆盖的固化完全的环氧树脂与胶黏剂产生新的化学结合的可能性极小。因此选取铝板/胶黏剂一侧界面进行分析，探究超声促进胶接界面化学键合作用。

首先通过剪切将获得的单搭接接头的胶层与铝板从界面处分离，如图 5-6 所示。再用氩离子束分别刻蚀铝板和胶层表面，每次刻蚀厚度为 3nm，然后对铝板和胶层的表面分别进行 XPS 分析，重复分析与刻蚀多次，直至获得界面层信息。XPS 分析仪的型号为 ULVAC-PHI VPⅡ，源类型为 Al K_α X 射线（$h\nu$=1486.6eV），工作电压 15kV，使用的光斑大小为 50μm。

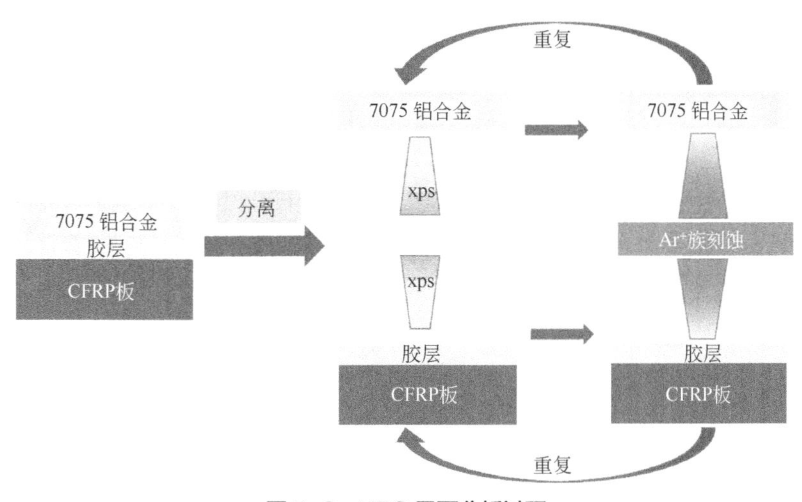

图 5-6 XPS 界面分析过程

5.3.2 超声作用下胶接界面化学键合

对胶接试样进行 XPS 检测，得到的全谱如图 5-7 所示，图 5-7（a）和图 5-7（b）分别为无超声与施加超声作用下的能谱。从全谱图可以看出，两种条件下胶接界面主要元素的种类与元素结合能基本相同。但在全谱时不易进行元素的分峰分析，无法判断某个元素结合能的变化，因此从全谱中选取界面处的主要元素 Al 2p 和 O 1s 的窄谱进行单独分峰分析。

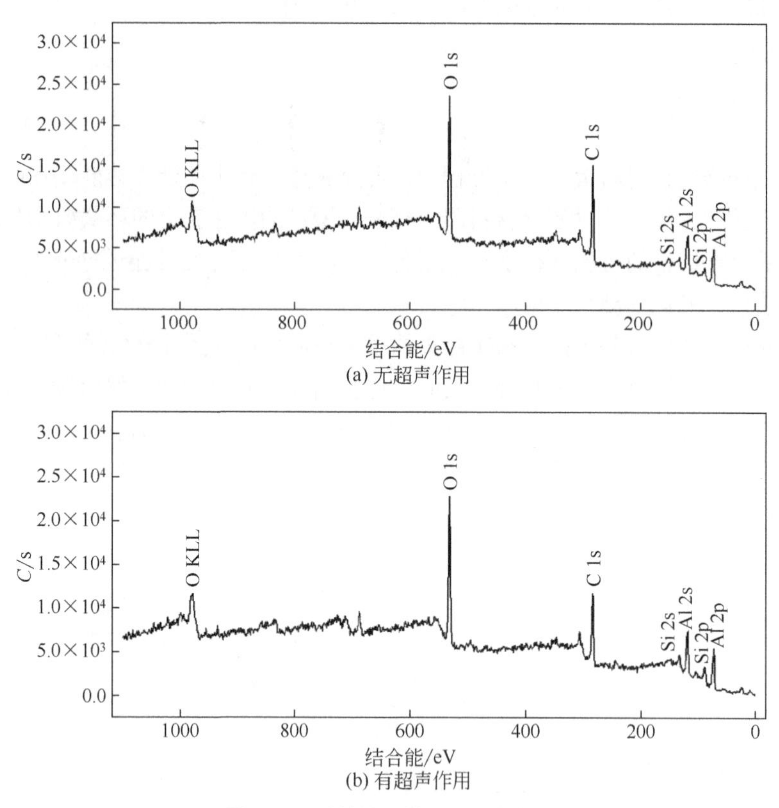

图 5-7　胶接界面的 XPS 全谱图

图 5-8 显示了不施加超声时铝与胶黏剂界面的 Al 2p 和 O 1s 的 XPS 能谱，以碳 284.8eV 进行校正。不施加超声时，检测到的 Al 2p 能谱可以分解为两个峰，分别为氧化铝（结合能 75.3eV）和铝金属单质（结合能 72.8eV）。O 1s 能谱可以分解为三个不同的峰，分别为苯氧 $—C_6H_4—O—CH_2—$（结合能为 533.5eV）、醇氧 $—CH_2CH(OH)CH_2—$（结合能为 532.6eV）以及氧化铝（结合能为 531.8eV）。在 Al 2p 和 O 1s 能谱中，这些组分的半宽为 1.5eV。苯氧和醇氧都是环氧胶黏剂中的原有成分，因此，Al 2p 和 O 1s 能谱中的所有组分峰均来自 7075 铝合金和 3M DP460 环氧胶黏剂中的物质，在没有超声振动作用的情况下，在胶接界面处没有检测到新的化学键形成。

图 5-9 展示了在胶接过程中施加超声振动的胶接界面的 Al 2p 和 O 1s 的 XPS 能谱，与无超声作用下的胶接界面不同，超声处理后胶接界面的 Al 2p 能谱可以分为三个不同的峰，包括氧化铝和铝金属单质两个已经确认的峰，以及一个结合能为 74.15eV 的新峰，通过大量重复实验发现此峰值在 74.1～74.2eV 之间活跃。界面

处的 O 1s 组分峰中除了苯氧、醇氧和氧化铝之外，也发现了一个新的峰，峰值处的结合能为 534.25eV。Al 2p 和 O 1s 能谱中这些组分的半峰宽为 1.5eV。

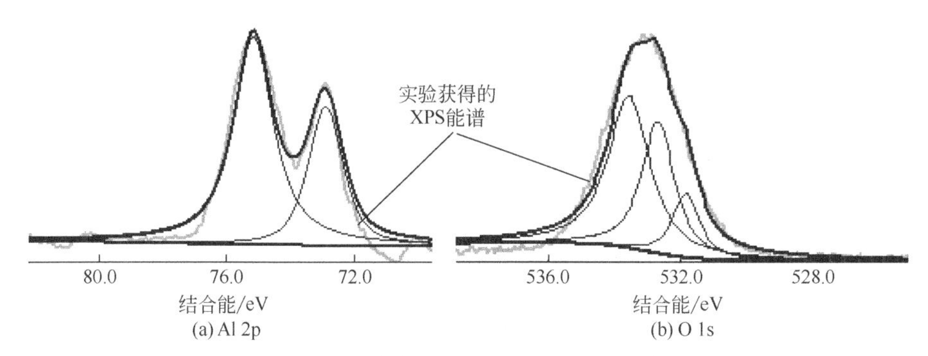

图 5-8　无超声作用时界面处元素结合能谱分峰

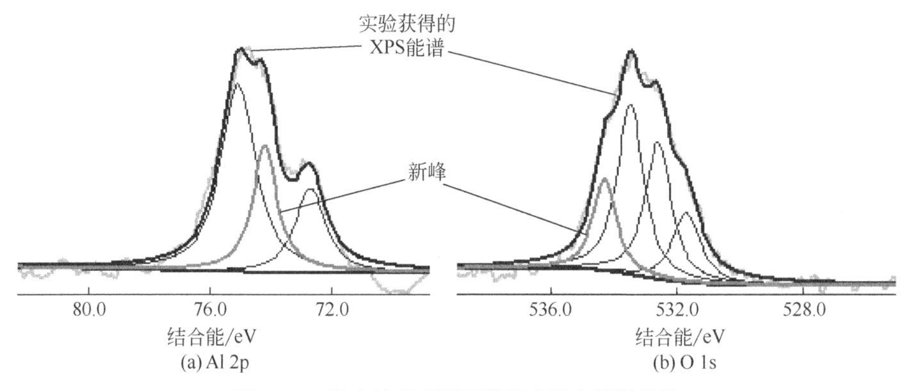

图 5-9　超声处理后界面处元素结合能谱分峰

Al、O 的结合能变化显示了胶接过程中施加超声作用使胶黏剂与铝在胶接界面发生了化学反应，产生了新的化学键合，强化了碳纤维复合材料/铝合金接头的胶接性能。现在需要确定 Al 和 O 在何种化学状态下产生的结合能分别为 74.15eV 和 534.25eV。

以往研究发现 Al 和 O 在某些化学状态下的结合能分别为 74.15 eV 和 534.25 eV。在研究 IPN（Interpenetrating Polymer Network，互穿聚合物网络结构）/Al 界面层时，Tang 等[88]发现铝能与 C═O 键发生化学反应形成 Al—O—C 键，且铝在 Al—O—C 中的结合能为 75 eV。Zhang 等[29]发现在激光焊接中阳极氧化预处理促进了界面处的铝与 PA6（polyamide 6，尼龙 6）中的 C═O 反应，形成如图 5-10 所示的结构，其中铝的结合能为 73.4eV。Lewis 等[151]、Underhill 等[152]和 Bournel 等[153]在各自的研究中发

Al^{3+}
|
O
|
$\left[NH - (CH_2)_5 - CH \right]_n$

图 5-10　铝与 PA6 中的 C═O 反应产物

现在 Al—O—C 键中 O 元素的结合能在 530～534eV 之间活跃。结合本研究在 Al 2p 和 O 1s 的 XPS 能谱中发现的新峰（Al 2p：74.15eV，O 1s：534.25eV），可推断在超声振动的作用下胶接界面产生了新的化学键 Al—O—C。

5.3.3 超声促进化学反应机理分析

根据 Shechter 等[154]给出的环氧树脂固化的三分子催化反应模型，在无超声作用下双酚 A 环氧树脂 3M DP460 胶黏剂固化的主要反应机理如图 5-11 所示。

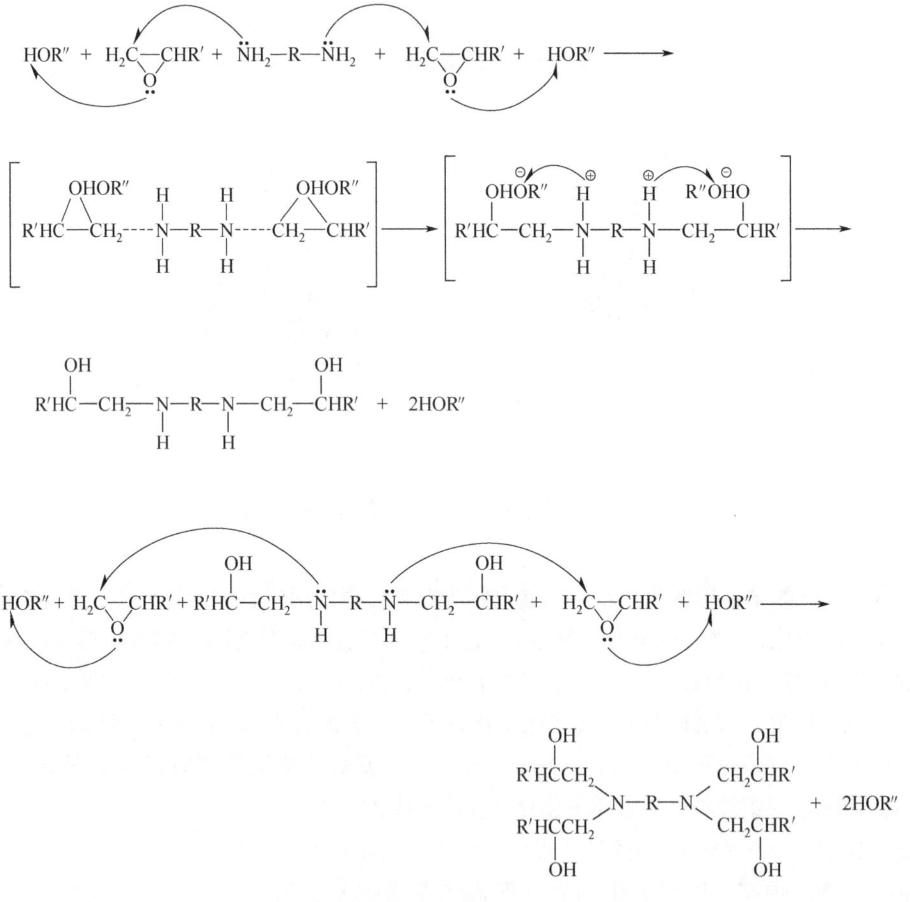

HOR″ + H_2C—CHR′(O) + $\ddot{N}H_2$—R—$\ddot{N}H_2$ + H_2C—CHR′(O) + HOR″ ⟶ [R′HC—CH_2(OHOR″)---NH₂(H)—R—N(H)₂---CH_2—CHR′(OHOR″)] ⟶ [R′HC(OHOR″)—CH_2—$N^{\oplus}H_2$—R—$N^{\oplus}H_2$—CH_2—CHR′(R″OHO)] ⟶

R′HC(OH)—CH_2—N(H)—R—N(H)—CH_2—CHR′(OH) + 2HOR″

HOR″ + H_2C—CHR′(O) + R′HC(OH)—CH_2—$\ddot{N}$(H)—R—$\ddot{N}$(H)—CH_2—CHR′(OH) + H_2C—CHR′(O) + HOR″ ⟶ (R′HC(OH)CH_2)₂N—R—N(CH_2CHR′(OH))₂ + 2HOR″

图 5-11 无超声作用下双酚 A 环氧树脂的固化机理

2,4,6-三（二甲氨基甲基）苯酚作为促进剂（其中的酚羟基、叔氨基官能团具有催化作用），在其催化作用下，双酚 A 环氧树脂中的环氧基与固化剂中的氨基（—NH_2）进行亲核加成反应。氨基中的 N 原子具有亲核性，进攻环氧基团中的 C，酚基中的氢原子具有亲电性，攻击环氧基团中的 O，促使环氧基团开环，之后发生氢转移得到仲胺，生成的仲胺在催化剂的作用下与环氧基团继续进行进一步的反应，生成叔胺。上述固化反应的结果是使环氧分子交联生成三维网状大分子结构。

以往的研究发现超声可以促进配位键的形成[84-86,155,156]。活泼金属铝易失电子带正电，具有较强的亲电能力，更重要的是，在胶/铝的胶接界面上超声振动造成界面上胶、铝之间的高频冲击，强化了环氧基上的 O 原子与界面上 Al 原子之间的碰撞吸附，如图 5-12 所示。在超声的作用下，铝板和胶黏剂在界面处产生高频振动，铝板和胶黏剂之间的高频冲击由此产生。在这种特殊的环境下，界面上的亲电基团 Al^+攻击环氧基上亲核基团 O 原子的概率显著增加。结合图 5-11 所示的双酚 A 环氧树脂的固化反应机理，可推断在施加超声后界面处 Al 原子对环氧基上的 O 原子的剧烈作用会促使环氧基开环形成与—O—C，然后亲电性的基团 Al^+与反应性基团—O—C 结合形成 Al—O—C 键。

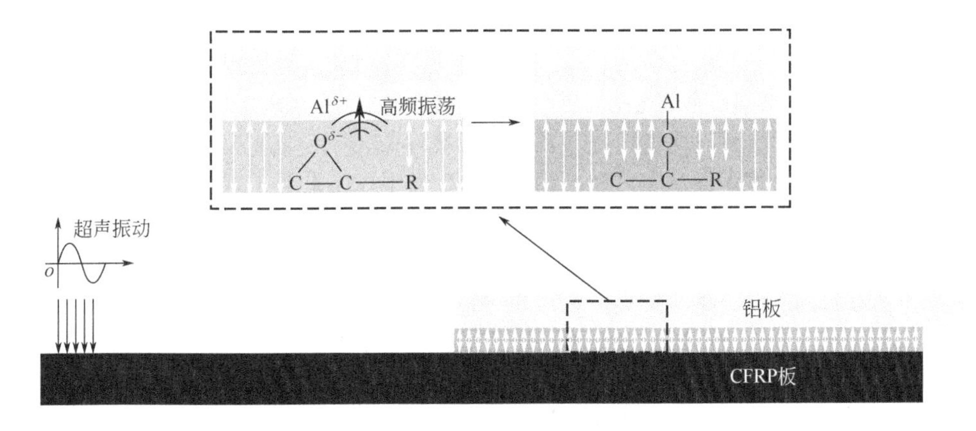

图 5-12　超声促进胶黏剂/铝胶接界面处的化学反应

对界面处元素化学状态的研究表明，超声振动促进了界面处新的化学键合的形成。超声振动作用促进了环氧基的 O 与界面处的 Al 在胶接界面上的高频碰撞，活泼基团处于临界状态，极易发生非常规反应。与无超声振动相比，超声振动可以促进胶接界面处铝与胶黏剂中的环氧基发生反应形成化学键合，从而改善碳纤维复合材料/铝合金接头的胶接性能。

5.4 超声作用下接枝表面胶接化学键合

以 3M DP460 环氧树脂胶黏剂胶接 KH560 硅烷偶联剂接枝处理后的 7075 铝合金/碳纤维复合材料板单搭接接头为例，分析超声作用下接枝表面胶接化学键合。

5.4.1 偶联剂接枝表面处理工艺

偶联剂接枝处理是提高胶接强度的有效的表面预处理方法，可以使铝合金表面粗糙化，并引入活性基团有助于胶接界面化学键合反应的发生。Xu 等[157]使用硅烷偶联剂 KH570（γ-甲基丙烯酰氧基丙基三甲氧基硅烷）对铝箔上铈转化涂层的附着力进行了改性，表明硅烷偶联剂可以有效地提高铝箔与马来酸酐接枝聚丙烯（PP-*g*-MAH）薄膜之间的结合强度，主要原因是界面形成了 Si—O—Al 键。Pantoja 等[158]研究了硅烷溶液的 pH 值对电镀锌钢板胶接性能的影响。结果表明，pH=4 比 pH=6 对胶接性能有更好的改善。Pan 等[159]通过阳极氧化和硅烷偶联剂接枝增强了 AA5083 铝合金和低温胶黏剂之间的界面强度。在铝合金和硅烷膜之间形成 Si—O—Al 化学键。Lee 等[160]使用马来酸酐接枝乙丙二烯单体（MAH-*g*-EPDM）橡胶基胶黏剂研究了铝箔和铸态聚丙烯薄膜之间的黏合。他们发现，如果用 3-氨丙基三乙氧基硅烷处理铝箔表面，则通过氨基和马来酸酐基之间的亚氨化可改善黏合性。

本研究所采用的铝合金试样表面的偶联剂接枝预处理如图 5-13 所示。首先，将试样用 200 目的砂纸打磨，再置于 65°C的 50g/L NaOH 溶液中浸泡 2min。然后，用去离子水在超声清洗机中清洗试样 6min，并在 70°C条件下干燥 5min。超声清洗的功率为 80W，频率为 40kHz，超声清洗在室温条件下进行。在上述 NaOH 溶液碱洗处理后，将试样在室温下浸入 HNO_3 溶液 30s，其中硝酸溶液为质量分数 68%的浓硝酸用去离子水以 300mL/L 稀释得到。接下来，用去离子水在超声清洗机中清洗 6min，并在 70°C条件下干燥。上述酸洗完成后，将试样在室温下浸入硅烷偶联剂溶液中 30min，并在 110°C的真空干燥箱中保温反应 1h，完成偶联反应。所使用的硅烷偶联剂溶液由甲醇、去离子水和 KH560 混合而成，体积比为 96∶3∶1，再用乙酸将 pH 值调节至 5。

5.4.2 试样胶接

碳纤维复合材料板胶接表面处理完成后，仍根据标准 ASTM D5868-01 制作胶接试样，超声强化胶接工艺与前述介绍类似，详见文献[161]。在实验过程中，根据表面处理方法和胶接工艺不同，将试样分为如表5-2所示的三组，每组4个试样，共12个试样。其中第1组为打磨+碱洗/酸洗+超声清洗+干燥+普通胶接组，第2组为偶联剂接枝处理+普通胶接组，第3组为偶联剂接枝处理+超声振动胶接组。其中，打磨、碱洗、酸洗等处理过程与试样表面接枝工艺中所采用的相同。

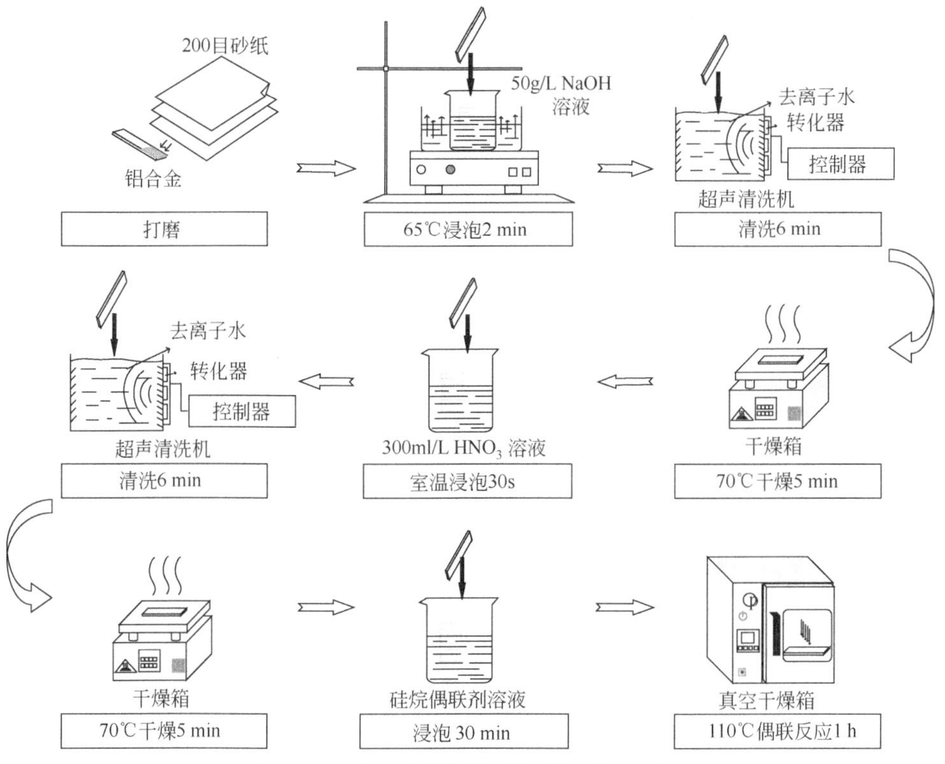

图5-13 铝合金试样表面偶联剂接枝预处理

表5-2 胶接试验分组

组别	试样编号	铝合金表面处理	胶接
1	试样1、2、3、4	打磨+碱洗/酸洗+超声清洗+干燥	普通胶接
2	试样5、6、7、8	图5-13所示偶联剂接枝处理	普通胶接
3	试样9、10、11、12	图5-13所示偶联剂接枝处理	超声振动胶接

对于制得的胶接试样，参照前述拉伸剪切试验方法，进行测试。每组测量三个试样的剪切强度，试样1、2、3为第1组，试样5、6、7为第2组，试样9、10、11为第3组，测试结果如表5-3所示。未进行拉伸实验的试样4、8和12用于后续FTIR检测。

表 5-3 试样剪切强度测试结果

组别	试样号	失效载荷/N	剪切强度/MPa	平均值/MPa
1	1	3517.34	5.45	6.43
	2	4087.14	6.34	
	3	4841.39	7.50	
2	5	12512.89	19.40	20.29
	6	14690.39	22.77	
	7	12070.91	18.71	
3	9	14332.97	22.22	23.63
	10	16423.38	25.46	
	11	14984.90	23.23	

由试样强度的平均值可知，相比于第 1 组，表面偶联剂接枝处理后的试样的剪切强度提高了 215.55%，表面接枝处理加超声振动胶接的试样的剪切强度比第 1 组提高了 267.50%。结果表明，偶联剂接枝处理加超声振动胶接制备的接头试样的剪切强度明显高于单独采用两种方法的其中一种处理制备的接头的剪切强度。

拉伸实验中，胶层失效如图 5-14 所示，过程中被粘物未观察到明显的损伤破坏。胶接接头的最大剪切强度为 25.46MPa，远低于铝合金的屈服强度（503MPa），因此，铝板没有出现塑性变形。此外，剪切强度也低于碳纤维复合材料层合板的拉伸强度（700MPa）和层间剪切强度（55MPa），因此碳纤维复合材料损伤不明显。第 1 组试样破坏出现在铝合金/胶黏剂界面，根据 ASTM D5573-99 标准，失效模式为黏附失效。第 1 组试样的剪切强度远远低于胶黏剂的强度 31MPa，因此在拉伸过程中胶黏剂层没有发生破坏。由于碳纤维复合材料层合板的基体与胶黏剂相似，二者之间的结合强度比铝与胶黏剂之间的要好得多。铝合金与胶黏剂的物理、化学性质差别很大，表面未经过偶联剂接枝处理的话，两者之间的结合强度很低。第 2 组和第 3 组试样的剪切强度明显提高。第 2 组中，最右边的试样表现为黏附失效和内聚失效的混合失效模式，其他试样显示为被粘物表面纤维轻度撕裂失效、黏附失效和内聚失效的混合失效，表明偶联剂接枝处理可以促进铝合金和胶黏剂的结合。接枝硅烷偶联剂，将无机铝合金与有机胶黏剂桥接起来，提高了铝合金与胶黏剂的结合强度。然而，界面结合并不理想，在铝合金/胶黏剂界面局部发生黏附失效，接枝并不能保证充分良好的界面接触。此外，由于界面处的材料传质不良，接枝表面与胶黏剂界面化学键合反应受限，无法形成足够的化学键。这些阻碍了胶接强度的提高。在第 3 组中，破坏主要发生在碳纤维复合材料层合板表层。在胶层上可以看到一层薄薄的复合材料树脂基体，部分纤维从基板转移到胶层，这种失效形式是典型的被粘物表层纤维撕裂失效。在这组试样中，铝合金与胶黏剂之间的结合得到了进一步的改善。胶接界面结合强度大于实测剪切强度，实验中铝/胶黏剂界面未发生破坏。该剪切强度仍然低于胶黏剂的强度，但肯定大于碳纤维复合材料层合板表层的剪切强度，因此，发生了表层纤维撕裂失效。从失效模式看，未进行偶联剂接枝处理的铝合金和胶黏剂的剪切强度较低。接枝处理后，在胶接界面形成硅烷分子桥，增强了铝合金板材与胶黏剂的结合，而超声振动作用则可进一步促进胶接界面结合。

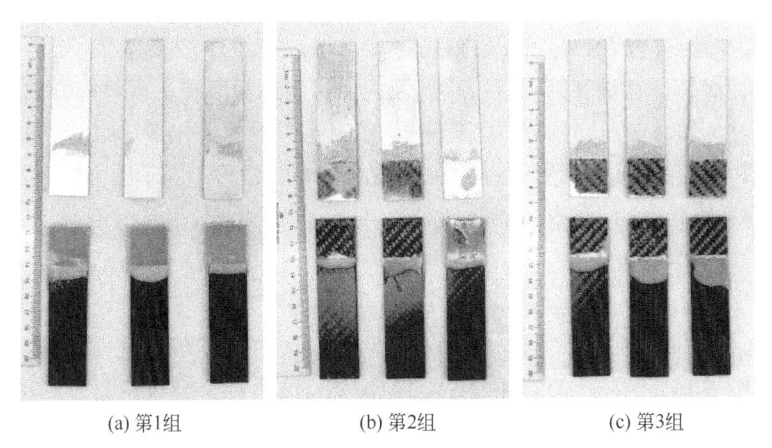
(a) 第1组　　(b) 第2组　　(c) 第3组

图 5-14　拉伸实验接头破坏形式

5.4.3　测试制样

在 FESEM 检测之前，采用悬臂式数控超高压水切割机在胶接接头中间切出3mm的切片，获取如图5-15所示的上层为铝板，中间为胶黏剂，下层为碳纤维复合材料板的长方体试样。切割面依次用200目、400目、600目、800目、1000目砂纸打磨，然后用绒布抛光。试样经过超声清洗、喷铂处理后进行 FESEM 检测，对试样进行界面微观观察分析。场发射扫描电子显微镜型号为 Carl Zeiss Ultra Plus，分辨率为 1.0nm @ 15kV，加速电压为 0.1～30kV，探测电流 4～20nA，放大倍数 12～1000000。该 FESEM 配备 X-Max 50X 射线光谱仪用于 EDS 分析，分辨率 127eV，1000～50000CPS Mn K_α谱峰宽化小于 1eV，元素平均定量误差小于 0.5%，分析最小颗粒为 40～50nm。通过该 FESEM，观察偶联剂接枝处理后铝板与胶层之间的界面形貌，分析接枝处理前后铝板表面的元素含量变化。

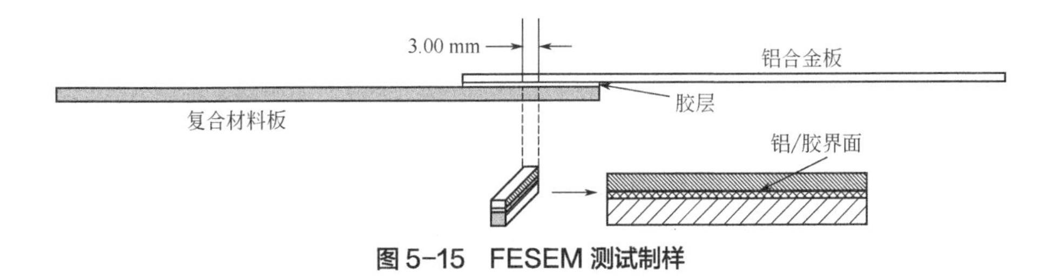

图 5-15　FESEM 测试制样

FTIR 测试所用设备为美国 Thermo Nicolet 公司的智能傅里叶红外光谱仪，型号为 Nexus 6700。该分析检测的试样为液态或粉末态，因此在胶接界面表征时，先进行制样。首先从检测表面或胶接界面处小心刮取界面试样，同一个试样选不同的位置进行取样，以减少误差。胶接界面取样时，首先将接头从铝合金板和胶层界面剪切破坏，由于铝合金板的强度（屈服强度 503MPa）远高于胶接强度，铝合金板和胶层界面先被破坏，在破坏后铝板胶接区域表面进行刮粉取样。再将待检试样研磨成细粉末，然后取 1～2mg 的研磨细粉末与 100mg 干燥的溴化钾（KBr）粉末混合，研磨均匀，粒度为 2μm，最后取出 10mg 混合物装在压模中，于压力机下 15MPa 加压 1min，压片厚度约为 0.5～1mm。

5.4.4 接枝表面化学元素及基团变化

根据图 5-16 所示的 EDS 测试结果，经过清洗之后铝合金板表面的主要成分（包括 Mg、Si 和 Zn）的含量均在如表 5-1 所示标准范围内。从图 5-17 可以看出，经硅烷偶联剂接枝处理后，铝合金表面硅元素含量从 0.16%增加到 0.52%。而硅烷偶联剂 KH560 中存在硅元素，且硅原子是其分子的中心原子，如图 5-5 所示。在硅烷偶联剂接枝过程中，通过缩合反应硅原子与铝合金表面形成 Si—O—Al 键。硅含量的增加表明，作为有机胶黏剂与无机铝合金连接的桥梁，硅烷偶联剂已成功接枝到 7075 铝合金板材的表面，实现对铝合金板材表面的改性。碱洗和酸洗后铝合金板的表面形貌如图 5-16 所示。从图中可以看出，在表面上蚀刻了长度约为 100nm 的小凹坑。经过偶联剂接枝处理后，表面变得更加粗糙，并产生长度约为 200nm 的凹槽，如图 5-17 所示，铝合金板材表面在偶联剂接枝处理中被进一步蚀刻。这主要是因为硅烷偶联剂溶液呈酸性，该溶液由甲醇、去离子水和 KH560 混合而成，体积比为 96∶3∶1，

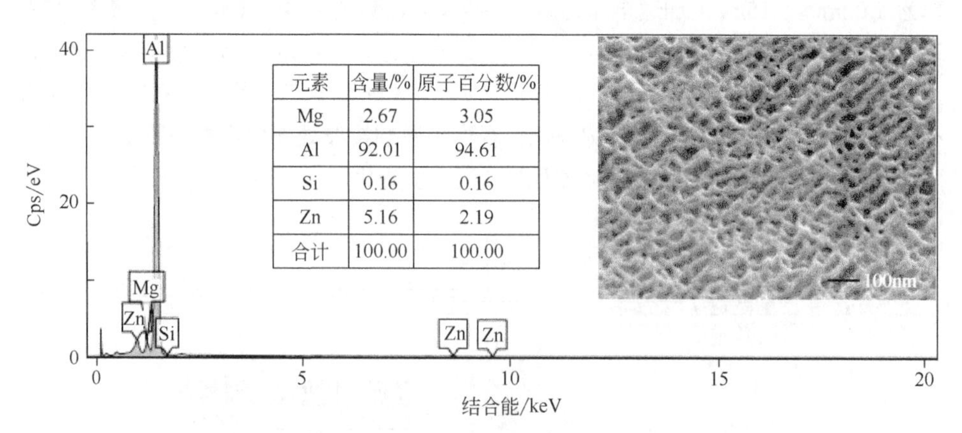

元素	含量/%	原子百分数/%
Mg	2.67	3.05
Al	92.01	94.61
Si	0.16	0.16
Zn	5.16	2.19
合计	100.00	100.00

图 5-16 碱洗和酸洗后铝合金板材表面形貌和元素组成

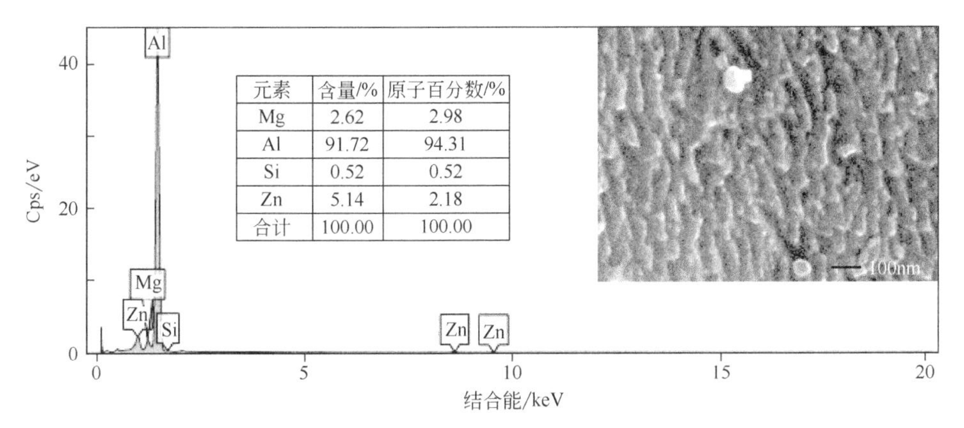

图 5-17 偶联剂接枝处理后铝合金板材表面形貌和元素组成

其 pH 值用乙酸调节为 5，酸性溶液有利于硅烷偶联剂的水解。将铝合金板在室温下浸入该硅烷偶联剂溶液中 30min，然后在 110℃的真空干燥箱中保持 1h，完成偶联反应。由于铝合金板长时间浸泡在该酸性溶液中，表面会被进一步蚀刻。在一定范围内，粗糙的形貌可以促进铝合金与胶黏剂胶接界面的机械嵌合，从而提高胶接强度。

图 5-18 给出了碱洗加酸洗处理后铝合金表面的 FTIR 测试结果。在 $3423cm^{-1}$ 处检测到羟基的特征峰，表明处理后的铝合金表面形成了羟基。经过偶联剂接枝处理后，在 $1100cm^{-1}$ 处检测到峰值，该峰是 Si—O—Al 键的特征峰。羟基的峰值降低，表明在偶联剂接枝处理过程中羟基被消耗。在接枝处理过程中，铝合金表面的羟基与水解硅烷偶联剂中的羟基之间发生脱水缩合反应，生成 Si—O—Al 键，从而在无

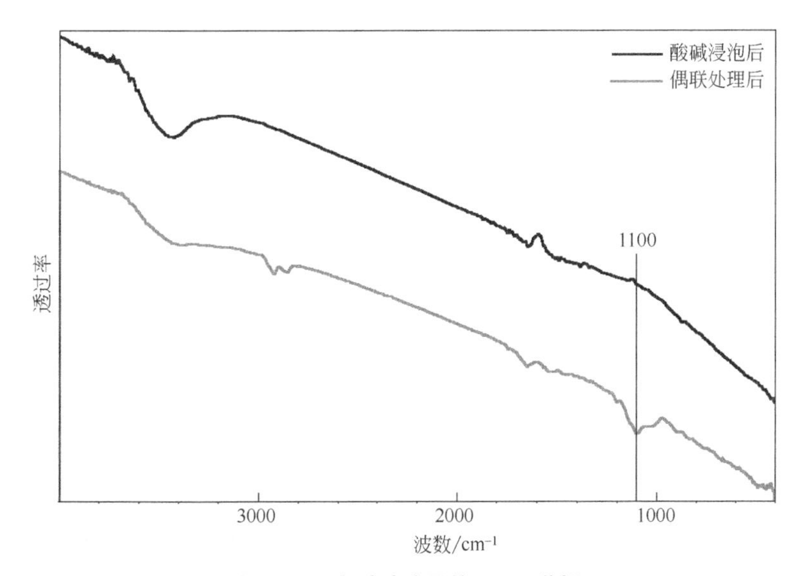

图 5-18 铝合金表面的 FTIR 分析

机铝合金和有机胶黏剂之间形成桥接，接枝反应如图 5-19 所示。从图中可以看出，处理后的铝合金表面也引入了末端环氧基。从图 5-18 可以看出，偶联剂接枝处理后的铝合金表面在 915cm^{-1} 处检测到峰值，该峰正是对应于末端环氧基的特征峰。

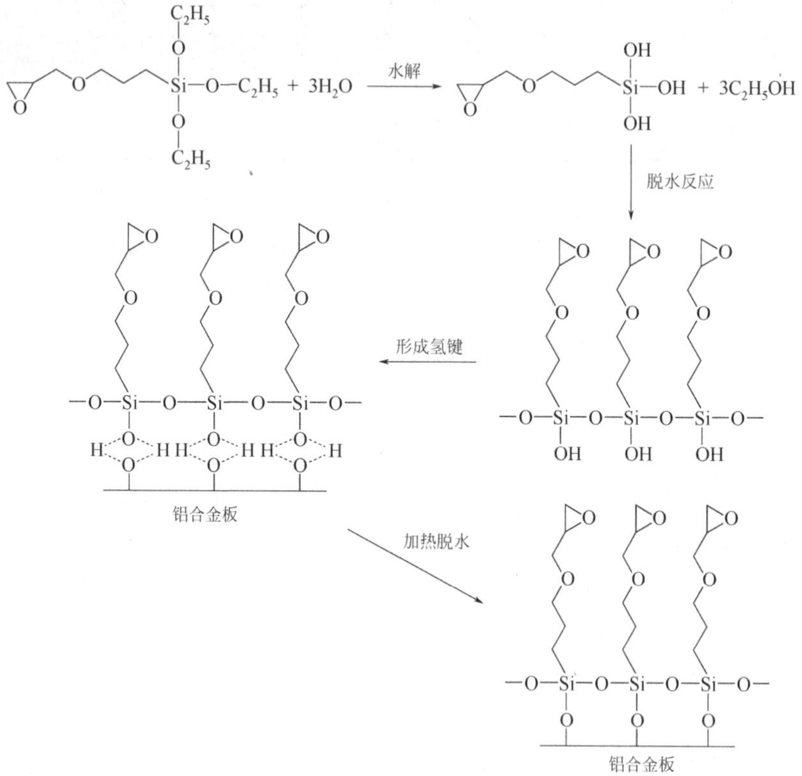

水解

脱水反应

形成氢键

铝合金板

加热脱水

铝合金板

图 5-19 硅烷偶联剂在铝合金板表面的接枝反应

5.4.5 接枝界面形貌

图 5-20 为上述三组胶接试样的界面形貌，其中第 1 组为打磨+碱洗/酸洗+超声清洗+干燥+普通胶接组，第 2 组为偶联剂接枝处理+普通胶接组，第 3 组为偶联剂接枝处理+超声振动胶接组。对于未进行超声振动强化的试样，在胶层和界面处观察到气泡，如图 5-20（a）和图 5-20（b）所示。对比以看出，由于图 5-20（b）中表面偶联接枝的原因，被粘物表面胶黏剂的润湿性得到改善，界面处的气泡有所减少，但胶层内气泡并没有明显改善。图 5-20（a）中最大孔隙面积约为 6μm^2，而图 5-20（b）中最大孔隙面积约 5μm^2。在超声振动作用下，胶层及界面处未观察到明显的孔隙，如图 5-20（c）所示。与没有超声作用的胶接试样相比，超声使界面结

合和胶层变得更紧密。由超声作用引起的胶黏剂振动，在被粘物和胶黏剂之间的界面上产生冲击接触，使胶黏剂更容易渗透到被粘物表面的微观结构中[58]。此外，在超声振动的作用下，胶层和界面处孔隙减少。高频振动可诱发胶黏剂在胶层内的振荡流动与再分布，由于气泡的内部压力和周围流体阻力的不对称性，振荡流动使内部气泡破裂、移动并脱离黏性胶黏剂[162]，从而减少了孔隙。由于胶接界面和胶层更加致密，胶接结合更可靠。

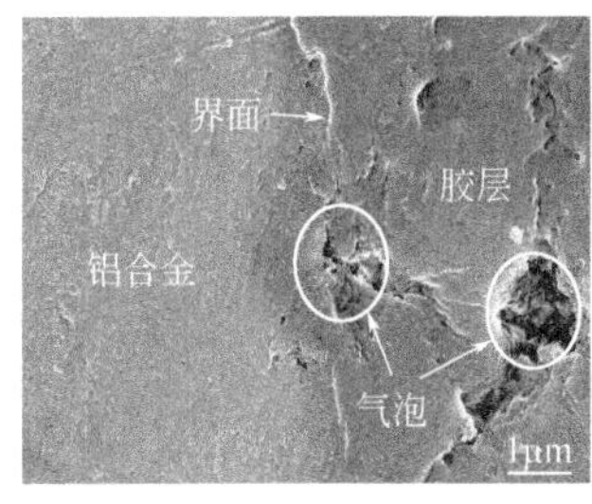

(a) 第1组试样

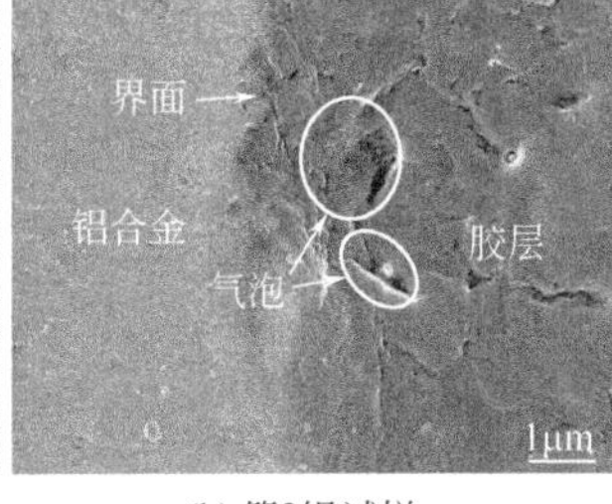

(b) 第2组试样

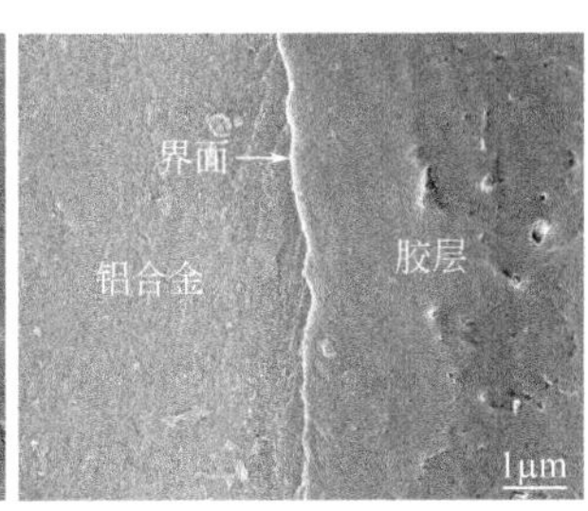

(c) 第3组试样

图 5-20 胶接试样界面形貌

5.4.6 超声促进接枝界面化学反应及机理

3M DP460 胶黏剂组分 A 和组分 B 的 FTIR 测试结果如图 5-21 所示。末端环氧基拉伸振动出现 972cm^{-1}、1915cm^{-1}、772cm^{-1} 位置的吸收峰，1508cm^{-1} 峰是由对位取代苯基的弯曲振动引起，1112cm^{-1} 峰为脂肪醚基团—C—O—C—的振动，3360cm^{-1} 和 3297cm^{-1} 峰的出现为伯氨基的振动吸收峰。此外，羧酸中的 C═O 吸收峰出现在 1720cm^{-1} 处。这些吸收峰证实该胶黏剂最初包含末端环氧树脂、苯基、醚、伯氨基和羧酸等官能团。

对三组胶接试样界面进行了 FTIR 测试，光谱如图 5-21 所示，其中第 1 组为打磨+碱洗/酸洗+超声清洗+干燥+普通胶接组，第 2 组为偶联剂接枝处理+普通胶接组，第 3 组为偶联剂接枝处理+超声振动胶接组。环氧基的特征峰在 972cm^{-1}、1915cm^{-1} 和 772cm^{-1} 处几乎消失，表明环氧树脂在交联反应过程中被消耗，同时 3297cm^{-1} 和 3360cm^{-1} 处的伯氨基峰也消失，表明胶黏剂中的固化剂二乙二醇二（3-氨基丙基）醚在交联反应过程中被消耗。二乙二醇二（3-氨基丙基）醚是一种脂肪族胺固化剂，含有伯氨基，如图 5-2 所示，可在室温下促进环氧基开环反应。该胶黏剂的主要成分是双酚 A 环氧树脂，在其分子两端含有环氧基，可与固化剂发生交联反应。此外，在偶联剂接枝处理后，铝合金板的表面也接枝了硅烷偶联剂 KH560，其分子末端含有环氧基，如图 5-22 所示。固化剂二乙二醇二（3-氨基丙基）醚中的氨基也能促进接枝环氧基的开环反应，从而在接枝表面和胶层之间形成化学键。羧酸作为促进剂可以加速该反应进行。

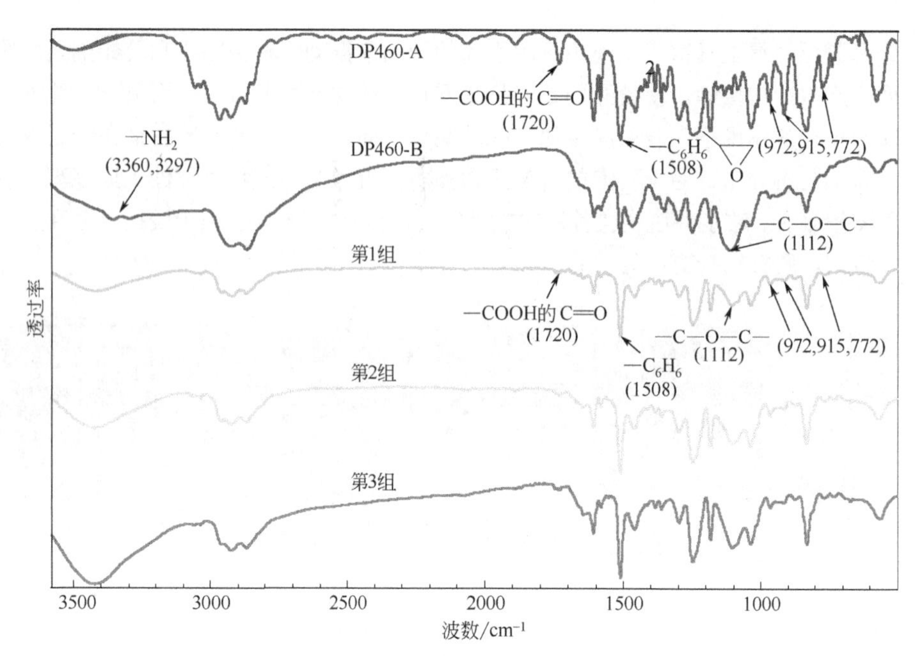

图 5-21　3M DP460-A、B 组分以及铝/胶黏剂界面的 FTIR 光谱

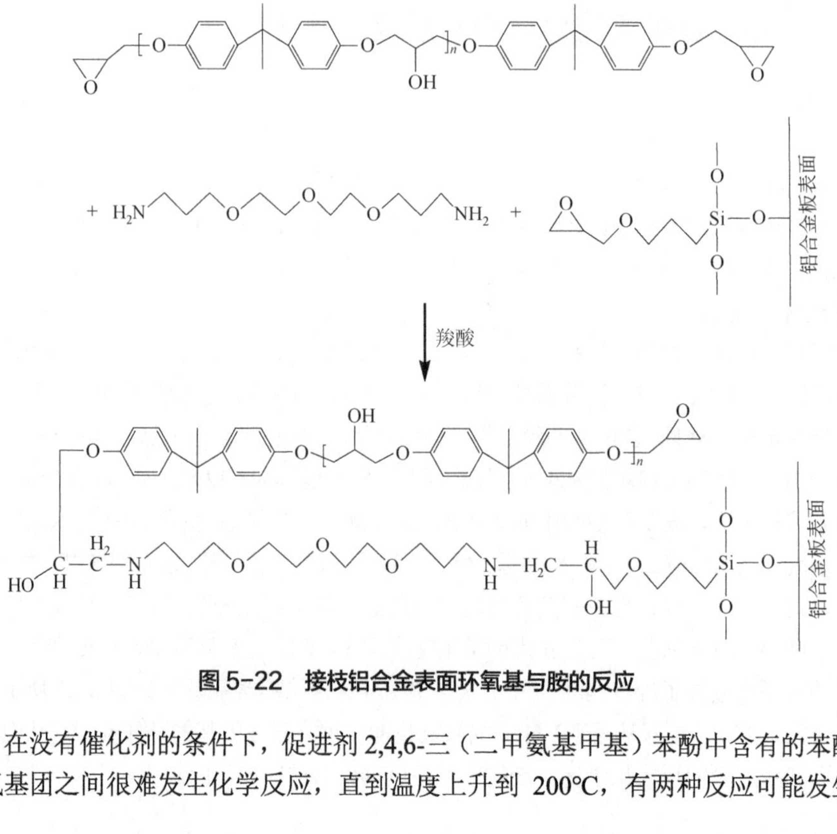

图 5-22　接枝铝合金表面环氧基与胺的反应

在没有催化剂的条件下，促进剂 2,4,6-三（二甲氨基甲基）苯酚中含有的苯酚和环氧基团之间很难发生化学反应，直到温度上升到 200℃，有两种反应可能发生，即酚羟基与环氧基之间的反应，以及环氧基开环反应产生的羟基与剩余环氧基之间的反应。其中，第一个反应主要在催化剂作用下进行。2,4,6-三（二甲氨基甲基）苯酚是一种芳香胺，其中含有叔氨和酚羟基。叔氨基是路易斯碱，在低温下作为催化剂促进苯酚和环氧化物之间的反应。由于叔氨基的存在，酚羟基失去了一个质子（H原子），促进了环氧基的开环。此外，在叔氨和羧酸的作用下，还进行了环氧基的阴离子均聚。苯酚和环氧树脂之间的反应如图5-23所示，其中环氧基来自偶联剂接枝的铝合金表面和胶黏剂中的环氧树脂。因此，在胶接界面形成了化学键。

经过偶联剂接枝处理后，铝合金板的表面接枝硅烷偶联剂KH560，该偶联剂在其分子末端含有环氧基。从图5-22和图5-23可以看出，接枝的环氧基与胶黏剂中的二乙二醇二（3-氨基丙基）醚和2,4,6-三（二甲氨基甲基）苯酚反应，在铝合金和胶黏剂界面形成化学键，从而提高使用偶联剂接枝处理制备的接头的胶接强度。

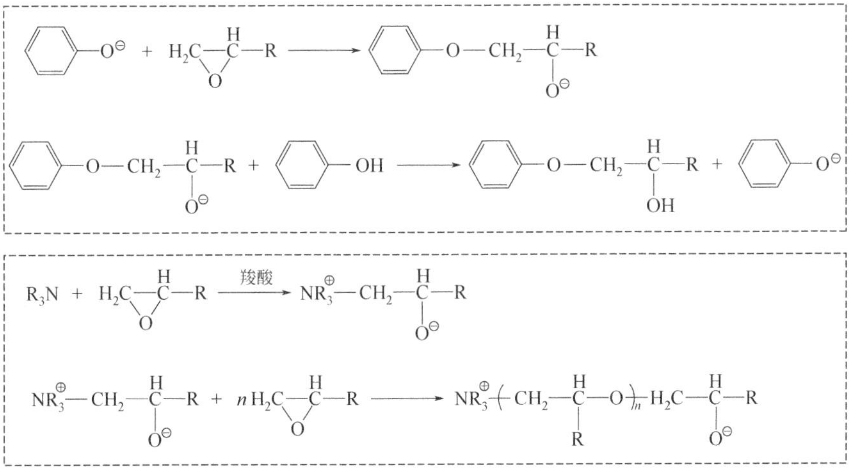

图5-23　2,4,6-三（二甲氨基甲基）苯酚与环氧树脂的反应

采用OMNIC软件分析比较图5-21中的特征峰面积。由于化学反应中不涉及苯基的消耗与生成，因此可以使用环氧基峰与苯基峰的面积比来表征交联反应的程度。末端环氧基的特征峰位于915cm^{-1}，苯基的特征峰位于1508cm^{-1}，两种官能团的峰面积分析结果如表5-4所示。第1组中环氧基与苯基峰面积的比值最小，表明所用胶黏剂在交联反应后残留的环氧基很少。在第2组和第3组的试样中可以检测到更多的残余环氧基，这是由于第2组和第3组的试样进行了偶联剂接枝处理。KH560偶联剂含有末端环氧基，经过偶联剂接枝处理后，在铝合金表面接枝了额外的环氧基，使得第2组和第3组中残留的环氧基更多。然而，第3组中的残余环氧基少于第2组中的残余环氧基，从4.17%降低至3.60%，表明在与胶黏剂的反应中，更多的接枝环氧基参与化学反应并消耗其中。考虑到通过表面接枝额外引入的环氧基相较胶黏剂中含有的环氧基非常少，减少的残余环氧基对于铝合金表面接枝的环氧基来讲占比是显著的。通过比较两组试样的表面处理和连接工艺，可知超声振动作用促使接枝在铝/胶黏剂界面上的环氧基与胶黏剂更充分地反应。在超声的作用下，接枝表面与胶层之间形成了更多的化学键合，从而进一步提高了碳纤维复合材料/铝合金接头的胶接强度。

表 5-4　两种官能团的峰面积

组别	环氧基峰	苯基峰	比值
1	3.12	93.13	3.35%
2	6.47	154.61	4.17%
3	2.86	79.56	3.60%

从物理化学的角度来看，超声作用进一步促进接枝表面的反应充分进行，这是通过超声工艺提高胶接剪切强度的原因。从图 5-21 可以看出，三组试样的峰所处位置相似，表明超声作用不会改变界面处的化学反应类型。超声作用会在胶黏剂中引起振荡，加快材料的传质微混合。在这种作用下，胶黏剂的组分可以充分混合，为官能团相互碰撞和结合创造了有利的条件，从而增加了接枝环氧基在界面上的反应概率。因此，更多的接枝环氧基发生反应，在被粘物表面和胶层之间形成化学键。此外，在超声作用下，界面处会形成被粘物和胶黏剂之间的高频振动，从而形成高频冲击接触。在这种条件下，胶黏剂中的氨基、酚羟基和叔氨基（苯酚）攻击接枝环氧基上亲电 C 原子的概率显著增加，促进环氧基开环成键。

超声振动强化接枝界面胶接的机理如图 5-24 所示。超声振动导致胶接界面的冲

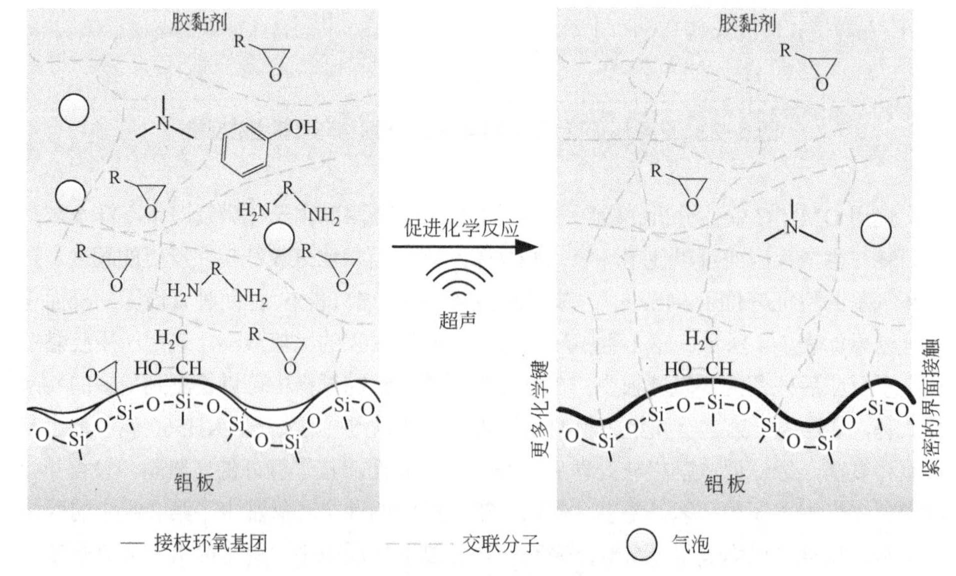

图 5-24　超声振动强化接枝界面胶接机理

击接触，促进了接枝界面的化学反应，同时也改善了胶接界面的物理形貌。超声作用促使被粘物表面接枝的环氧基与胶黏剂反应进行的更彻底，形成更充分的化学键合，此外在超声的作用下，界面处产生冲击接触，结合更加紧密。

5.5 本章小结

采用超声振动能显著增强碳纤维复合材料/铝合金接头的胶接性能。超声振动具有改善界面接触、强化传质和促进化学反应的功能，可用于处理接枝接头胶接过程中界面接触不良和界面反应不完全的问题，进一步提高胶接强度。超声能够促进界面结合，铝板和胶黏剂在界面处产生高频振动，形成冲击接触。结合双酚A环氧树脂胶黏剂的固化机理，可知在超声振动的作用下，界面处 Al 原子对环氧基上的 O 原子的剧烈作用会促使环氧基开环形成与—O—C，然后亲电性的基团 Al^+与反应性基团—O—C 键合形成 Al—O—C。

当铝板表面接枝偶联剂分子时，超声振动作用通过引起微观混合和强化分子碰撞，促进接枝的环氧基在铝/胶黏剂界面上与胶黏剂更充分地反应，从而形成更多的化学键，提高了碳纤维复合材料/铝合金接头的胶接强度。

第6章 超声振动对胶层固化与性能的影响

6.1
超声振动辅助胶黏剂固化动力学行为

6.1.1 超声固化与常规固化对比

采用差示扫描量热法（differential scanning calorimetry，简称 DSC）进行胶黏剂固化行为的研究，使用设备为耐驰（NETZSCH）公司的 214 Polyma 差示扫描量热仪。差示扫描量热法测试原理如图 6-1 所示，记录输入试样（S）和参比物（R）中的热流差异或功率差异与温度或时间之间的关系，可以在物理和/或化学变化期间提供相关的吸热、放热和热容变化等定性或定量信息。

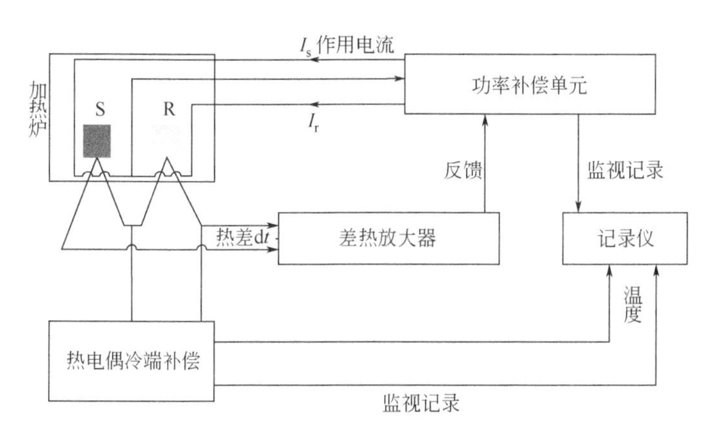

图 6-1 差示扫描量热法测试原理

DSC 测量的是热流与时间或温度的关系，通过 DSC 曲线获得反应速率 $d\alpha/dt$ 和固化度 α（即胶黏剂固化转化率）之间的关系需要遵循以下假设：

① 放热曲线总面积与固化反应总放热量符合正比例函数关系；

② 固化反应速率与热流速率符合正比例函数关系。

环氧树脂胶黏剂的固化是放热反应，在探究其固化反应动力学时，树脂固化放热量正比于参与反应的树脂量，在固化反应过程中放出的热量能够反映固化反应进行的程度，放热量可通过对 DSC 测得的热流曲线进行积分得到，因此固化度α可定义为：

$$\alpha = \frac{\Delta H_I}{\Delta H_T} \times 100\% \tag{6-1}$$

式中，ΔH_I 是反应开始后经过一定时间释放的热量，ΔH_T 是整个反应期间内释放的总热量。为得到超声作用固化时胶黏剂的固化度，可对超声作用不同时长后的试样进行 DSC 测试以确定胶黏剂的剩余反应热，因此超声辅助胶黏剂固化的固化度可定义为：

$$\alpha = 1 - \frac{\Delta H_R}{\Delta H_T} \tag{6-2}$$

式中，ΔH_R 是剩余反应热，通过对超声作用后试样的 DSC 测试曲线进行积分获得。

胶接试样仍根据标准 ASTM D5868-01 制作，超声强化胶接工艺与前述介绍类似，详见文献[163]。通过超声定时器将超声脉冲模式调整为振动 3s 间歇 3s，将振动总时间分别设为预定的时间，下压工具头进行振动，然后取样立刻进行动态 DSC 测试。取样时间设定为 10s、20s、30s、40s、50s、60s、80s、100s、120s、140s、160s、180s、200s、220s、300s、420s、560s、700s、900s、1200s、1400s 与 1500s 后取样，立刻将胶黏剂试样放入 DSC 分析仪中以 5K/min 的升温速率进行动态 DSC 测试，作为实验组结果。常规对照组试样是在室温下放置不同时间，分别于 10s、140s、280s、420s、560s、700s、1400s 后取样进行同上的 DSC 测试。DSC 测试温度范围为 25~240℃，样品质量均为 10mg，采用空铝坩埚作为参比样，气氛条件为氮气，流速使用 20mL/min。使用搅拌棒蘸取样品置于铝坩埚中，用压机将扎过孔的铝盖盖于铝坩埚上，开始测试。

测试得到的 DSC 曲线采用 Origin 软件（V2018）进行积分得到剩余反应热，图 6-2 所示为超声作用 220s 后取样测得的试样 DSC 曲线，然后将剩余反应热代入式（6-2）计算得到超声作用不同时间的胶黏剂的固化度，结果如图 6-3 所示。图中常规对照组为胶黏剂在室温条件下自然固化测试的数据，超声实验组为胶黏剂在上述超声作用条件下固化得到的数据。

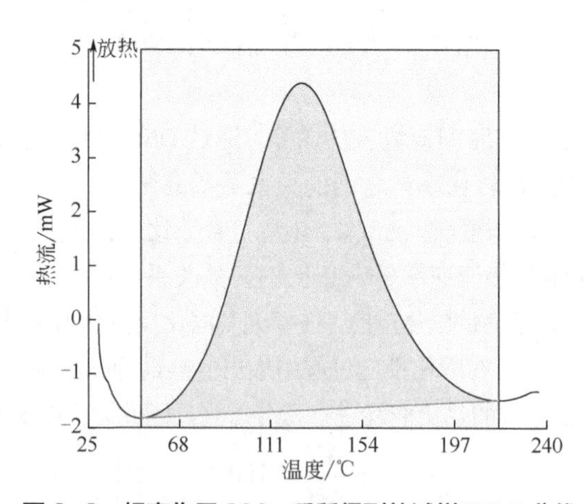

图 6-2 超声作用 220s 后所得到的试样 DSC 曲线

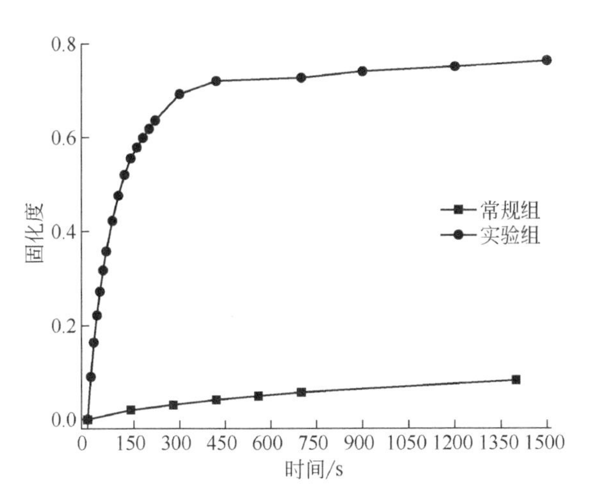

图 6-3 常规对照组和超声实验组胶黏剂固化度的对比

由图 6-3 可以看出，超声作用 140s 后胶黏剂试样即达到了 56%的固化度，而常规条件下，固化 140s 的试样的固化度仅为 2%。经过 1200s 的超声振动，胶黏剂固化度达到了 75%，而室温下放置 1200s 的试样的固化度仅有 8%。如此显著的固化加速效果得益于超声振动作用引起的各种物理化学效应。

此外，从图 6-3 中还可明显看出 300s 后超声实验组胶黏剂试样固化度上升逐渐缓慢，这是由于胶黏剂中的伯氨、仲氨等活性氨被大量消耗，胶黏剂快速交联形成了一个刚性的分子网络，阻止未反应的分子进一步反应。即使具有反应活性的分子受到交联网络的阻碍，超声仍对固化有一定的促进作用，高频振动仍可使活性分子在交联网络的孔隙中维持一定的扩散运动，维持了较高效的反应，表现为图中 300~1500s 实验组胶黏剂的固化度上升 7%。

将图 6-3 中实验组的固化度对时间求导，得到了不同固化度下的固化速率，如图 6-4 所示。在固化反应的初始阶段，固化速率很快，随着反应进行，固化速率逐渐下降，整体呈单调递减的趋势，反应后期即固化度达到 0.7 后，反应速率缓慢且基本不变。下文图 6-8 显示常规固化的初始阶段是一个固化速率由低到高逐渐加速的过程，随后固化速率再次下降，这符合自催化反应的特征，即反应物本身或一些初步反应的产物对整个反应的某些步骤起到了催化作用，本胶黏剂体系中具有这种催化性质的物质是叔氨。而超声作用的胶黏剂试样的固化速率在反应初期很高，这是由于部分超声能量作用于反应物分子，使其活化能降低。而且，超声降低活化能的作用强于叔氨对反应的催化作用。因此反应初期的固化速率由伯氨、仲氨的反应速率决定，随着伯氨、仲氨浓度的降低，固化速率下降，最终由于交联网的形成和反应物浓度变低，整体反应速率维持较低水平直到反应停止。

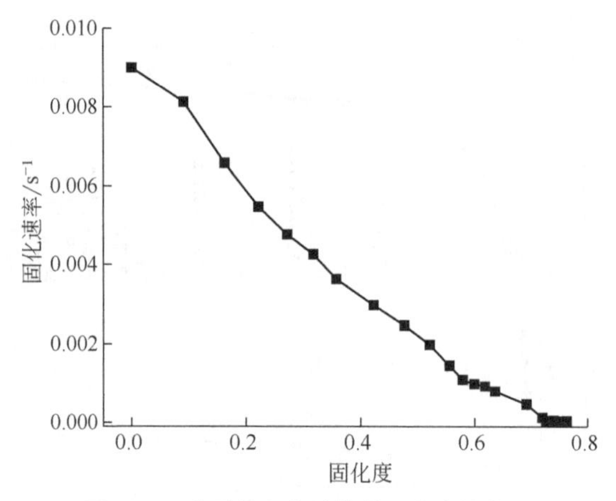

图 6-4 实验组固化速率随固化度的变化

对常规组时间-固化度数据进行多项式拟合，通过拟合方程得到与超声处理相同时间时的固化度，再将实验组的固化度与常规组的固化度做商得到超声固化的提高倍率如图 6-5 所示。统计后发现超声固化平均提高固化反应倍率为 26.45，最高提高倍率达到 40.05，最低提高倍率尚有 9.28，因此超声作用能显著提高胶黏剂的固化速率。

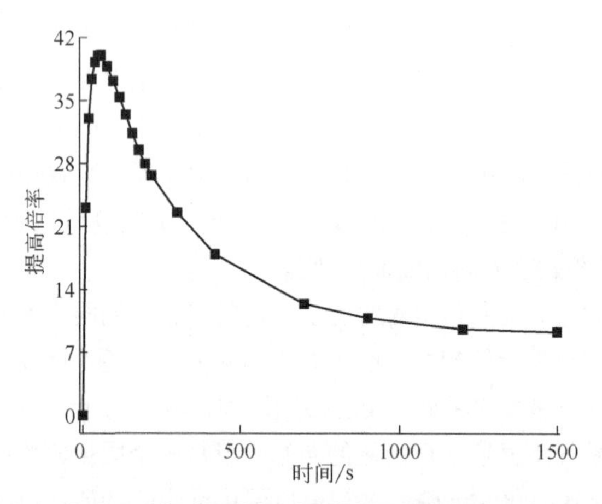

图 6-5 超声固化相对于常规固化的提高倍率

超声作用的前期（0~420s）平均提高倍率为 32.09，对固化速率有显著提高效果，这可能是由于此时体系的反应还属于化学控制，反应物浓度充足，同时体系黏度较低，反应活性基团的运动受超声影响显著。与微波固化提高仲氨的反应活性类似[164]，超声可以促使氨基在短时间内吸收足够的能量，从而提高其反应活性。后期

（420~1500s）平均提高倍率为 10.52，加速效果减弱。这可能是由于此时体系已经形成一定的交联网状结构，阻碍了反应活性基团的运动，并且反应物的浓度也大幅下降，在这一过程中，反应活性基团的运动受超声影响程度减弱。

6.1.2 固化动力学基础

机理模型和唯象模型是两种从不同尺度出发描述环氧树脂体系固化反应动力学的模型[165]。机理模型以化学反应机理为基础，综合基本反应、速率控制步骤和质量守恒。环氧树脂固化反应涉及聚合物反应多、副反应多、过程复杂，机理模型难以建立。唯象模型没有考虑固化过程中化学反应类型和详细的定量分析过程，表达式简单，能很好地拟合实验现象[166]。与唯象模型相比，机理模型参数多，因此采用唯象模型研究环氧树脂体系的固化反应动力学过程为大多数研究者选用[167]。

固化过程的研究基于化学反应动力学，反应过程（即转化率或速率）与反应参数（如浓度、时间、温度等）之间的关系可用基本化学反应速率（即动力学）方程描述如下：

$$\frac{\mathrm{d}\alpha}{\mathrm{d}t}=k(T)f(\alpha) \tag{6-3}$$

式中，$f(\alpha)$表示反应机理函数，$k(T)$为由阿伦尼乌斯方程表示的反应常数：

$$k(T)=A\mathrm{e}^{-\frac{E_\mathrm{a}}{RT}} \tag{6-4}$$

式中，A 是指前因子，E_a 是活化能，R 是理想气体常数（$8.314\mathrm{J\cdot mol^{-1}\cdot K^{-1}}$），$T$ 是绝对温度。结合式（6-3）和式（6-4）得到动力学方程：

$$\frac{\mathrm{d}\alpha}{\mathrm{d}t}=f(\alpha)A\mathrm{e}^{-\frac{E_\mathrm{a}}{RT}} \tag{6-5}$$

n 级反应模型和自催化反应模型是环氧树脂体系的唯象固化反应模型中最主要的两种，这两种固化反应模型可分别表示为：

$$\frac{\mathrm{d}\alpha}{\mathrm{d}t}=k(1-\alpha)^n \tag{6-6}$$

$$\frac{\mathrm{d}\alpha}{\mathrm{d}t}=k\alpha^m(1-\alpha)^n \tag{6-7}$$

式中，n 和 m 为反应级数。Kamal[168]结合 n 级反应和自催化反应两种固化反应动力学模型建立了新颖、适用范围更广的固化反应模型，可表示为：

$$\frac{\mathrm{d}\alpha}{\mathrm{d}t}=(k_1+k_2\alpha^m)(1-\alpha)^n \tag{6-8}$$

式中，k_1 和 k_2 为反应速率常数，分别表示为：

$$k_1=A_1\mathrm{e}^{-\frac{E_\mathrm{a1}}{RT}} \tag{6-9}$$

$$k_2 = A_2 \mathrm{e}^{-\frac{E_{a2}}{RT}} \tag{6-10}$$

目前，动态 DSC 分析法、等温 DSC 分析法是研究环氧体系固化反应动力学的诸多方法中最主要的两种。动态 DSC 中测试温度是逐渐升高的，而等温 DSC 中测试温度保持不变。在动态 DSC 中，k_1 和 k_2 符合阿伦尼乌斯方程，在等温 DSC 中，k_1 和 k_2 在一给定的温度下是常数。

通过分析活化能随固化度的变化趋势可以获得反应机理。等转化率法可用来求解整个固化过程中每个固化度对应的活化能[169]，其基本原理是若两试样的固化速率相同且转化率相等，则固化速率仅与温度有关，即特定转化率下的反应速率是温度的函数[170]。不同的等转化率法都遵循等转化率原理，它们之间的区别只是通过模拟不同的参数来得到反应体系的动力学关系[171,172]。

对式（6-5）取对数，再对 $1/T$ 求微分得到：

$$\frac{\mathrm{d}\ln\left(\mathrm{d}\alpha/\mathrm{d}t\right)}{\mathrm{d}T^{-1}} = \frac{\mathrm{d}\left(\ln A\right)}{\mathrm{d}T^{-1}} - \frac{E_a\left(\alpha\right)}{R} + \frac{\mathrm{d}\ln f\left(\alpha\right)}{\mathrm{d}T^{-1}} \tag{6-11}$$

根据等转化率法的原理，$\mathrm{d}\ln A/\mathrm{d}T^{-1}$ 和 $\mathrm{d}\ln f(\alpha)/\mathrm{d}T^{-1}$ 均为零，因此式（6-11）可简化为：

$$\frac{\mathrm{d}\ln\left(\mathrm{d}\alpha/\mathrm{d}t\right)}{\mathrm{d}T^{-1}} = -\frac{E_a\left(\alpha\right)}{R} \tag{6-12}$$

在式（6-12）中，固化速率 $\mathrm{d}\alpha/\mathrm{d}t$ 仅取决于温度，而不受反应机理模型 $f(\alpha)$ 的影响。

6.1.3 常规固化动力学

6.1.3.1 模型拟合

判断超声作用是否改变胶黏剂的固化机理需要先得到常规固化的机理，可通过对不同固化动力学模型拟合的方法判断其固化机理。常规对照组试样的 DSC 测试曲线如图 6-6 所示，其中将配好的胶黏剂分别使用 5K/min、10K/min、15K/min、20K/min 四种升温速率进行动态 DSC 测试，温度范围为 25～240℃。

通过 Origin 软件对整个放热峰积分得到不同升温速率下的热焓 ΔH_T，再通过更改积分上限得到不同升温点的放热峰面积，从而得到试样达到不同温度时刻的热焓 ΔH_I，由式（6-1）计算得到不同温度时刻的转化率 α，从而得到 $\alpha\sim T$ 曲线，如图 6-7 所示。将转化率 α 对时间 t 求导，再将时间与转化率对应可得到 $\mathrm{d}\alpha/\mathrm{d}t\sim\alpha$ 曲线，如图 6-8 所示。最后分别以 n 级模型、自催化模型、Kamal 自催化模型拟合，选出拟合优度最好的模型，确定胶黏剂常规固化机理。

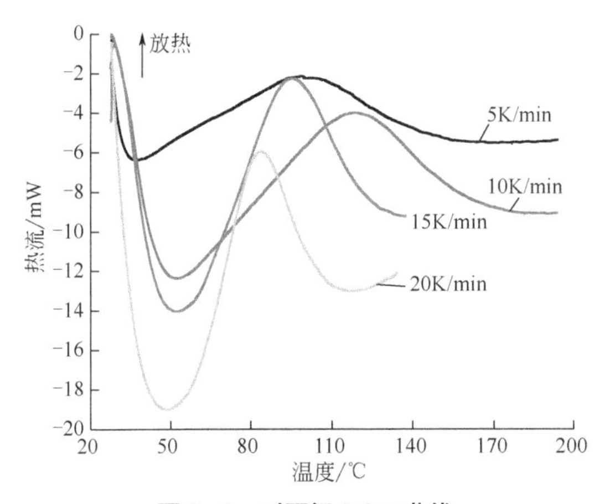

图 6-6 对照组 DSC 曲线

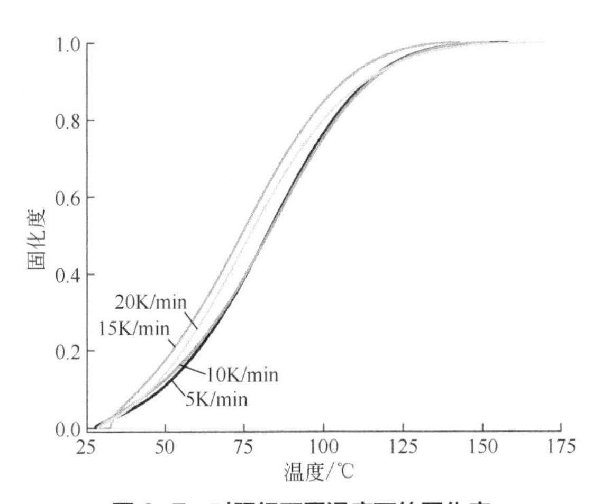

图 6-7 对照组不同温度下的固化度

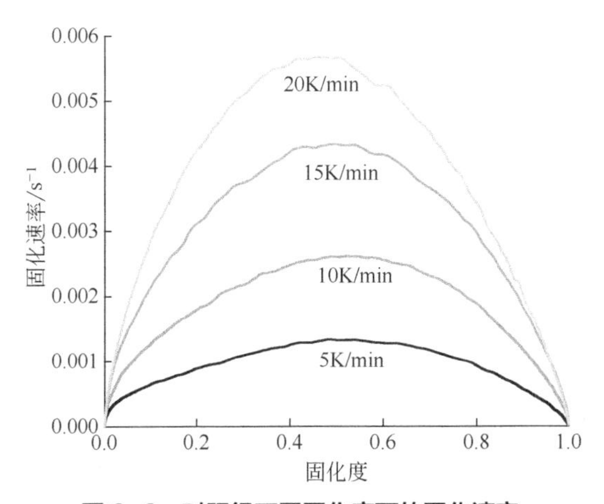

图 6-8 对照组不同固化度下的固化速率

通过图 6-6 可以得到试样在不同升温速率下固化的热力学参数以及不同升温速率下的热焓ΔH_T，如表 6-1 所示。表 6-1 中 T_o为固化反应的起始温度，为图 6-6 中放热峰的起点所对应的横坐标，T_p为峰值温度，为图 6-6 中放热峰的峰值所对应的横坐标，T_f为终止温度，为图 6-6 中放热峰的终点所对应的横坐标。取各个升温速率下固化反应热的最大值作为胶黏剂试样的最终反应热，即ΔH_T=−280.47 J/g。由图 6-8 可以看出胶黏剂的固化属于典型的自催化反应，在反应开始时进行得很慢（诱导期），随着起催化作用的生成物的积累固化速率显著增高，而后因反应物的消耗固化速率下降，在固化反应中期存在最大反应速率。

表 6-1 胶黏剂在各升温速率下固化的热力学参数和热焓

升温速率/(K/min)	T_o/℃	T_p/℃	T_f/℃	ΔH_T / (J/g)
5	44.81	98.63	130.62	−280.47
10	57.05	113.84	153.34	−245.3
15	72.63	121.75	165.03	−210.82
20	83.88	129.89	177.93	−168.72

Kissinger 方程和 Ozawa 方程均可以用来求体系的活化能，这两种方法具有过程简单、计算量小等优点，因此在固化反应的动力学研究中被广泛应用，两个方程表示如下[173]：

Kissinger 方程

$$\frac{\mathrm{d}\left(\ln\frac{\beta}{T_P^{\ 2}}\right)}{\mathrm{d}\left(\frac{1}{T_P}\right)}=-\frac{E}{R} \tag{6-13}$$

Ozawa 方程

$$\frac{\mathrm{d}(\ln\beta)}{\mathrm{d}\left(\frac{1}{T_P}\right)}=-1.052\frac{E}{R} \tag{6-14}$$

式中，β 为升温速率，T_p为反应峰值温度，E 为活化能。

接下来分别采用这两种方法求得体系活化能 E_k和 E_o。由表 6-1 可以得到每个升温速率下的峰值温度 T_p，将拟合 Kissinger 和 Ozawa 方程的相关计算数据列于表 6-2。

表 6-2 Kissinger 和 Ozawa 方程拟合的相关计算数据

β/(K/min)	T_p/K	$1000/T_p$ /K^{-1}	$\ln\beta$	$\ln(\beta/T_p^2)$
5	371.78	2.68976	1.60944	−10.22717
10	386.99	2.58407	2.30259	−9.6142
15	394.90	2.53229	2.70805	−9.24921
20	403.04	2.48114	2.99573	−9.00234

以表 6-2 计算所得的 $\ln(\beta/T_p^2)$值和 $\ln\beta$值分别对 $1000/T_p$ 作图，得到 Kissinger 和 Ozawa 方程的四个点，然后使用 Origin 软件进行线性拟合，通过结果可以看出四个升温速率下的数据线性关系较优，相关系数 $R\geqslant0.98$，拟合结果如图 6-9 所示，因此通过此方法得到的活化能可信。

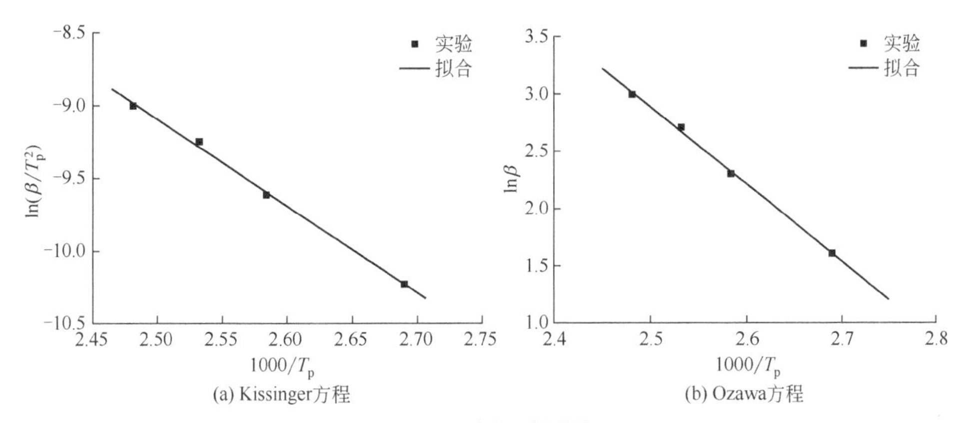

图 6-9　两种方程拟合结果

将线性拟合得到的直线斜率分别代入 Kissinger 方程和 Ozawa 方程进行计算，得到两者的活化能 E_k、E_o 分别为 49.58kJ/mol、58.92kJ/mol，两者非常接近，因此通过这两个方程对该体系进行动力学分析是合理的，将两者均值 54.25kJ/mol 作为本课题固化动力学后续模型拟合研究中的活化能 E_a，结果列于表 6-3。

表 6-3　活化能计算数据　　单位：kJ/mol

E_k	E_o	E_a
49.58	58.92	54.25

将图 6-8 中的固化速率 $d\alpha/dt$ 和各个升温速率下对应的转化率 α 和温度 T 数据分别代入 n 级模型、自催化模型、Kamal 自催化模型使用 Origin 进行拟合，自变量为（α, T），因变量为 $d\alpha/dt$，发现胶黏剂的固化机理最符合 Kamal 自催化模型，平均相关系数达到了 0.97，Kamal 自催化模型拟合参数如表 6-4 所示，模型拟合曲线和实验曲线的对比如图 6-10 所示，可见模型拟合与实验吻合较好。

表 6-4　Kamal 自催化模型拟合结果

升温速率/(K/min)	A_1	A_2	E_1/(J/mol)	E_2/(J/mol)	m	n	相关系数
5	6583190	3638830	65085.95	133556.22	0.2	1.66	0.96089
10	51495600	3954510	71696.09	186652.20	0.2	1.72	0.94436
15	6500410	3998330	65953.56	149643.37	0.2	1.46	0.98708
20	6574400	2857590	66769.14	178446.22	0.2	1.58	0.99018

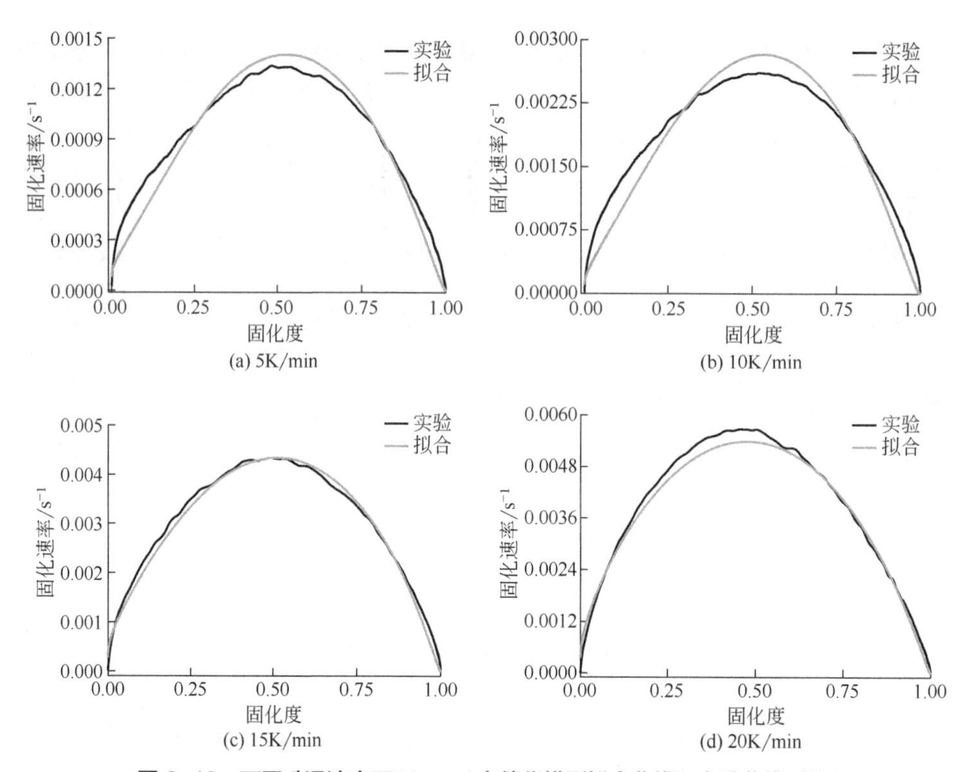

图 6-10　不同升温速率下 Kamal 自催化模型拟合曲线和实验曲线对比

对于 3M DP460 环氧胶黏剂，主要组分为双酚 A 环氧树脂和二乙二醇二（3-氨基丙基）醚固化剂（胺类固化剂），可发生的主要固化反应如图 6-11 所示。

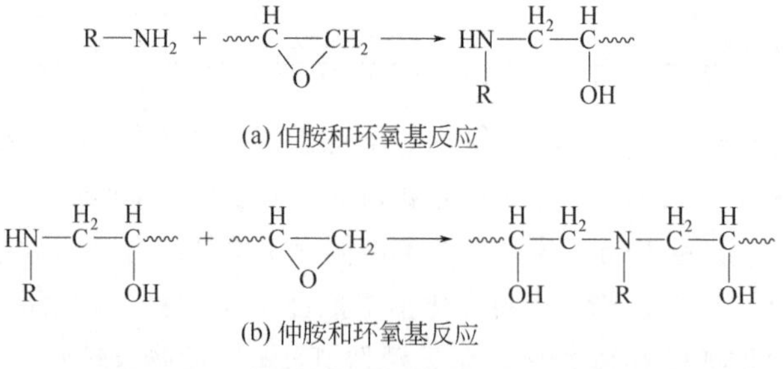

$$R-NH_2 + \sim\overset{H}{C}\underset{O}{-}CH_2 \longrightarrow \underset{R}{HN}-\overset{H_2}{C}-\underset{OH}{\overset{H}{C}}\sim$$

(a) 伯胺和环氧基反应

$$\underset{R}{HN}-\overset{H_2}{C}-\underset{OH}{\overset{H}{C}}\sim + \sim\overset{H}{C}\underset{O}{-}CH_2 \longrightarrow \sim\underset{OH}{\overset{H}{C}}-\overset{H_2}{C}-\underset{R}{N}-\overset{H_2}{C}-\underset{OH}{\overset{H}{C}}\sim$$

(b) 仲胺和环氧基反应

图 6-11　3M DP460 主要固化反应方程式

根据 Shechter 给出的环氧树脂固化的三分子催化反应模型，双酚 A 环氧树脂中的环氧基与固化剂中的伯胺、仲胺进行亲核加成反应。伯胺、仲胺中的 N 原子具有亲核性，进攻环氧基团中的 C，伯胺、仲胺中的氢原子具有亲电性，攻击环氧基团中的 O，导致环氧基团开环，之后发生氢转移得到叔胺。上述固化反应的结果是三维网状大分子的生成。反应起始阶段可认为主要由伯胺和环氧基的反应控制，反应方程式如图 6-11（a）所示，反应完成后仲胺和羟基的浓度上升，已有研究表明在伯胺和仲胺存在下，叔胺的催化作用难以发挥，因此反应由伯胺和环氧基的反应控制转变为伯胺、仲胺和环氧基的反应共同控制，仲胺和环氧基的反应方程式如图 6-11（b）所示，且反应速率逐渐增大，图 6-8 中固化度小于 0.5 部分为此过程。随着反应程度的增加，伯胺、仲胺减少，生成大量羟基，并形成交联大分子，体系开始凝胶化，同时黏度增加，分子扩散变慢，反应速率减小，如图 6-8 中固化度大于 0.5 部分所示。

6.1.3.2 活化能变化

为了对比实验组和对照组不同固化度时的活化能，将式（6-12）左右同乘$-R$得到：

$$E_a(\alpha) = -R\frac{\mathrm{d}\ln(\mathrm{d}\alpha/\mathrm{d}t)}{\mathrm{d}T^{-1}} \tag{6-15}$$

为了使结果具有对比价值，使用 5K/min 的升温速率下对照组的 $\mathrm{d}\alpha/\mathrm{d}t$、$1/T$ 进行计算。$\ln(\mathrm{d}\alpha/\mathrm{d}t)\sim1/T$ 曲线如图 6-12 所示，根据式（6-15），对 $\ln(\mathrm{d}\alpha/\mathrm{d}t)\sim1/T$ 曲线求导后乘$-R$ 得到 $E_a(\alpha)$曲线如图 6-13 所示。

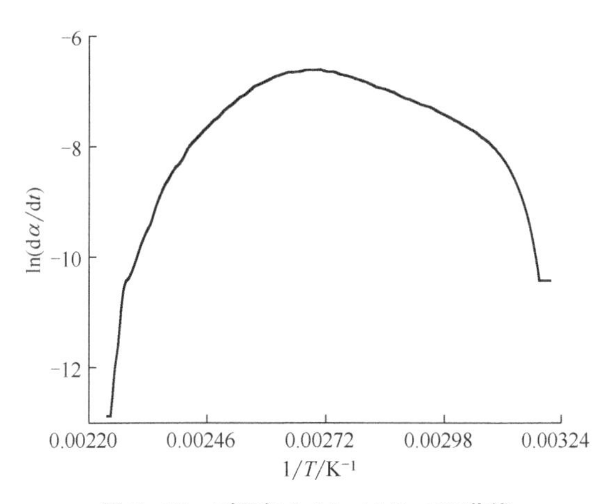

图 6-12 对照组 $\ln(\mathrm{d}\alpha/\mathrm{d}t)\sim1/T$ 曲线

从图 6-13 可以看出，固化度在 0~2.6%时，E_a 降幅较大，表明体系初始，反应不易进行，但在固化反应有所进行后就能自发地进行下去，这是自催化反应的一个鲜明特点，同时其固化反应放出的热量还能进一步促进交联反应。固化度在 2.6%~80%之间时，E_a 平稳下降，且斜率几乎为 0，说明体系的固化反应仍以自催化机理进行，并且反应较平稳，未出现如爆聚或阻聚等不良反应。固化度在 80%~100%时，E_a 有增加的趋势，说明此时固化反应已开始由化学控制转向扩散控制，此时体系已经有交联网状结构生成，活性反应分子的运动受到其阻碍，并且剩余反应物的浓度减少，因此需要外界供给更多的能量来促进活性分子产生有效碰撞以保证固化反应进行。

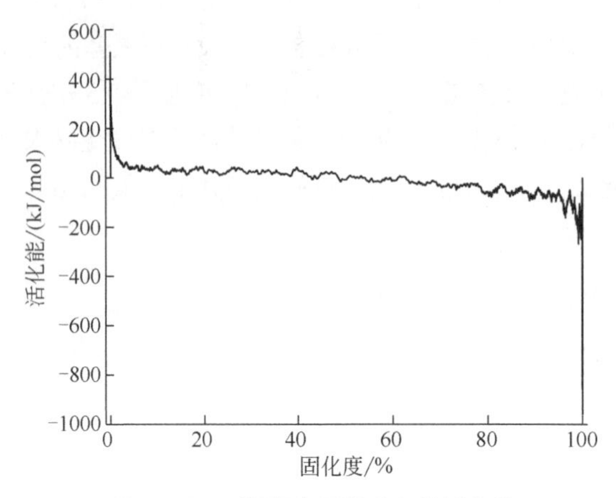

图 6-13 对照组各固化度下的活化能

6.1.4 超声振动辅助胶黏剂固化动力学

6.1.4.1 模型拟合

为了分析超声是否改变胶黏剂的固化机理，将图 6-4 和后续温度模型（见 6.3.1 节表 6-8）的数据分别代入 *n* 级反应模型、自催化反应模型、Kamal 自催化反应模型采用 1stOpt 软件（V5.0）进行拟合。拟合后得到的参数如表 6-5 所示，实验数据与拟合曲线对比见图 6-14。

表 6-5 各模型拟合超声固化数据的结果

模型	A	A_1	A_2	E_a/(J/mol)	E_1/(J/mol)	E_2/(J/mol)	m	n	相关系数
n 级	0.1043	—	—	6078.6	—	—	—	2.598	0.997
自催化	0.9748	—	—	−37621	—	—	4.28	155.5	0.760
Kamal	—	1.499	82.54	—	12661	16242	2.43	4.818	0.999

从图 6-14 各模型拟合的曲线和表 6-5 中的相关系数可以看出，自催化模型相关系数最差，同时表观活化能 E_a 为负值，与实际严重不符，故自催化模型的拟合结果无参考价值。Kamal 自催化反应模型拟合后的曲线与固化速率~固化度实验数据比较接近，模型能够较好地反映超声作用固化时胶黏剂的固化反应，也说明超声作用不改变胶黏剂固化反应机理。与对照组不同升温速率下 Kamal 自催化反应模型的 E_1、E_2 的平均值 67376.184 J/mol、162074.5014 J/mol 相比（见表 6-4），超声振动辅助固

化时 Kamal 自催化模型的两个参数分别降低 81.21%、89.98%，说明超声作用可以降低固化反应的活化能，从而使其更容易进行，提高固化速率。

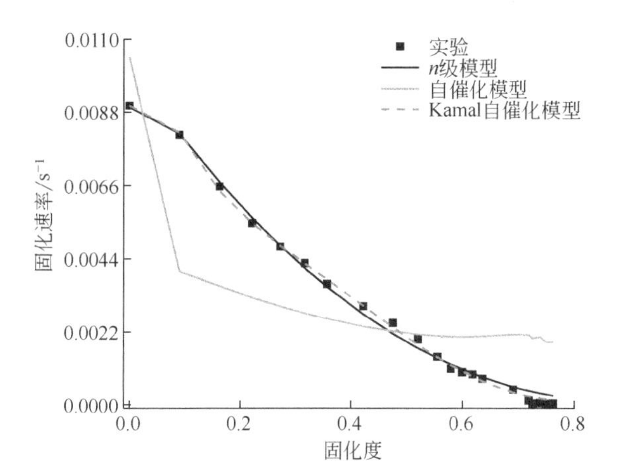

图 6-14 不同固化动力学模型拟合胶黏剂超声辅助固化的结果

对比图 6-4 和图 6-14 实验组和对照组固化速率变化还可以发现，在固化过程中引入超声作用虽然未改变总体的反应机理，但使固化速率峰值提前，这说明超声可缩短胶黏剂自催化反应的诱导期。

6.1.4.2 活化能变化

超声实验组不同固化度下的活化能采用和常规对照组相同的方式计算，$1/T$ 采用温度模型（6.3.1 节表 6-8）算得的数据，则 $\ln(\mathrm{d}\alpha/\mathrm{d}t)\sim1/T$ 曲线如图 6-15 所示。对 $\ln(\mathrm{d}\alpha/\mathrm{d}t)\sim1/T$ 曲线求导后乘 $-R$ 得到 $E_a(\alpha)$ 曲线如图 6-16 所示，分析图 6-16 可发现在超声固化前期（$0<\alpha<0.5$）E_a 有以下特点：

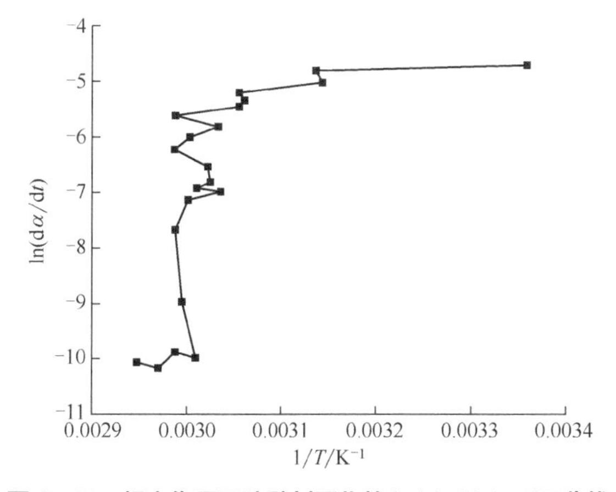

图 6-15 超声作用下胶黏剂固化的 $\ln(\mathrm{d}\alpha/\mathrm{d}t)\sim1/T$ 曲线

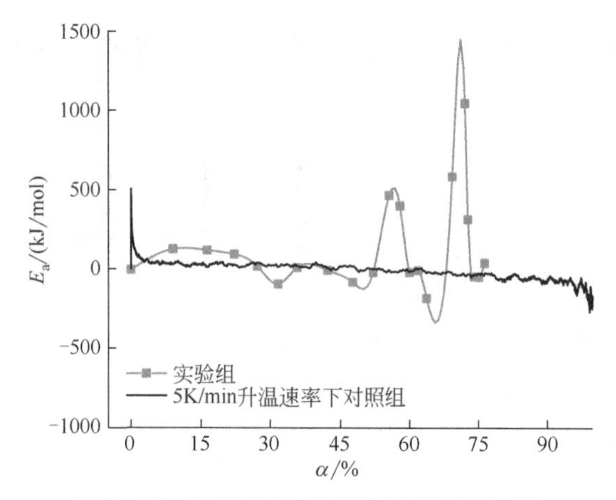

图 6-16 超声固化和常规固化活化能的对比

① 呈波动下降趋势，这与对照组 E_a 的变化一致，这可能是由于超声并未改变胶黏剂固化反应机理，固化反应仍以自催化反应进行；

② 与对照组相比超声固化存在 E_a 的突变，可能是由于采用的超声振动辅助固化实验平台引入的实验误差；

③ 超声固化时，E_a 在 α为 0.1~0.5 区间范围内的下降率为 165.7%，明显大于常规固化时对应固化度的 48.1%，超声使固化反应的活化能额外降低 117.6%。

超声固化后期（$0.5<\alpha<0.8$）E_a 显著增大，这是在反应后期交联网络形成，固化反应由化学反应控制转入扩散控制，此时反应基团浓度降低，且运动受阻，导致活性基团碰撞概率下降。可以看到 E_a 有两次显著增大随后又显著下降的过程，这可能是由于超声作用对存在交联网络的胶黏剂的固化仍有促进效果。

6.2 超声振动对胶黏剂热机械性能的影响

6.2.1 制样

为了对比胶黏剂在热作用下和超声作用下固化的性能，设计了如下的四组实验组，其中包括室温固化组、中温固化组、高温固化组和超声固化组。

胶黏剂试样在三个温度水平下固化：室温（20℃）、中温（60℃）和高温（150℃）。固化过程在真空干燥箱中进行，干燥箱由上海坤天实验室仪器有限公司提供。通过实验分析，获得不同固化温度下所需固化时间，并比较温度对固化后胶黏剂性能的影响。

对于超声固化组试样，超声预处理的步骤如下：将铝合金超声工具头浸入烧杯中的胶黏剂，然后施加超声振动。所用超声设备同上文不变，频率选用 25kHz。为了避免过高的温升，采用了脉冲超声模式，每个周期振动 2s 间歇 4s。超声振动持续时间为 60s。在超声预处理过程后，将胶黏剂注入聚四氟乙烯（PTFE）模具中，型腔尺寸为 30mm×6mm×2mm，然后在 60°C 真空干燥箱中恒温固化 30min[174]。

6.2.2 热重分析

热重量分析，简称热重分析（TGA），是在程序控制温度下，测量物质的质量与温度或时间的关系的方法。是以炉体为加热体，在由微机控制的温度程序下运行，炉内可通以不同的动态气氛（如 N_2、Ar、He 等保护性气氛或 O_2、空气等氧化性气氛及其他特殊气氛等），或在真空或静态气氛下进行测试。在测试过程中，样品支架下部连接的高精度天平随时测量样品当前的重量，并将数据传送到计算机，记录样品重量随温度/时间的曲线（TG 曲线）。当样品发生重量变化（其原因包括分解、氧化、还原、吸附与解吸附等）时，会在 TG 曲线上体现为失重（或增重）台阶，由此可以得知该失/增重过程所发生的温度区域，并定量计算失/增重比例。若对 TG 曲线进行一次微分计算，得到热重微分曲线（DTG 曲线），可以进一步得到重量变化速率等更多信息。通过热重分析，可以获悉试样及其可能产生的中间产物的组成、热稳定性、热分解情况及生成的产物等与质量相联系的信息[174]。

将固化后的胶黏剂充分研磨为粒度小于 5μm 的粉末，使用精密天平称取 5mg 胶黏剂粉末进行测试。测试设备为美国 TA 仪器的 Discovery TGA55，氮气氛围，升温速率为 10°C/min，测试升温范围 0~600°C。

图 6-17 显示了 3M DP460 胶黏剂的热重结果。可以看出，组分 A 具有较高的热稳定性，约 200°C后其质量明显下降。高温（150°C以上）导致组分 B 质量损失超过 2.3%，热降解行为明显。

由热重曲线获得不同重量损失百分比的温度，如表 6-6 所示。不同固化工艺固化的胶黏剂，初始降解温度没有观察到显著差异。高温固化的初始分解温度略低于其他试样。室温固化试样的 50%重量损失发生在 383°C 左右，但中温固化试样和超声固化试样的 50%重量损失温度分别高于 397°C 和 401°C。然而，从大约 240°C 开始，高温固化试样的失重率增加，其热稳定性恶化。其他三组的重量下降趋势是一致的。高温热降解导致拉伸强度和断裂韧性降低，因为降解会降低胶黏剂交联密度，在胶层中形成线型低分子聚合物[175]。

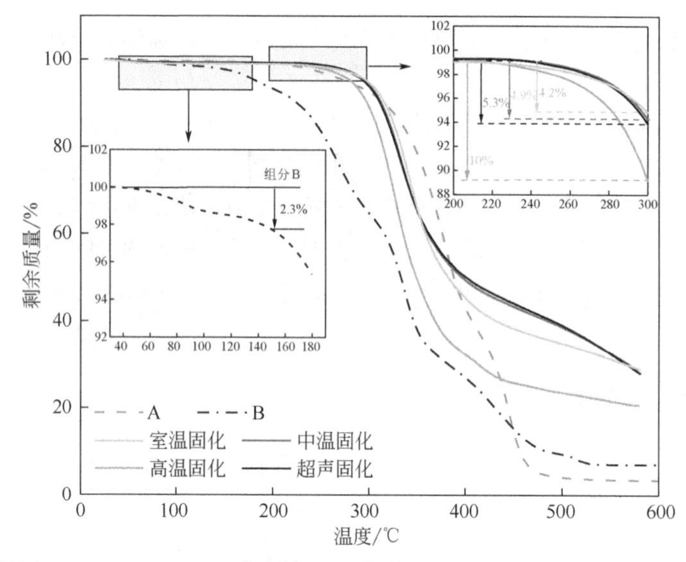

图 6-17 3M DP460 胶黏剂 A、B 组分及不同固化工艺下的热重曲线

表 6-6 不同固化工艺下固化试样的 TGA 值

质量损失/%	分解温度/℃			
	室温固化	中温固化	高温固化	超声固化
25	340.1	336.6	319.8	335.7
50	383.1	397.4	349.6	401.3
70	565.8	570.4	413.9	567.6

6.2.3 固化特性分析

为了研究胶黏剂的固化反应行为，在 60℃和 150℃下进行 DSC 等温实验，测试结果如图 6-18（a）所示。使用设备仍为耐驰（NETZSCH）公司的 214Polyma 差示扫描量热仪。在测试中，热流被监测，直到梯度为零，此后胶黏剂实际上已经固化了。60℃和 150℃下的固化时间分别为 55.9min 和 17.6min，但超声预处理胶黏剂的固化时间仅为 28.4min。表 6-7 显示了等温 DSC 测试结果中不同固化方案的固化周期。与传统的热固化相比，超声辅助固化可将固化周期缩短 50%。

T_g 值可用于表征固化试样的热稳定性。为了测定 T_g，通过 DSC 分析监测固化后胶黏剂试样的热流，如图 6-18（b）所示。从图中可知室温固化试样、中温固化试样和超声固化试样的 T_g 值分别为 66.5℃、72.93℃和 76.74℃。T_g 的增加表明胶黏剂分子的交联和有序性增加。由于高温下快速固化交联程度偏低、交联网络中的分子链断裂，高温固化试样的 T_g 值为 69.58℃。

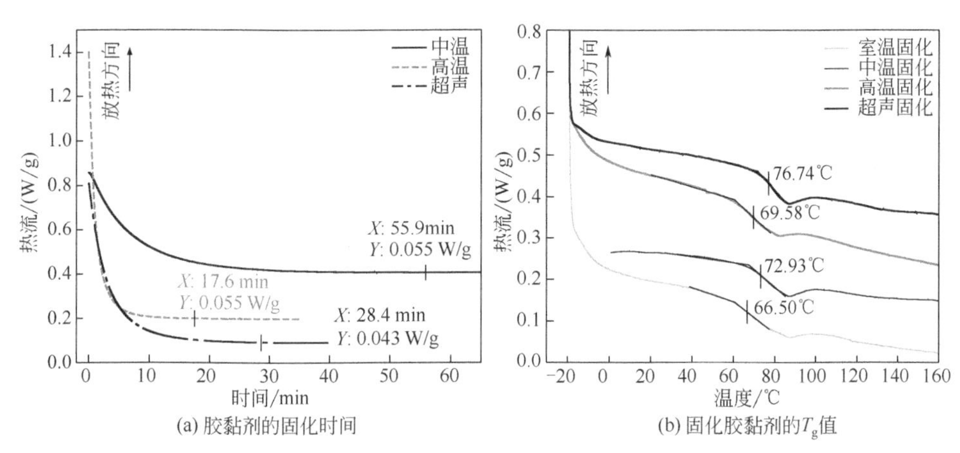

(a) 胶黏剂的固化时间 (b) 固化胶黏剂的T_g值

图 6-18 DSC 测试结果

表 6-7 使用不同固化方案的固化周期

固化方案	固化参数		固化周期
	超声	加热	
室温固化	—	—	24h
中温固化	—	60℃/60min	60min
高温固化	—	150℃/20min	20min
超声固化	1min	60℃/30min	31min

6.2.4 动态热机械分析

动态热机械分析（dynamic thermomechanical analysis，DMA）被广泛用于测量黏弹性材料的力学性能与时间、温度或频率的关系，可获得材料的动态储能模量、损耗模量和损耗角正切等指标。DMA 的测试是根据不同力学形态下弹性模量的变化来进行。测试过程中，会对测试试样按照程序进行升温，同时施加周期性振荡力，以确定材料的弹性模量，同时测试材料的某些特征参数，如玻璃化转变温度等。

本研究使用美国PE公司型号为DMA8000的DMA分析仪进行动态热机械分析，如图 6-19 所示。选用单悬臂梁模式（single cantilever bending），频率为 1Hz 进行热扫描。胶黏剂试样尺寸为 30mm×6mm×2mm，使用聚四氟乙烯模具浇铸而成。测试时加热速率 2℃/min，测试温度范围为 0~150℃。

图 6-20（a）给出了固化试样的储能模量和损耗模量与温度的关系图。在 DMA 测试的温度扫描中，观察到胶黏剂试样的三种状态：低温（0~30℃）下的能量弹性状态、中温（31~80℃）下的玻璃化转变状态和高温（大于 80℃）下的熵弹性状态。当状态由玻璃态转变为橡胶态时，振动主要转化为内耗和非弹性变形，损耗模量也

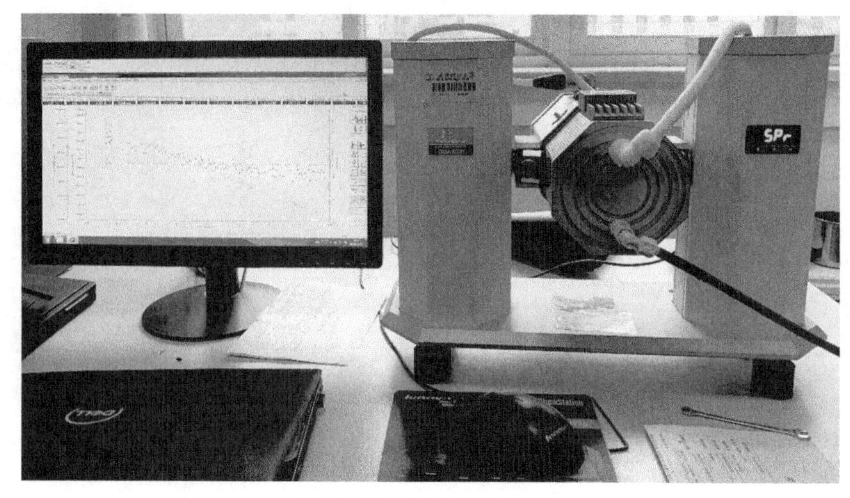

图 6-19　DMA 测试设备

达到最大值。复模量 E^* 是应力振幅 σ^* 与变形振幅 ε^* 之比，通过以下公式计算：

$$E^* = \frac{\sigma^*}{\varepsilon^*} = E' + iE'' \tag{6-16}$$

$$E'(w) = \left|E^*\right| \cos\delta \tag{6-17}$$

$$E''(w) = \left|E^*\right| \sin\delta \tag{6-18}$$

式中，E' 为储能模量，E'' 为损耗模量。它们代表固化胶黏剂的动态弹性特性，取决于胶黏剂试样的频率和历史。与室温固化试样相比，中温固化试样表现出更高的储能模量，较高温度下储能模量的增加可归因于交联的增加。高温固化试样的储能模量下降，由于高温下胶黏剂试样固化速度过快，其交联程度偏低，交联网络分子量较小，也存在高温下交联网络中的分子链断裂。

环氧胶黏剂的阻尼特性由能量耗散（损耗模量）与能量存储（储能模量）的比率定义，损耗因子为：

$$\tan\delta = E''(w) / E'(w) \tag{6-19}$$

图 6-20（b）显示了损耗因子与温度的关系。最大值处的温度是胶黏剂的玻璃化转变温度 T_g。以 $\tan\delta>0.3$ 的温度范围作为评价胶黏剂阻尼性能的标准。超声固化试样的温度范围为 54.2~72.5°C，对应的峰为 0.79。对于室温固化试样、中温固化试样和高温固化试样，范围分别为 38.3~57.6°C、57.1~79.4°C 和 45.7~65.1°C，相应的峰值为 0.58、0.78 和 0.73。温度范围的右移表明中温固化和超声固化的胶黏剂具有更好的阻尼性能。

DMA 测试测得的 T_g 值与 DSC 测试测得的 T_g 值表现出相同的趋势。与 DSC 测得的 T_g 值相比，DMA 测得的值较低。这种差异是由于 DMA 测试中使用的激励频率造成的。从图中发现中温固化试样的 T_g 值最大，为 69.3 °C。室温固化试样显示较低的值，为 49 °C。温度的升高加速了分子间运动，增强了官能团之间的碰撞，从而增加了胶黏剂的交联度。高温固化试样显示出较低的值 51.7 °C，因为过高的温度导致过快的固化降低了交联程度，也会使交联网络中的链断裂，加速胶黏剂老化。超声固化试样的 T_g 值为 65 °C，与中温固化试样相似。

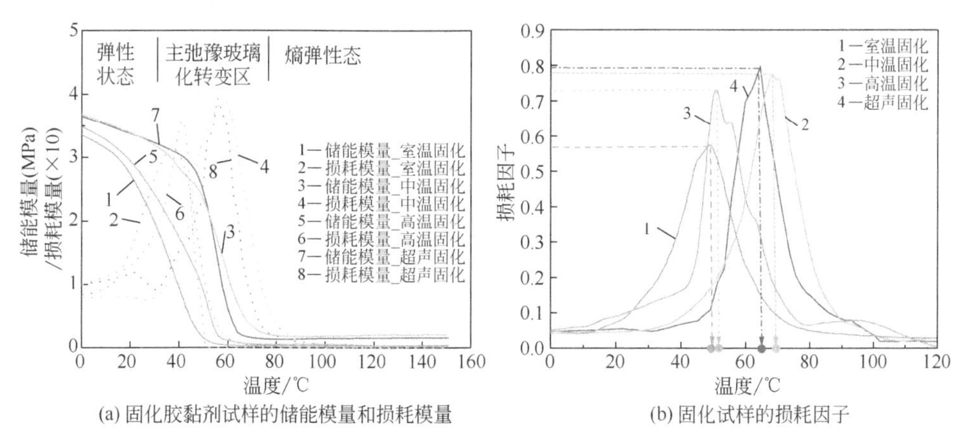

(a) 固化胶黏剂试样的储能模量和损耗模量　　(b) 固化试样的损耗因子

图6-20　动态力学性能

6.2.5　拉伸强度分析

拉伸实验是指在承受轴向拉伸载荷作用下测定材料特性的实验方法。利用拉伸实验得到的数据可以确定材料的弹性极限、断裂伸长率、弹性模量、比例极限、面积缩减量、拉伸强度、屈服点、屈服强度和其他拉伸性能指标。本研究依据 ASTM D638（V）标准制作试样，对胶黏剂固化试样进行拉伸实验。试样尺寸取 63.5mm×3.18mm×3.2mm，制样方式同上，将胶黏剂注入聚四氟乙烯（PTFE）模具中固化成型。

胶黏剂固化试样的拉伸性能如图 6-21 所示。室温固化试样、中温固化试样、高温固化试样和超声固化试样的最大拉伸强度分别为 31.7MPa、40.2MPa、34.2MPa 和 41.5MPa。由于韧性降低，较高的温度导致较低的断裂变形。与室温固化试样相比，中温固化试样的拉伸强度增加，而高温条件下固化的试样强度反而不如中温固化。与室温固化试样相比，超声固化试样的拉伸强度最大提高了约 30.9%。温度的升高会加速交联反应及其程度，但过高的固化温度（150°C）会降低交联程度，导致环氧树脂基材降解，从而降低拉伸强度。

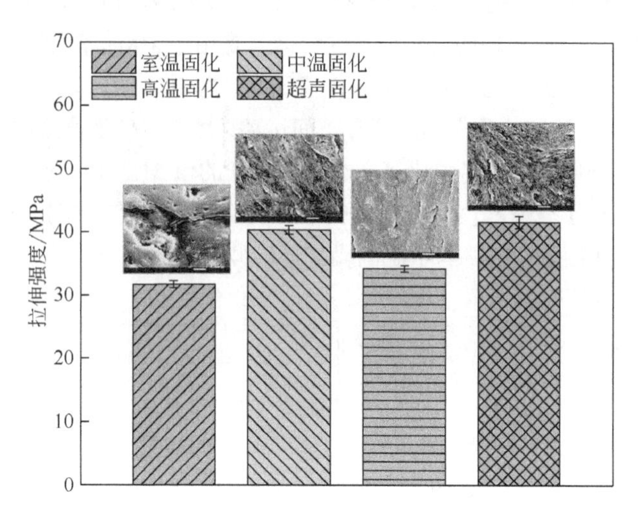

图 6-21 拉伸实验和 SEM 断裂面

图 6-21 展示了胶黏剂试样拉伸断裂面形貌，测试使用日本电子株式会社的 JSM-IT300 扫描电子显微镜，试样拉断后，对断面表面喷金处理后进行 SEM 测试。室温固化试样断裂面光滑，是典型的脆性断裂。断口上观察到明显的微裂纹，导致拉伸强度较低。中温固化试样断面与室温固化试样断面不同，中温固化试样断裂面出现粗糙和凹坑状形貌，表明固化温度升高改善了胶黏剂固化后的塑性。与中温固化试样相比，高温固化试样显示出更平滑的断裂表面，表明其为脆性断裂，这一结果可能与高温下的断链和弹性体降解有关。超声固化试样的断裂表面形貌与中温固化相似，表现出韧性断裂的行为，表明超声作用改善了胶黏剂固化后的塑性。

6.3 超声加速胶黏剂固化机理

超声通常会改变化学反应机理，使某些物质在宽松条件下发生原本反应条件要求苛刻的化学反应，例如发生自由基的氧化还原反应和新的化学键合行为，这将改变物质的状态或性能。本研究中使用的胶黏剂中含有环氧基、羟基、氨基及酰氨基等官能团，可能会受超声的影响改变活性。本节从热效应、混合、官能团种类和活性等方面探究超声对胶黏剂固化的影响机理。

6.3.1 超声振动辅助固化的热效应

当超声在介质中传播时，会存在一个可以产生空腔的正负交替的交变压强，这些小空腔会迅速膨胀和收缩，从而导致液体微团之间发生剧烈碰撞使液体的温度升高，这可能成为超声提高胶黏剂固化速率的原因之一。

研究使用的材料为E-51环氧树脂/聚酰胺650体系胶黏剂，该体系与3M DP460近似，但组分更加清晰且无毒，成本较低，方便进行超声固化机理研究。E-51环氧树脂由济宁宏明化学试剂有限公司提供，环氧值0.51，黏度12Pa•s（25℃）。聚酰胺650固化剂由杭州五会港胶粘剂有限公司生产，氨值220mg KOH/g。E-51环氧树脂和聚酰胺650按质量比2∶1固化，体系在常温下需要2~5d固化，60℃条件下加热固化需要3h。

将珠式热电偶插入上述单搭接胶接接头的粘接区域，另一端连接温度记录仪通道1，采用超声振动辅助固化工艺对E-51/聚酰胺650胶黏剂作用30min，使用1s的记录间隔持续记录温度。所使用的热电偶温度记录仪为厦门恩莱自动化科技有限公司生产的EL-R19。

使用热电偶测得的胶黏剂的温度曲线如图6-22所示。在振动初始阶段，从室温升高到60℃时非常迅速，60℃以后温度持续波动，但继续产生缓慢的升温。起始温度为24.7℃的条件下，1800s的脉冲超声作用后温度升高了41.4℃，最高温度达68.7℃，200s以后温度均值为61.6℃，达到了可使该胶黏剂体系在数小时内固化的温度条件。统计所有脉冲超声振动阶段的升温速率，平均值为1.35℃/s，最大值为13℃/s。而在脉冲超声间歇阶段，平均降温速率为1.12℃/s，最高降温速率达3.25℃/s，温度下降是由于试样与周围环境的热交换所致。

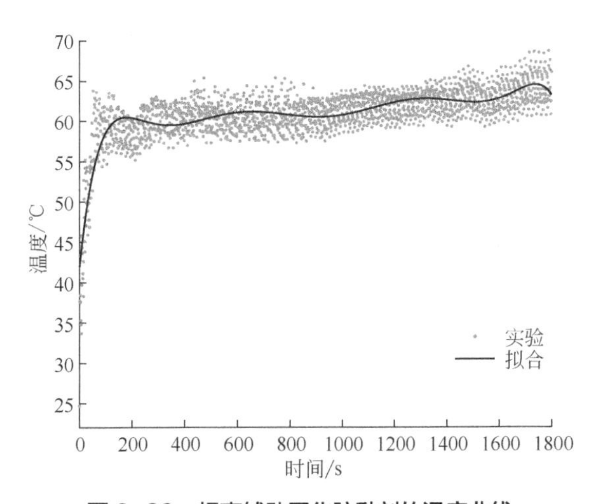

图6-22 超声辅助固化胶黏剂的温度曲线

为前述建立固化动力学模型提供连续数据，对温度的实验数据采用 CurveExpert（V2.6）软件进行多项式拟合，多项式次数 8 次，相关系数 0.801，拟合参数如表 6-8 所示。

表 6-8 温度数据多项式拟合参数

参数	*a*	*b*	*c*	*d*	*e*	*f*	*g*	*h*	*i*
指标	41.62	0.32	-2.12×10^{-3}	6.89×10^{-6}	-1.23×10^{-6}	1.28×10^{-11}	-7.64×10^{-15}	2.44×10^{-18}	-3.20×10^{-22}

将得到的温度模型对时间求导可得超声辅助固化胶黏剂的温度变化速率，如图 6-23 所示。由图可知在振动过程开始阶段升温速率较大，随后急剧下降，然后趋于稳定。

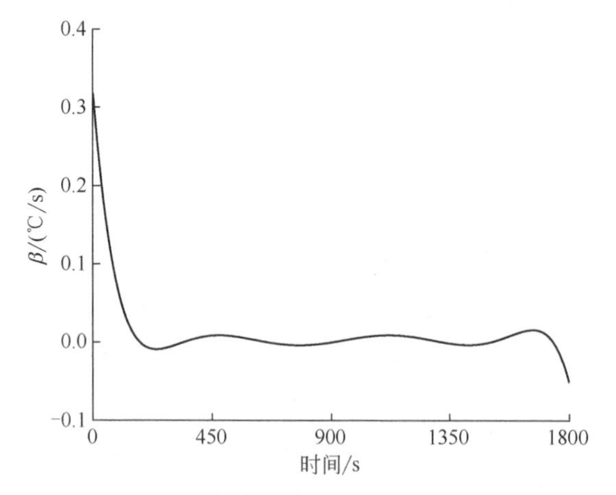

图 6-23 超声辅助固化胶黏剂的温度变化速率

通过记录超声固化过程中的温度变化，发现脉冲超声作用下胶黏剂的温度能达到 60℃以上，达到了可以显著提高固化速率的温度。

6.3.2 超声促进混合

化学反应是将反应物分子中的原子重新结合形成新产物分子的过程。如果反应物分子中的原子要重新结合，反应物分子中的原有化学键必须断键。化学键的断键是通过官能团或原子之间的碰撞来实现的。破坏化学键的碰撞不占碰撞总数的 100%，只有比普通分子具有更高能量的活性分子才有机会破坏化学键并产生化学反应。为了促成化学反应，活化分子还必须具有正确的取向。对于某一反应，单位体积内活化分子的数量与反应物的总量成正比，即活化分子的数量与反应物的浓度成正比。因此，增加反应物的浓度可以增加活化分子的数量，从而增加有效碰撞的次数，即增加反应物的浓度可以提高化学反应的速率。

本节采用欧达 HDR-AC5 4K 光学高清摄像机对超声振动作用下胶黏剂在胶接区域内的混合过程进行记录，如图 6-24 所示。在实验过程中，为了清晰观察与分析超声振动作用下胶黏剂在胶接区域内的混合过程，采用高透明有机玻璃板（亚克力板）代替上板，其尺寸同前述上板保持一致。采用物性参数与乳白色 3M DP460 相似的黑色环氧树脂胶 3M DP420 作为探究超声振动作用下胶黏剂混合行为的示踪剂。实验前在碳纤维复合材料板（下板）的胶接区域先涂上 3M DP460 胶黏剂，于其四周四个位置各滴 50mg 3M DP420 胶黏剂，将高透明有机玻璃板平整压于胶接区域，采用持续超声振动 18s，分别在振动时间为 0s、4s、8s、12s、18s 时用摄像机记录胶接区域胶黏剂的混合状态。

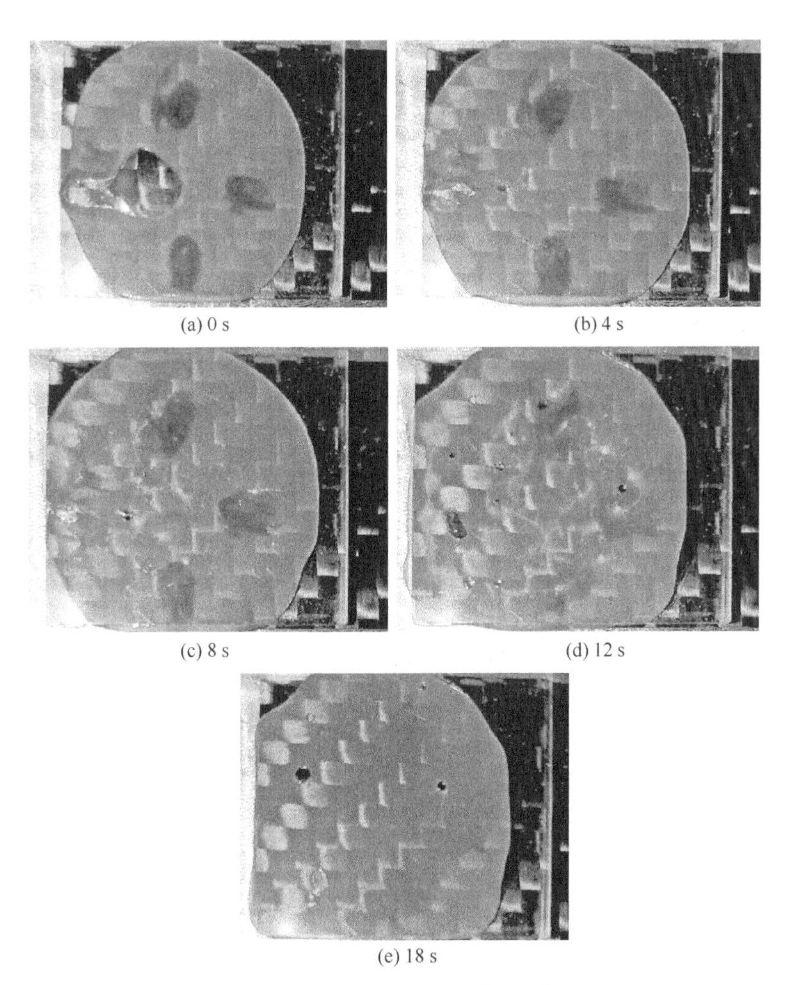

(a) 0 s　(b) 4 s　(c) 8 s　(d) 12 s　(e) 18 s

图 6-24　超声作用下胶黏剂混合

图 6-24（a）为初始时刻未施加超声时的胶层图像，黑色胶滴与乳白色胶黏剂没有相互融合，均以良好的初始形态存在，且具有清晰的边界，同时由于涂胶量不足而在胶层中形成一个空腔。若胶黏剂各组分分布过于集中，使得反应分子发生有效碰撞的概率减少，不利于固化反应的发生。超声作用 4s 时的胶层如图 6-24（b），此时胶层透明度变高，乳白色胶层覆盖面积增大，涂胶时由于人为原因造成的空腔几乎消失，左侧黑色胶滴开始分散于乳白色透明的胶黏剂中，其他胶滴形态也开始发生变化，有融于乳白色胶黏剂的趋势。超声作用时间达到 8s 时的胶层如图 6-24（c）所示，左侧黑色胶滴完全扩散融于乳白色胶层中，乳白色胶层中混入了空气。超声作用时间达到 12s 的胶层图像如图 6-24（d），黑色胶滴受浓度集中区产生的浓度差和高频振动的影响固有形态完全破坏，开始和周围乳白色胶黏剂产生混合。图 6-24（e）为振动作用 18s 时的胶层，黑色胶滴完全消失，两种胶黏剂均匀混合，胶层呈现黑色和乳白色混合后的颜色，组分集中区基本消失。

在日常配胶过程中，由于操作精度很难保证 A、B 料混合后局部组分分布完全均匀，超声促进组分的混合作用可使环氧树脂和固化剂等相互扩散，使组分分布更均匀。此过程尽管胶黏剂各组分宏观浓度不发生改变，但在小的局部区域内共同存在的环氧树脂和固化剂等活性物质的浓度是升高的，在此区域内反应物分子增多，因此发生碰撞的频率更高，在总碰撞次数（与温度有关）和时间一定的条件下有效碰撞次数增加，使固化反应更快速地进行。

6.3.3　超声振动辅助固化的化学效应

研究使用的材料为 E-51 环氧树脂/聚酰胺 650 体系胶黏剂，该胶黏剂体系与 3M DP460 近似，但组分更加清晰且无毒、成本低，方便进行超声固化机理研究。

仍采用美国 Thermo Nicolet 公司的 Nexus 6700 FTIR 分析仪检测胶黏剂的分子结构。在制备试样时，对于固体试样，直接和高纯溴化钾（KBr）进行共混放入研钵中研磨，直至混合物呈粉末状，把混合好的粉末放在样品模具上适量，在油压机上压片（压力为 15MPa，压制时间为 1min）后进行测试。对于未完全固化的液态胶黏剂试样，直接涂布在高纯溴化钾压片上进行测试。

E-51 环氧树脂不进行超声作用直接进行测试，该组试样作为对照组。将 E-51 环氧树脂用超声振动处理 1min、2min、3min、4min、5min、10min、15min、20min、25min、30min，再分别取样进行 FTIR 测试，作为 E-51 超声组。超声处理方法与前述介绍超声强化胶接工艺类似，仍参考标准 ASTM D5868-01 执行，详见文献[163]。通过超声定时器将超声脉冲参数调整为振动 3s 间歇 3s，将振动总时间分别设为上述的预定时间，下压工具头完成振动，然后取 E-51 环氧树脂试样立刻进行 FTIR 测试。聚酰胺 650 测试也采用类似的过程。对于 E-51/聚酰胺 650 混合体系，将 E-51 环氧树脂和聚酰胺 650 用电子天平以质量比 2∶1 称量，在常温下机械搅拌至混合均匀，再抽真空以去除混合液中的气泡。在干燥箱内 70℃保温至 20min、40min、60min、80min、100min、120min 时分别进行 FTIR 检测，作为 E-51/聚酰胺 650 加热组。将 E-51 和聚酰胺 650 混合体系用上述超声振动方法处理 1min、2min、3min、4min、5min、10min、15min、20min、25min、30min 后分别取样进行测试，作为 E-51/聚酰胺 650 超声组。

6.3.3.1 超声作用对 E-51 环氧树脂的化学效应

双酚 A 型环氧树脂本身很稳定，即使加热到 200℃也不发生聚合，然而超声可促使发生或加速某些难以进行的化学反应，通过分析红外光谱的吸收峰消失或新增可判断是否有官能团种类的改变。超声作用不同时间 E-51 环氧树脂的红外光谱如图 6-25 所示，其中 915cm^{-1} 峰为环氧基的伸缩振动，3050cm^{-1} 峰为环氧基末端的 C—H 伸缩振动，3500cm^{-1} 附近的宽频带属于羟基的 O—H 伸缩振动，1000~1100cm^{-1} 为乙醚键频带，1608cm^{-1} 为苯环 C═C 伸缩振动。表 6-9 为 E-51 环氧树脂红外光谱的特征峰。

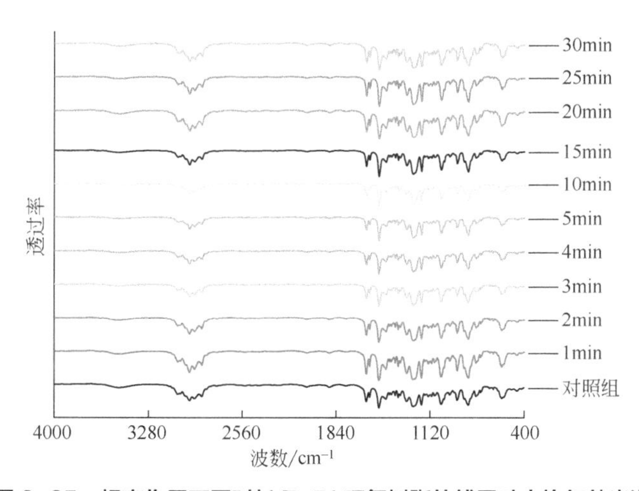

图 6-25 超声作用不同时长 E-51 环氧树脂的傅里叶变换红外光谱

从红外光谱图中发现没有新吸收峰生成或原吸收峰消失，因此超声作用未使环氧树脂官能团种类发生变化。为了评估超声是否使环氧基活化，可用内标法计算环氧基吸收强度，苯环的 C═C 很稳定，可作为内标法的计算基准，环氧基吸收强度计算公式如下：

$$I=\frac{[A_X/A_{C=C}]_t}{[A_X/A_{C=C}]_0} \tag{6-20}$$

式中，I 是环氧基的吸收强度，$[A_X/A_{C=C}]$ 是从图 6-25 得到的超声作用时间 t 后环氧基的峰面积和苯环基准峰面积的比值。环氧基峰值取 $915cm^{-1}$，苯环峰值取 $1608cm^{-1}$。

表 6-9　E-51 环氧树脂红外光谱的特征峰

频带/cm^{-1}	振动类型
约 3500	O—H 伸缩
3057	环氧基末端 C—H 伸缩
2965~2873	芳香族和脂肪族的 C—H 伸缩
1608	苯环 C══C 伸缩
1509	苯环 C══C 伸缩
1036	芳香醚══C—O—C 伸缩
915	环氧基 C—O 伸缩
831	环氧基 C—O—C 伸缩
772	CH_2 弯曲

图 6-26 为超声作用于 E-51 环氧树脂不同时长的环氧基吸收强度，从图中可以看出：

① 超声可使环氧树脂中的环氧基活化；

② 超声作用时间和环氧基活化程度不呈正相关，但存在一组最佳处理时间，在最佳处理时间时可使环氧基活性最高。

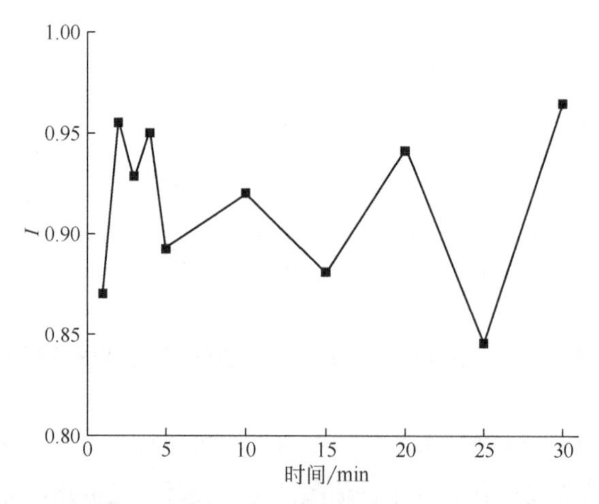

图 6-26　超声作用于 E-51 环氧树脂不同时长环氧基吸收强度

为了消除 FTIR 仪器和环境误差，对室温放置不同时间未经超声处理的 E-51 进行FTIR测试，如图6-27所示，再次使用内标法计算环氧吸收强度，结果如图6-28所示，可以发现室温条件放置不会影响环氧基吸收强度，因此可以排除FTIR仪器和环境误差。

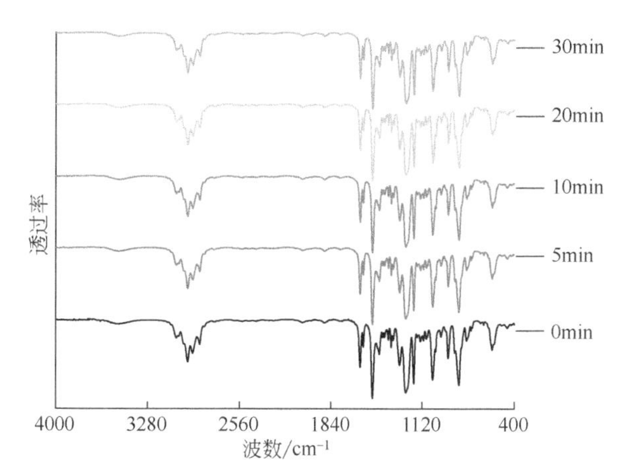

图6-27 室温放置不同时间的E-51环氧树脂傅里叶变换红外光谱

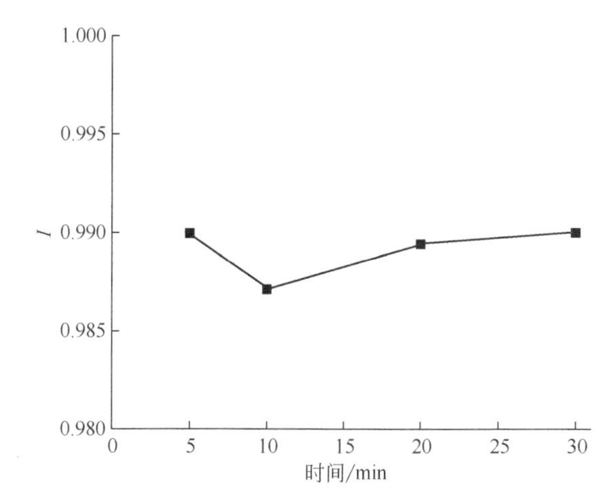

图6-28 室温放置不同时间的E-51环氧树脂的环氧基吸收强度

超声直接作用环氧树脂可使环氧基活化，常规固化仅通过碰撞产生活化分子，超声带来新的活化渠道是其固化速率高于常规固化的原因之一。

6.3.3.2 超声作用对聚酰胺650的化学效应

低分子聚酰胺中能起固化反应的是氨基和酰氨基，它们与环氧基的反应活性差别大，而氨基接有较大环体，所以在常温下它虽然能和环氧树脂发生固化反应，但反应速度慢。

通过傅里叶变换红外光谱分析聚酰胺 650，常规对照组和超声实验组的红外光谱图如图 6-29 所示，其中 3289cm^{-1} 峰为 N—H 的伸缩振动，2924cm^{-1}、2853cm^{-1} 峰为饱和 C—H 的伸缩振动，1650cm^{-1} 峰为酰氨基 C═O 伸缩振动，1607cm^{-1}峰为 N—H 的弯曲振动。从红外光谱图中发现没有新吸收峰生成或原吸收峰消失，因此超声作用未使聚酰胺 650 分子结构发生变化。采用与上述计算环氧基吸收强度相同的方法计算氨基中 N—H 键吸收强度，饱和 C—H 在整个固化过程中不参与反应，可作为内标法计算 N—H 键吸收强度的基准，内标法公式如式（6-21）所示。

$$I = \frac{[A_X / A_{C-H}]_t}{[A_X / A_{C-H}]_0} \tag{6-21}$$

式中，I 是 N—H 吸收强度，其值越低说明超声对 N—H 键的活化效果越明显，$[A_X/A_{C-H}]$是从图 6-29 得到的在 t 时刻要计算的 N—H 键峰面积和基准峰面积的比值。

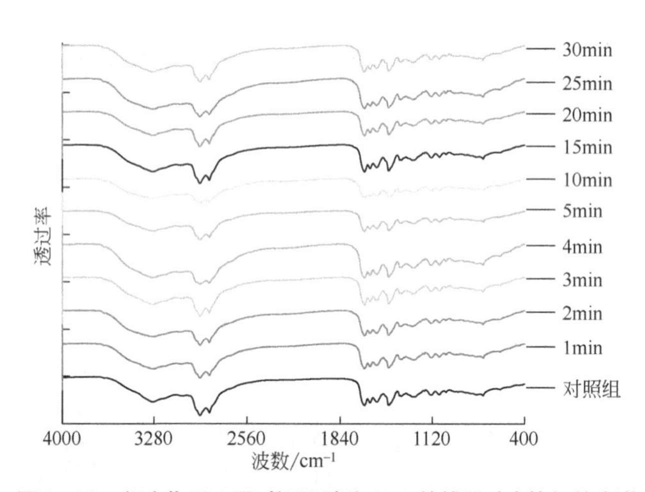

图 6-29 超声作用不同时间聚酰胺 650 的傅里叶变换红外光谱

图 6-30 所示为超声作用不同时长的 N—H 键吸收强度，分别使用了 2924cm^{-1}、2853cm^{-1} 两处饱和 C—H 峰面积作为基准。从图中可以看出：

① 超声可使聚酰胺 650 的 N—H 键在没有环氧基的条件下活化；

② N—H 键活化程度与超声作用时间不呈正相关关系，但存在一组最佳处理时间，在最佳处理时间时可使 N—H 键活性最大。

超声直接作用聚酰胺 650 使 N—H 键活性提高，这使部分 N—H 键活化所需的能量不再完全由与环氧树脂分子的碰撞提供，还可来自超声的能量，这一新的活化渠道是超声固化速率优于常规固化的原因之一。

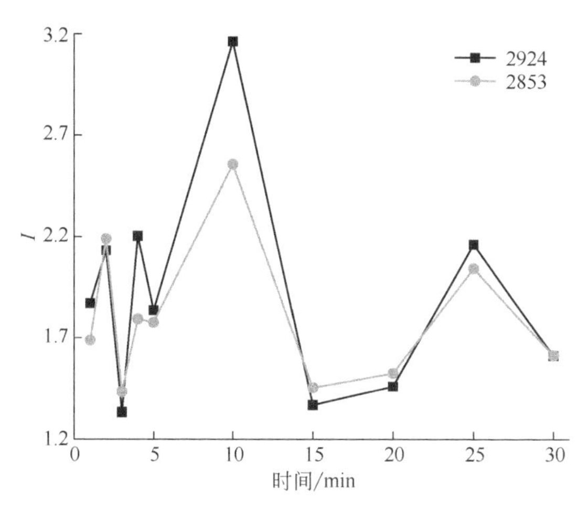

图6-30 超声作用不同时间的N—H键的吸收强度

6.3.3.3 超声作用对E-51/聚酰胺650混合物体系的化学效应

超声实验组和加热组试样的红外光谱分别如图6-31和图6-32所示。其中3300cm^{-1}峰为N—H的伸缩振动，1644cm^{-1}峰为酰氨基中羰基（C═O）的伸缩振动，1608cm^{-1}峰为苯环C═C伸缩振动，915cm^{-1}峰为环氧基的伸缩振动。红外光谱图吸收峰没有增减，因此超声和加热均未使该胶黏剂体系官能团种类发生变化。

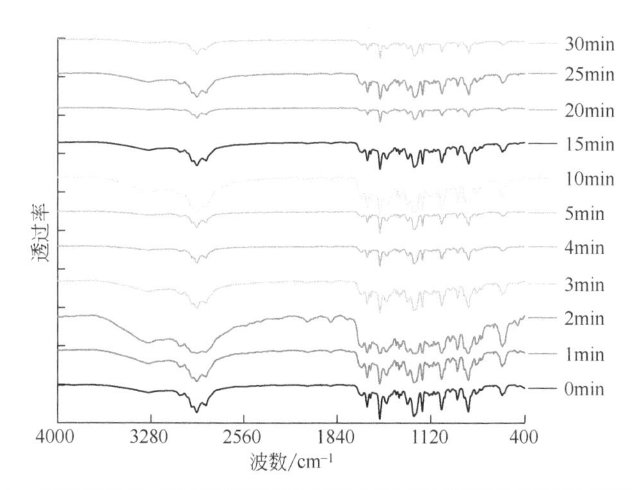

图6-31 超声作用E-51环氧树脂/聚酰胺650不同时长的傅里叶变换红外光谱

为了判断超声固化相较于70℃加热固化是否也具有较高效率，采用内标法分别计算超声组和加热组的N—H吸收强度，苯环C═C在整个固化过程中不参与反应，可作为内标法计算N—H吸收强度的基准，内标法公式如下：

$$I = \frac{[A_X / A_{C=C}]_t}{[A_X / A_{C=C}]_0} \tag{6-22}$$

式中，I是N—H吸收强度，$[A_X / A_{C=C}]$是从图6-31、图6-32得到的在t时刻要计算的N—H键峰面积和基准峰面积的比值。图6-33所示为超声固化和加热固化不同时长胶黏剂N—H键吸收强度变化，加热固化120min内的N—H键吸收强度始终较高，超声固化的N—H键水平显著低于加热固化，这证明超声提高固化速率的效果好于单纯70℃加热固化。

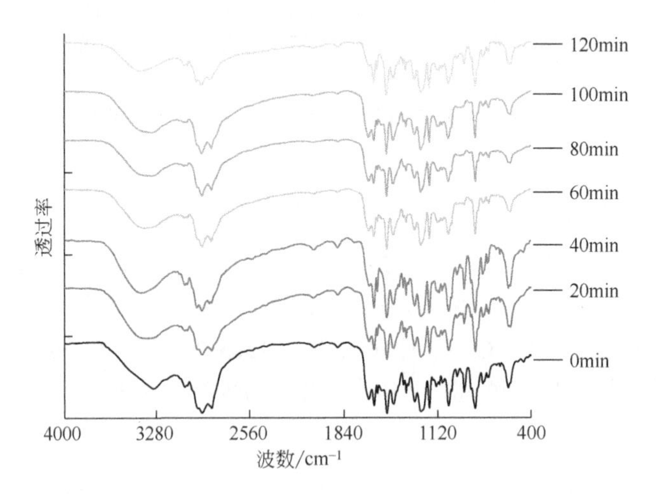

图6-32 70℃加热固化E-51环氧树脂/聚酰胺650不同时长的傅里叶变换红外光谱

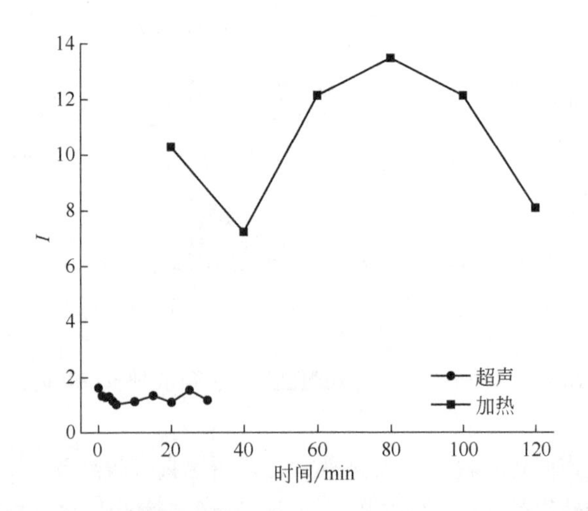

图6-33 超声固化和加热固化不同时长N—H键的吸收强度对比

6.4

本章小结

本章研究了超声振动对胶黏剂固化的影响。通过差示扫描量热法直观比较了超声固化和常规固化工艺在效率上的差异，超声固化速率显著高于常规固化。对胶黏剂常规固化和超声固化机理深入研究后发现，在胶接过程中应用超声振动提高了胶黏剂体系温度，促进了体系混合，提高了官能团活性。主要结果与结论如下：

① 超声振动辅助胶黏剂固化工艺可提高胶黏剂固化速率。通过差示扫描量热法对常规固化和超声固化的胶黏剂不同时长的试样进行检测得到其固化度，发现超声固化比常规固化的速率可提高 26.45 倍。

② Kamal 自催化模型能较好地描述胶黏剂的超声固化反应过程，即超声的引入不能改变胶黏剂的固化反应机理，但可缩短自催化固化反应的诱导期，同时使表观活化能 E_1、E_2 分别降低 81.21%、89.98%。

③ 结合等转化率方程得到了活化能随固化度的变化，发现超声作用可使活化能在固化度为 0.1~0.5 时的下降率由常规固化时的 48.1%提高到 165.7%，而且超声对固化后期形成交联网络的胶黏剂仍有促进固化效果。

④ 拉伸实验表明，固化温度对胶黏剂的力学性能有显著影响。与室温固化相比，超声固化使拉伸强度提高了 30.9%。超声固化试样的热稳定性和热机械性能都得到了提升，同时缩短了胶黏剂的固化周期。

⑤ 超声振动使胶黏剂温度可在较短时间升高到显著促进其固化的温度，使胶黏剂固化速率明显提高；超声作用促进了胶黏剂不同组分的混合，使反应物分布更均匀，固化反应更容易进行；超声不改变官能团种类，但可提高官能团活性，带来新的活化渠道，加速固化反应。

第7章 超声振动强化胶接工艺的应用

纤维增强复合材料因其重量轻、强度高而广泛应用于汽车、航空航天等领域。为了使超声振动强化复合材料胶接技术得到应用与推广，本章依次选取了板、管和复杂曲面类对象，将超声振动强化胶接技术应用于复合材料的胶接，验证其效果和实际应用价值。

7.1 碳纤维复合材料/铝板胶接

对于复合材料与轻质金属板的胶接，由于物性差异较大，金属和胶黏剂界面的胶接性能相对较差，金属材料胶接前的表面预处理往往更关键。对于铝、钛等轻金属材料，阳极氧化能够在金属表面形成多孔的致密氧化物膜，改善界面润湿，同时也有利于界面机械嵌合结构的形成。本节以碳纤维复合材料/铝合金板的胶接为对象，介绍超声振动强化板材胶接工艺的应用，验证超声振动的引入对阳极氧化处理后接头胶接性能的影响。

7.1.1 铝合金板的阳极氧化预处理

7.1.1.1 铝合金板的阳极氧化预处理原理与工艺

铝合金的阳极氧化是指将铝合金与不锈钢（或铂、铅等）同时置于电解液中，其中铝合金为阳极，不锈钢(或铂、铅等)为阴极，再施加适当的电压、电流，并持续一段时间，为铝合金表面镀上一层致密且均匀的氧化膜，如图 7-1 所示。铝合金阳极氧化工艺所用到的电解液一般有硫酸溶液、磷酸溶液以及混合酸溶液。根据所使用的电源不同又可分为直流阳极氧化、交流阳极氧化和脉冲阳极氧化等。阳极氧化膜的生成与溶解是同时进行的，反应过程主要有：

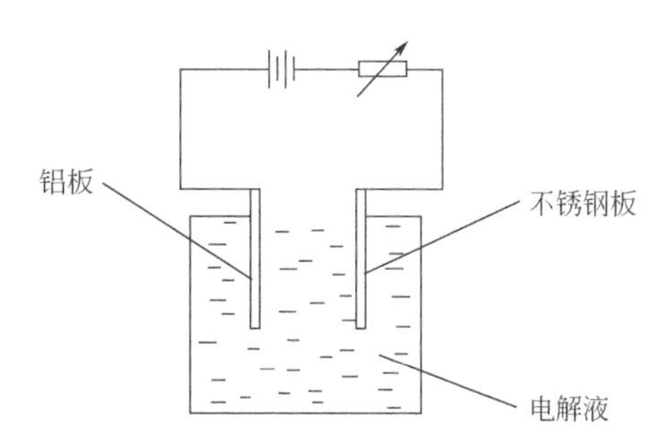

图 7-1 铝合金阳极氧化原理

① 阳极成膜过程：$H_2O-2e^- \longrightarrow 2H^+ + [O]$，$2Al+3[O] \longrightarrow Al_2O_3+1670J$

② 氧化膜溶解过程：$Al_2O_3+6H^+ \longrightarrow 2Al^{3+}+3H_2O$

③ 阴极还原反应：$2H^+ +2e^- \longrightarrow H_2$

温度是阳极氧化工艺中的一个重要参数，如果电解液的温度高，氧化膜溶解速度大，生成的速度减小，生成的膜疏松，出现粉化的现象。若温度过低，氧化膜发脆易裂。当控制温度在18~22℃时，得到的氧化膜多孔，吸附性强，富有弹性，抗蚀性好，但耐磨性较差。

本例中，使用的铝合金板为依据标准 ASTM D5868-01 制备的 7075 铝合金板，尺寸为 101.6mm×25.4mm×1.5mm。铝合金板阳极氧化所使用的电源为迈胜直流（DC）电源（MP-3030D）。阳极氧化前的预处理过程包括打磨（依次为 280 目、400 目、600 目、800 目和 1000 目砂纸）、无水乙醇脱脂（超声清洗 5min）、去离子水清洗、蚀刻（50g/L NaOH 溶液，65℃，2min）、去离子水清洗、化学抛光（30% HNO_3，30s），去离子水清洗，空气自然干燥。以经过以上几步预处理的铝合金板为阳极，以不锈钢板为阴极，将铝合金板与不锈钢板同时放置于配好的电解液中，电解液为 184g/L 硫酸溶液。接好电源，将硫酸溶液放在恒温水浴槽中，以保证实验过程中的温度符合阳极氧化要求。实验过程中控制电流密度为 $2A/dm^2$，电解液温度控制在（20±2）℃，按设计时间（见下文）进行处理[176]。阳极氧化处理后，取出铝合金板，用去离子水清洗，风干备用。

7.1.1.2 铝合金板的阳极氧化预处理实验及结果

在1min到40min的范围内选取了12种不同的阳极氧化时间，分别为1min、2min、3min、4min、5min、10min、15min、20min、25min、30min、35min 与 40min，然后检测阳极氧化后铝合金板的表面特性，分析阳极氧化对铝合金表面性能的影响。阳极氧化处理后的铝合金板试样如图 7-2 所示，图中以处理 3min 为示例，其余试样外观类似。图中试样下部为进行阳极氧化处理的区域，上部为没有进行处理的区域。从图中可以直观看出，阳极氧化处理后，铝板表面由亮光变为哑光，表面粗糙度明显增大。

在不施加超声作用的情况下，阳极氧化不同处理时间后得到的胶接接头试样的强度如图 7-3 所示，制样方式仍按 ASTM D5868-01 执行。图中时间为 0min 的参考试样是指未经阳极氧化预处理的试样，其他表面处理步骤与阳极氧化表面处理方法相同。

图 7-3 可以看出，铝合金板经阳极氧化处理后，结合强度显著提高。随着阳极氧化时间的延长，结合强度表现出明显的波动。阳极氧化处理时间为 3min 时，结合强度最高，达到 11.81MPa。这可以归因于阳极氧化处理表面的特性，后续超声振动强化胶接实验将选择阳极氧化 3min 的方案对铝合金板材进行预处理。

图 7-2　阳极氧化表面预处理后的铝合金板试样

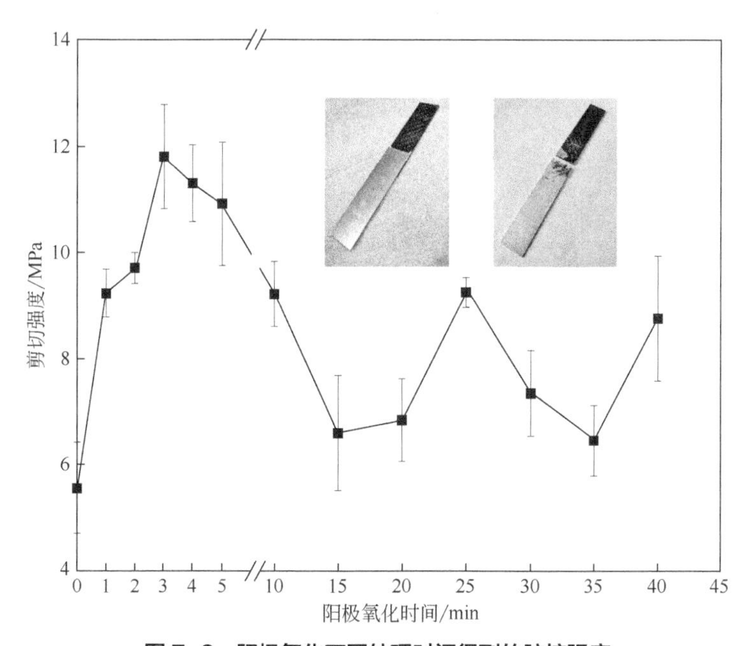

图 7-3　阳极氧化不同处理时间得到的胶接强度

通过扫描电子显微镜观察阳极氧化处理不同时长后得到的铝合金板的表面形貌，如图 7-4 所示。所使用的扫描电子显微镜为日立高新技术公司超高分辨率场发射扫描电子显微镜 SU8010，其具有超高分辨率成像功能，分辨率为 1.0nm/15kV，放大倍数为 80 到 2000000 倍。从图中可以看出，原始铝板表面存在明显的轧制裂纹，经硫酸阳极氧化处理后，铝表面形成多孔氧化膜。随着阳极氧化时间的延长，孔的直径变大。这种多孔结构允许胶黏剂渗透其中，形成机械嵌合结构，这可能是阳极氧化处理后接头胶接强度提高的主要原因。

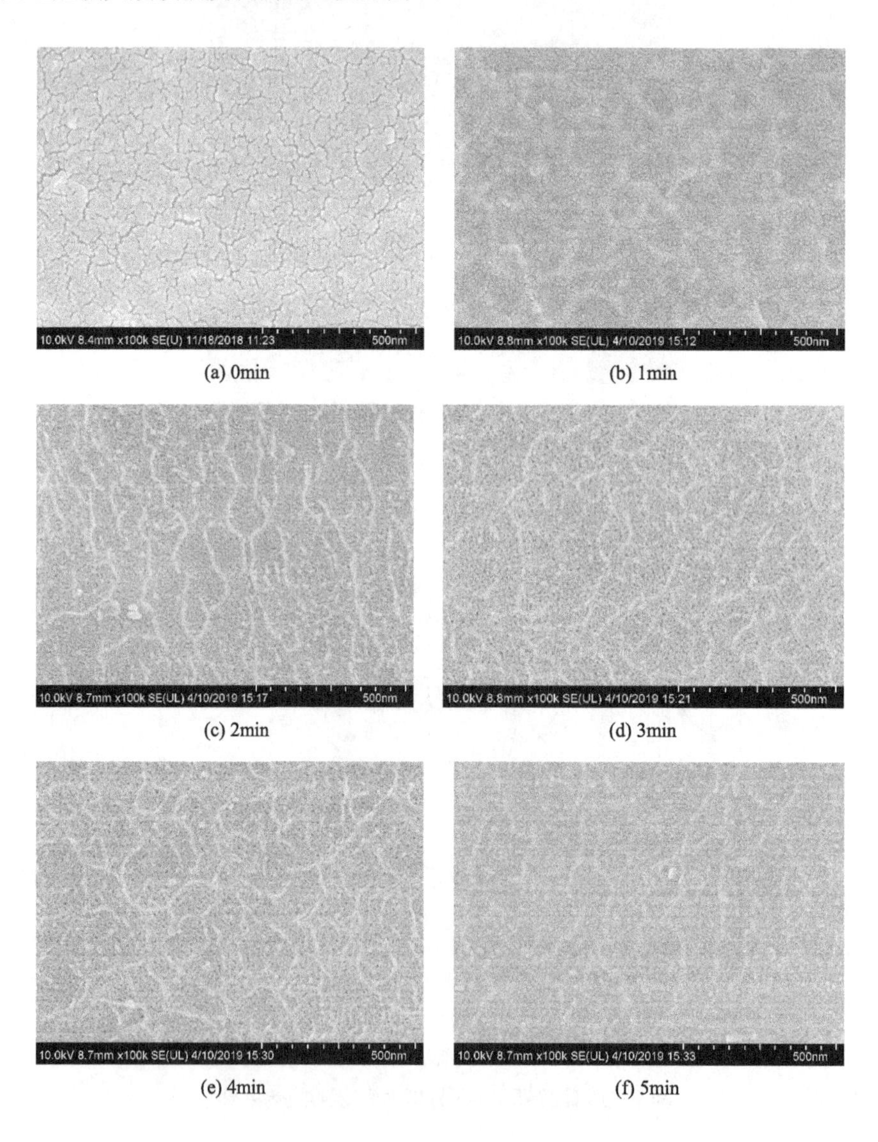

(a) 0min (b) 1min

(c) 2min (d) 3min

(e) 4min (f) 5min

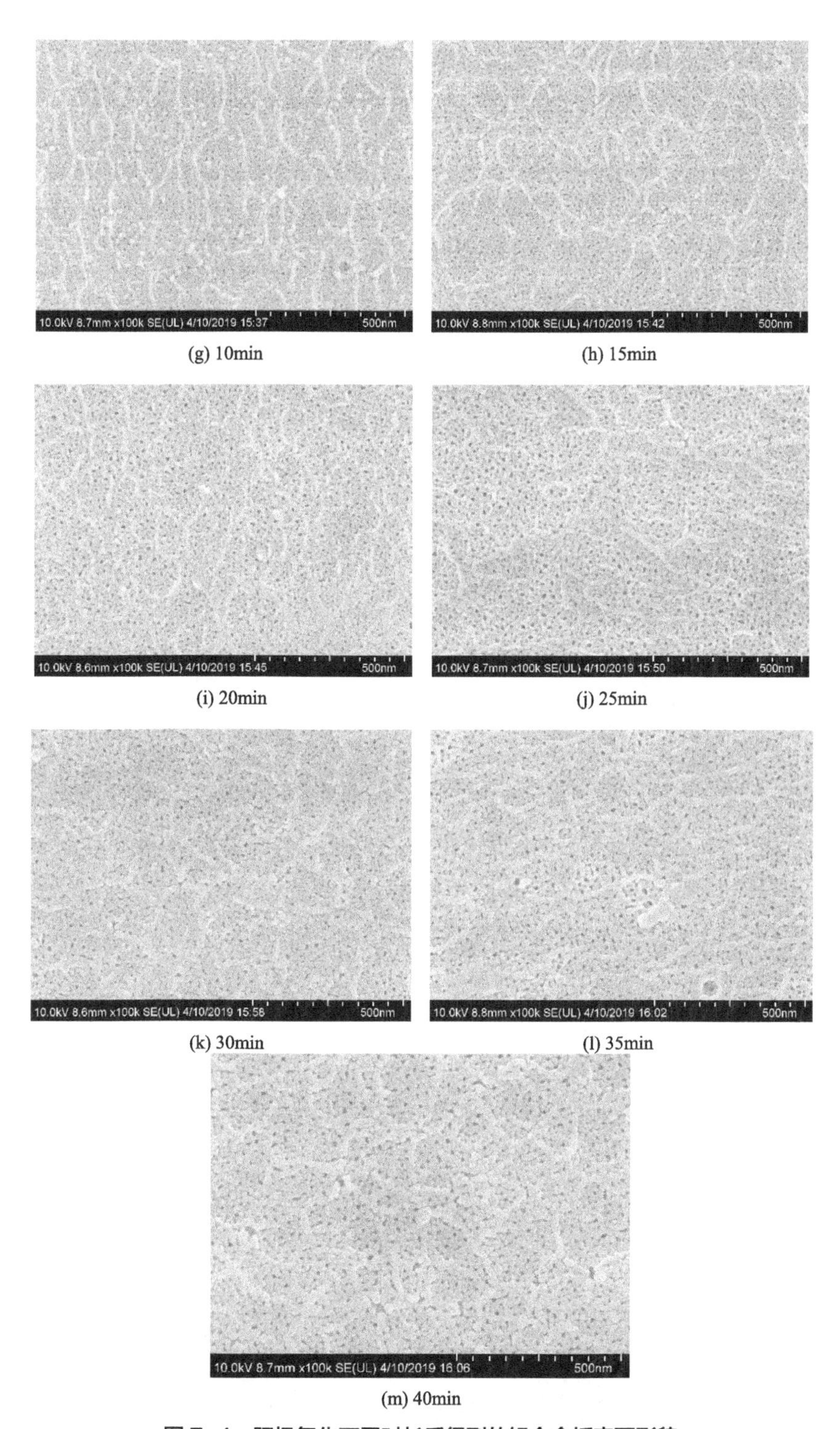

(g) 10min (h) 15min

(i) 20min (j) 25min

(k) 30min (l) 35min

(m) 40min

图 7-4 阳极氧化不同时长后得到的铝合金板表面形貌

阳极氧化预处理后，铝合金板表面的润湿性也发生显著变化。阳极氧化后铝合金板表面的接触角测试如图 7-5 所示。所使用的设备是德国 KRUSS 公司的 DSA100 接触角测量仪，该接触角测量仪利用光学视频的原理，主要应用座滴法或悬滴法，可以测量液体的静态接触角、滚动接触角、表面张力等性能。测试液体为去离子水，测试温度为室温。获得的平均接触角如表 7-1 所示。从表中可以发现，未进行阳极氧化处理的原始样件，接触角大于 90°，液体很难润湿固体表面，液体在固体表面的铺展很小。阳极氧化处理后，试样的接触角小于 90°，最小的接触角达到了 53.4°，减小了 47%。在处理 2～10min 后，接触角显著降低，通常降低约 32%。接触角的减小可以改善胶黏剂对铝合金表面的润湿效果，从而提高胶接强度。虽然当阳极氧化时间为 3min 时胶接接头结合强度最高，但试样接触角并非最小。这是因为结合强度不仅取决于界面润湿性，还取决于氧化膜的强度。随着阳极氧化时间的增加，氧化膜的孔径和厚度增加，氧化膜变得疏松，致使氧化膜和底层铝合金基材之间的结合强度降低，进而导致胶接强度减小。

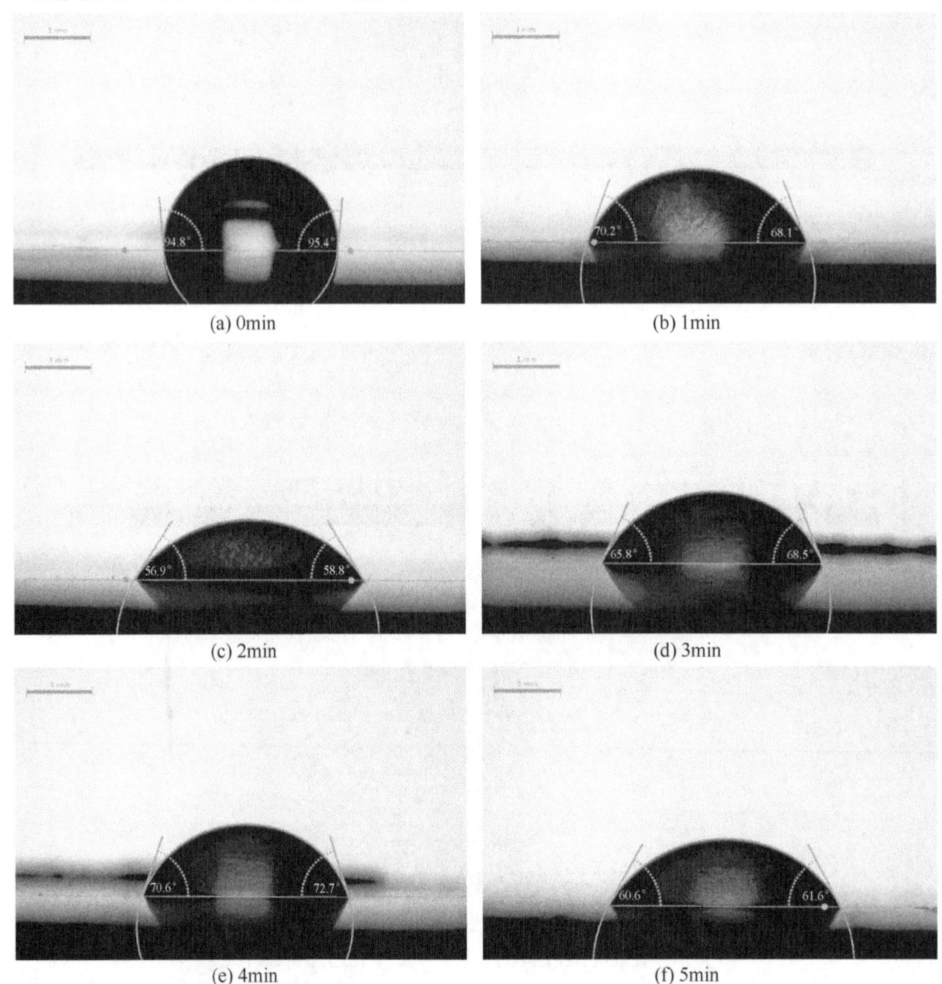

(a) 0min (b) 1min

(c) 2min (d) 3min

(e) 4min (f) 5min

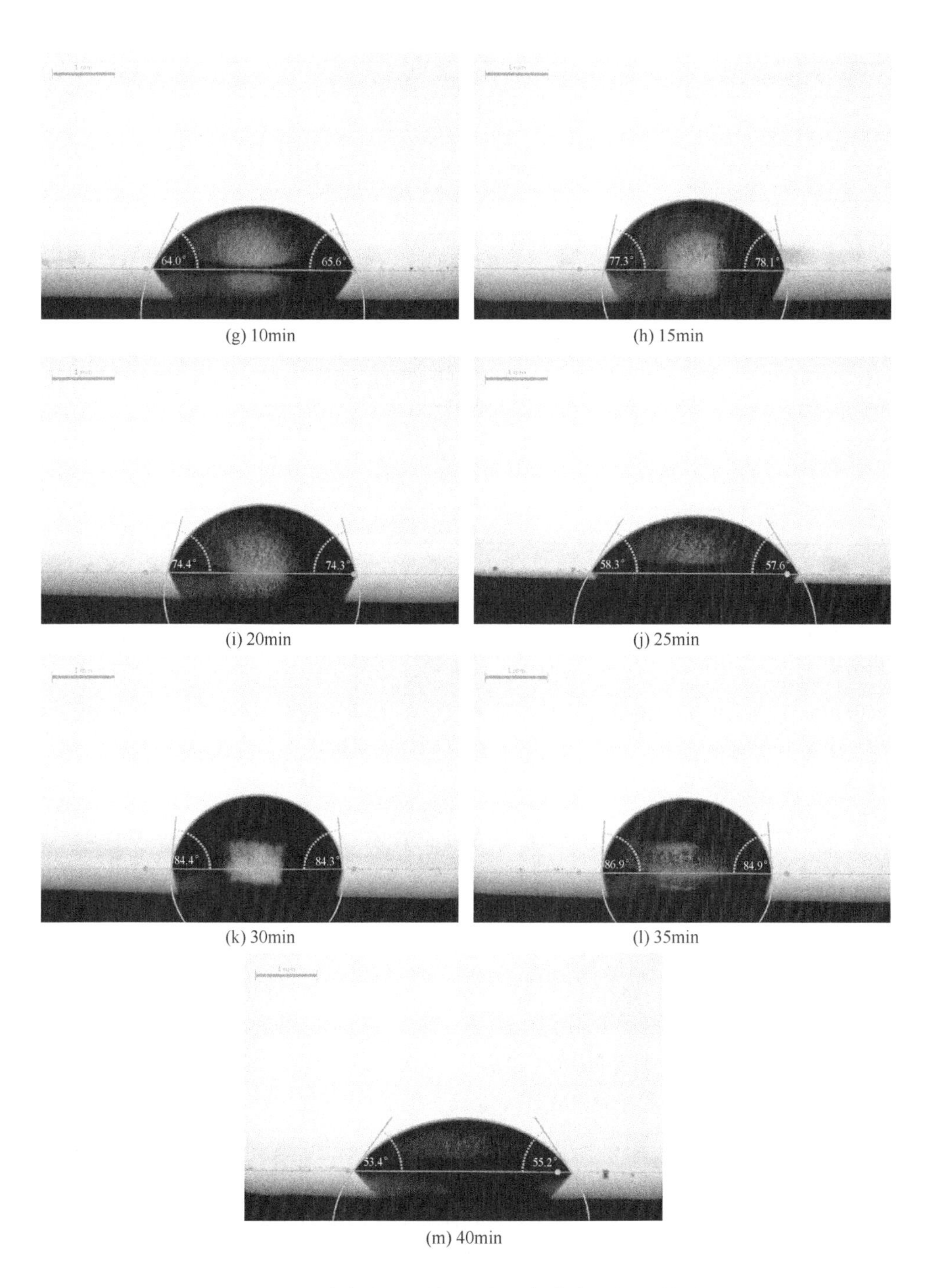

(g) 10min (h) 15min

(i) 20min (j) 25min

(k) 30min (l) 35min

(m) 40min

图 7-5 阳极氧化不同处理时长后铝合金板表面接触角

表 7-1 铝合金阳极氧化膜接触角

时间/min	左角度/(°)	右角度/(°)	平均角度/(°)
0	94.8	95.4	95.1
1	70.2	68.1	69.15
2	56.9	58.8	57.85
3	65.8	68.5	67.15
4	70.6	72.7	71.65
5	60.6	61.6	61.1
10	64	65.6	64.8
15	77.3	78.1	77.7
20	74.4	74.3	74.35
25	58.3	57.6	57.95
30	84.4	84.3	84.35
35	86.9	84.9	85.9
40	53.4	55.2	54.3

综上可知，高胶接强度的阳极氧化表面并没有表现出最好的润湿性能，因为它会使纳米孔润湿缓慢且难以穿透。由于润湿过程缓慢，在界面完全渗透之前，胶黏剂很容易交联和固化。在这种情况下，改善胶黏剂在阳极氧化表面上的润湿性能则可以进一步强化胶接。超声振动具有促进胶黏剂湿润的效果，从而进一步改善胶黏剂对阳极氧化预处理表面的渗透，形成充分的界面机械嵌合，提高胶接强度。

7.1.2 阳极氧化接头超声强化胶接实验

碳纤维复合材料板表面采用 40 目砂纸打磨并清洗，其材质同前不变，尺寸按照 ASTM D5868-01 标准加工，尺寸为 101.6mm×25.4mm×2.5mm。

被粘物表面处理完成后，超声振动强化胶接过程主要包括定位、配胶与涂胶、装配黏合、施加超声振动和固化四个步骤。首先，将碳纤维复合材料板放置在超声振动工作台上工具头下方的适当位置。其次，使用带有螺旋混合胶嘴的 3M Scotch-Weld EPX 9170 胶枪将 3M DP460 胶黏剂的 A、B 组分按照 A∶B=2∶1 的比例混合后均匀地涂布在胶接区域。再进行胶接装配表面处理过的铝合金板，然后将超声工具头下压在碳纤维复合材料板上，打开超声装置，在接头上施加振动。最后，胶接接头在室温下固化 24h。在此过程中有三个关键参数：振动时间、振动位置和超声振幅。振动时间是超声工具头对碳纤维复合材料板施加超声振动的时长。振动位置是指从超声工具头到碳纤维复合材料板胶接区域的距离。振幅是超声工具头的最大振动位移。制备的平板胶接接头为按照 ASTM D5868-01 标准的单搭接接头。

选择阳极氧化 3min 方案对铝合金板材进行预处理，在此基础上采用正交试验方法优化超声振动参数。根据前期尝试，正交试验的因素和水平如表 7-2 所示。使用 Minitab 软件设计正交试验，得到表 7-3 所示的 L_{16}（4^3）正交表，并根据该表进行实验。为了确保实验的随机性，使用了随机序列，对于每组试验，制备四个试样。结果表明，采用超声振动的胶接试样的最高剪切强度增加到 18.16MPa，比仅进行阳极氧化的试样（11.81MPa）高 53.8%。

表 7-2　正交试验的因素和水平

水平	因素		
	振动时间/s	振动位置/mm	振幅/μm
1	4	10	24
2	8	20	32
3	12	30	40
4	16	40	48

表 7-3　正交试验设计与实验结果

序号	振动时间/s	振动位置/mm	振幅/μm	平均最大拉力/N	拉伸强度/MPa
1	4	10	24	7079	10.97
2	4	20	32	6838	10.60
3	4	30	40	7717	11.96
4	4	40	48	8789	13.62
5	8	10	32	11682	18.11
6	8	20	24	8474	13.13
7	8	30	48	9781	15.16
8	8	40	40	8538	13.23
9	12	10	40	9399	14.57
10	12	20	48	7613	11.80
11	12	30	24	9025	13.99
12	12	40	32	9598	14.88
13	16	10	48	11344	17.58
14	16	20	40	8575	13.29
15	16	30	32	10729	16.63
16	16	40	24	10715	18.16

将正交试验的结果输入 Minitab 软件，对结果进行直观分析，得到如图 7-6 所示的均值主效应图，图中各因素的均值反映了该因子对胶接强度的影响程度。

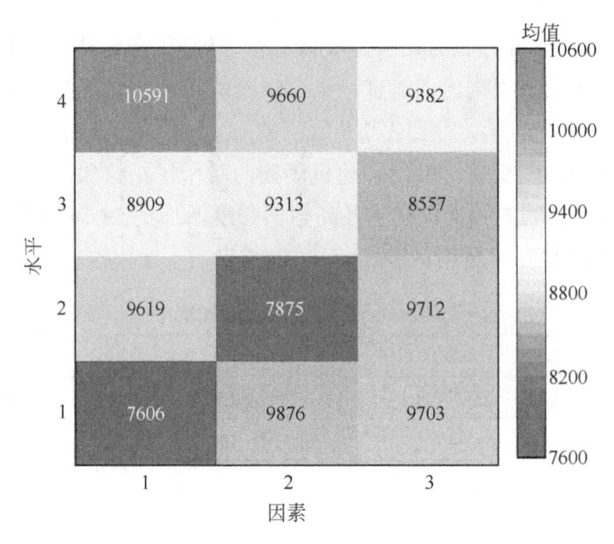

图 7-6 均值主效应图（因素 1、2 和 3 分别表示振动时间、振动位置和振幅）

从图 7-6 和表 7-3 可以发现，超声振动显著提高了碳纤维复合材料/铝合金板接头的胶接强度。分析图 7-6 可知，对于表面阳极氧化处理后的接头，影响胶接强度的超声振动工艺因素的重要性排序为：振动时间>振动位置>振幅，即振动时间对胶接强度的影响最大，振幅的影响最不显著。分析图 7-6 中各个因素在不同水平上的变化趋势，发现如果振动时间、振动位置和振幅三个因素分别为水平 4、水平 1 和水平 2 时，胶接强度将达到最大。因此，振动时间、振动位置和振动幅值分别取值为 16s、10mm 和 32μm，这三个参数是超声振动强化胶接工艺的最佳参数。

7.1.3 工艺验证与机理分析

由于正交试验得到的最优工艺不包括在表 7-3 的正交试验方案中，需要对得到的最优工艺进行实验验证。图 7-7 所示为对照组和超声最优实验组的胶接强度，其中对照组不采用超声振动，实验组采用上述最佳超声工艺参数。图 7-7 表明，采用最优工艺参数后，碳纤维复合材料/铝合金板单搭接接头的平均胶接强度为 18.66MPa，比没有施加超声振动的对照组试样强度提高了 55%，超声振动工艺可以用于制备碳纤维复合材料/铝合金高性能胶接接头。图 7-8 展示了剪切强度测试后的破坏界面。没有超声振动的试样主要失效模式是界面黏附失效，在铝板和碳纤维复合材料板上都观察到残留的胶黏剂。采用超声振动的试样主要破坏模式是被粘物（复合材料板）表层纤维撕裂破坏，在破坏面上可以清楚地观察到损坏的纤维，这表明超声振动提高了铝和胶层的界面结合强度。

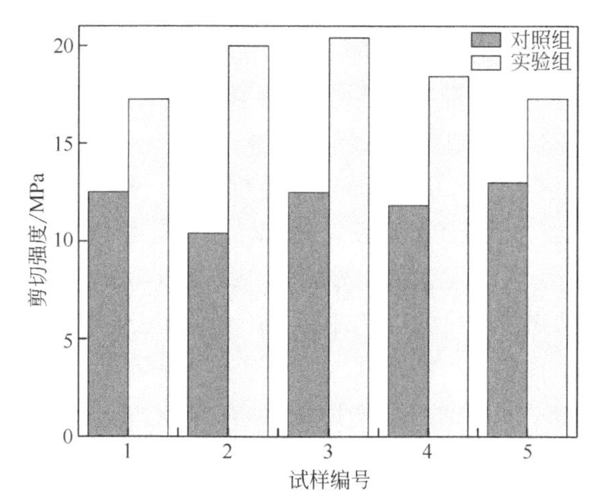

图 7-7 对照组和超声最优实验组的胶接强度

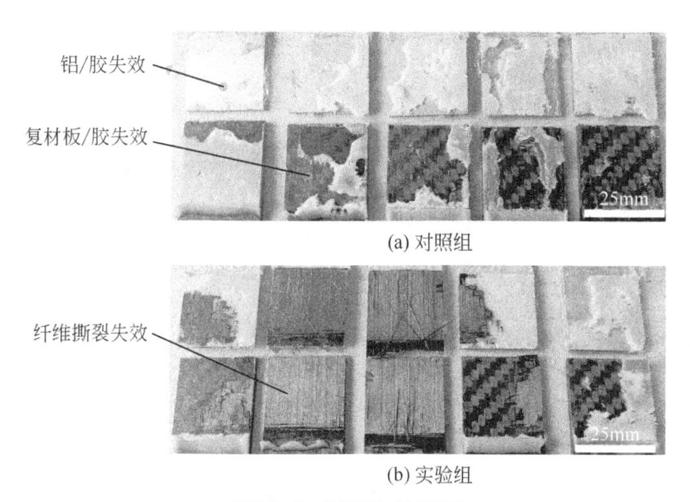

(a) 对照组

(b) 实验组

图 7-8 试样失效界面

用高压水射流切割胶接试样，将断面打磨、抛光、超声清洗后，进行喷金处理，观察形貌并作 EDS 元素分析，如图 7-9 所示，使用测试设备为日立高新技术公司的 SU8010 超高分辨率场发射扫描电子显微镜。图 7-9（a）和图 7-9（b）中，上部为铝合金板，下部为胶层。可以看出，在相同的放大倍数下，实验组（超声作用）的铝合金板与胶层之间的结合较好，很难区分界面，只有通过颜色和形态的差异才能识别铝合金和胶层。然而，在对照组中（无超声作用），铝合金板和胶层之间有一条清晰的界面线。这表明在超声振动的作用下，界面结合更紧密。

图 7-9（c）和图 7-9（d）显示了对应截面上的元素分布，其中标记了 Al、C 和 O 三种元素。根据 O 元素的分布，可以识别出铝合金与胶层之间的界面。界面处的 O 元

素含量最高，因为阳极氧化处理在铝合金表面产生氧化膜（Al_2O_3）。此外，除了 O 元素外，界面区域还包含 C 元素，C 元素是有机胶黏剂的主要元素，在铝合金中含量极少。因此，可以认为胶黏剂渗入铝合金的阳极氧化层，形成机械嵌合结构。通过 MATLAB 软件（R2019a）的“imread”函数分析，图 7-9（c）中代表 C 元素的区域覆盖了约 7.2%的界面面积，而图 7-9（d）中则覆盖了 19.6%。由此可以看出，超声实验组界面处的 C 元素含量大于对照组。由此进一步证实，在超声振动的作用下，更多的胶黏剂渗透到阳极氧化层的微孔中，形成更充分的机械嵌合结构和更大的界面接触面积，从而提高胶接强度。当施加超声振动时，高频振动传至胶黏剂，在胶层中形成冲击波。一方面，连续的超声振动迅速加热胶层[163]，导致其黏度降低，有利于胶黏剂渗透到阳极氧化层中。另一方面，冲击波会导致胶黏剂被高速喷射到被粘物表面，形成胶黏剂和被粘物之间冲击接触。由于阳极氧化处理后的铝合金表面是多孔的，这种冲击接触使界面结合紧密，也促进胶黏剂渗透到多孔阳极氧化层中。因此，形成了更大的界面接触面积和更多的机械嵌合结构，胶接强度显著提高。

(a) 对照组界面形貌　(b) 实验组界面形貌
(c) 对照组元素分布　(d) 实验组元素分布

图 7-9　胶接界面形貌与元素分布

7.2
FSAE 赛车碳纤维复合材料悬架管胶接

FSAE（Formula SAE）是国际汽车工程师学会（SAE International）1978 年创办的面向大学生的综合性赛事，要求在 12 个月内设计并制造出与标准的方程式相似且具有良好表现的赛车。轻量化概念已深入赛车的设计和制造，碳纤维复合材料、7075 航空铝合金等新材料的使用将赛车的重量由 250kg 降低到 130kg。如图 7-10 所示是大量采用碳纤维复合材料的 FSAE 赛车，其车身、空气动力学套件、悬架等很多部件采用碳纤维复合材料，赛车的整车重量显著降低，其动力性、燃油经济性等得到较大提升。

图 7-10 采用碳纤维复合材料的 FSAE 赛车

悬架系统作为底盘的主要部件，其设计、制造和装配等对 FSAE 赛车的整车性能有显著的影响。悬架系统的各组件中，采用碳纤维复合材料设计和制造的拉杆、上下 A 臂、转向拉杆等主要承受拉伸载荷的部件，不仅可以很好地实现 FSAE 赛车的整车轻量化，提升赛车的各项性能，还可以提升悬架的强度和刚度等性能。因此，碳纤维复合材料是 FSAE 赛车悬架系统的理想材料。但是，碳纤维复合材料与铝接头连接是其关键。螺钉等机械连接工艺复杂，接头处耐冲击疲劳性能差，此外腐蚀也比较严重。胶接相对工艺简单，耐疲劳冲击性能好，可耐一般环境腐蚀，所以成为 FSAE 赛车碳纤维复合材料悬架中接头连接的首选方法。但是，胶接接头的强度及稳定性难以得到有效控制，胶接性能不稳定，装配碳纤维复合材料悬架的 FSAE 赛车在路试及参赛过程中存在脱胶的风险，所以不少车队的方程式赛车的悬架系统目前仍然选用钢材。

根据各 FSAE 赛车队的实验测试数据及仿真结果，一般工况下 FSAE 赛车悬架控制臂承受最大约 2kN 的力。但在高速避障、耐久等比赛项目中，赛车转向侧倾时轮胎发生跳动，此时悬架控制臂承受近 20kN 的力。该载荷对于碳纤维复合材料以及接头铝合金材料本身来讲，都问题不大，关键在于二者的胶接接头。设计合适的胶接接头，采用完全依赖人工的胶接工艺可以使碳纤维复合材料悬架的接头承受 2kN 以上的拉伸载荷，胶接稳定性也完全可以满足要求。但 20kN 的拉伸载荷对碳纤维复合材料悬架胶接接头的强度及稳定性是一个考验。增大胶接接头面积或采用界面改性等被动强化胶接的方法可使碳纤维复合材料悬架接头的胶接强度满足要求，但是胶接的稳定性仍然无法得到保证，且增大胶接接头会降低轻量化效果。根据碳纤维复合材料/铝板的胶接实验研究发现超声振动强化胶接工艺不仅可以提高胶接强度，而且可以显著提升胶接的稳定性，使样件的胶接结构具有很好的可靠性。因此，碳纤维复合材料悬架的胶接是验证超声振动强化胶接工艺应用的较好选择。

7.2.1 胶接接头设计

FSAE 赛车双横臂独立悬架的主要组件包括摇臂、防侧倾杆、转向节、控制臂等，图 7-11、图 7-12 分别为某 FSAE 赛车队设计的赛车前、后悬架（钢制）的装配模型，由于对称关系，图 7-13、图 7-14 分别给出该赛车前悬（右）、后悬（右）的控制臂结构模型。

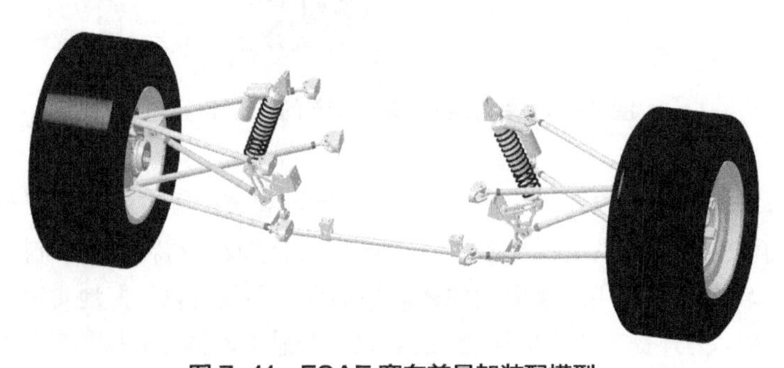

图 7-11 FSAE 赛车前悬架装配模型

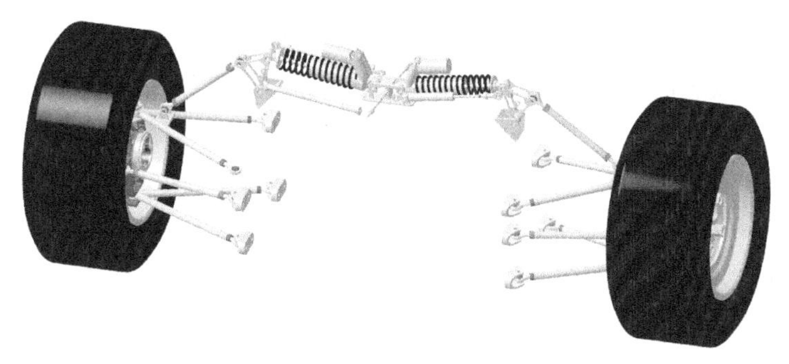

图7-12 FSAE赛车后悬架装配模型

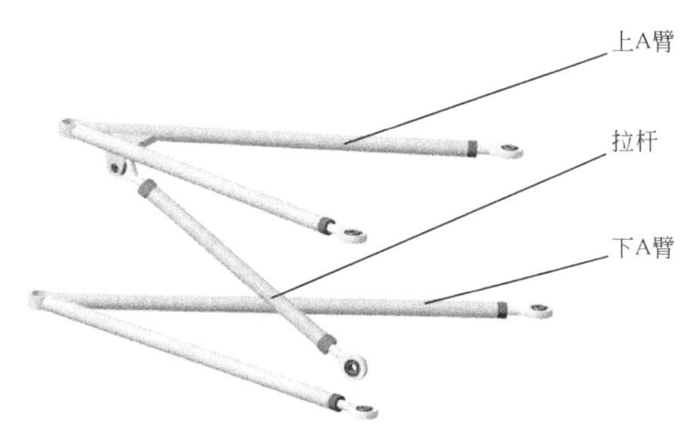

图7-13 FSAE赛车前悬（右）控制臂结构模型

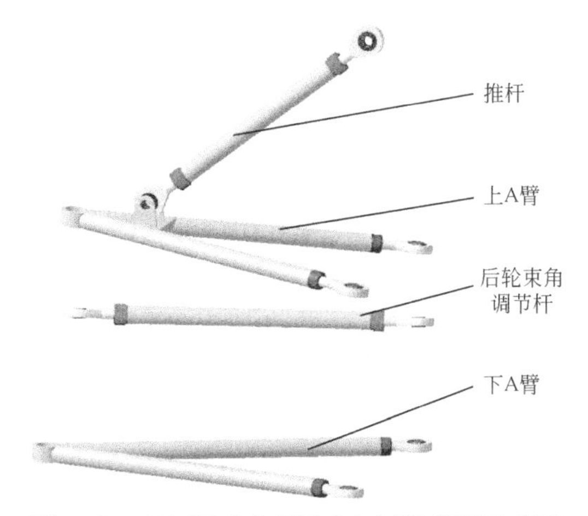

图7-14 FSAE赛车后悬（右）控制臂结构模型

根据图7-13、图7-14所示的FSAE赛车钢制悬架结构，将悬架系统的A臂、拉杆等钢制杆件部分替换为碳纤维复合材料管与铝接头的胶接结构，得到如图7-15、图7-16所示的FSAE赛车碳纤维复合材料前悬（右）、后悬（右）控制臂的模型。其中，中间细长段为碳纤维复合材料管，端部“A”型件为铝接头，其余端部为轴承端。轴承端包括杆端轴承和管接头部分，杆端轴承与管接头通过螺纹连接，管接头通过胶接与碳纤维复合材料管连接。FSAE 赛车双横臂独立悬架控制臂的组件采用碳纤维复合材料、铝合金等材料代替钢材后，各组件结构的长度设计如表 7-4 所示。其中，铝接头端部长度是指铝接头非胶接部位的长度，轴承长度是指杆端轴承中点到螺纹的距离。从图 7-15、图 7-16 可以发现，碳纤维复合材料悬架控制臂的连接部位全部为碳纤维复合材料管与铝接头的胶接（轴承端的管接头和连接 A 臂前、后杆的铝接头统称为铝接头），而且每根碳纤维复合材料管的两端都胶接有铝接头。

图 7-15　FSAE 赛车碳纤维复合材料前悬（右）控制臂模型

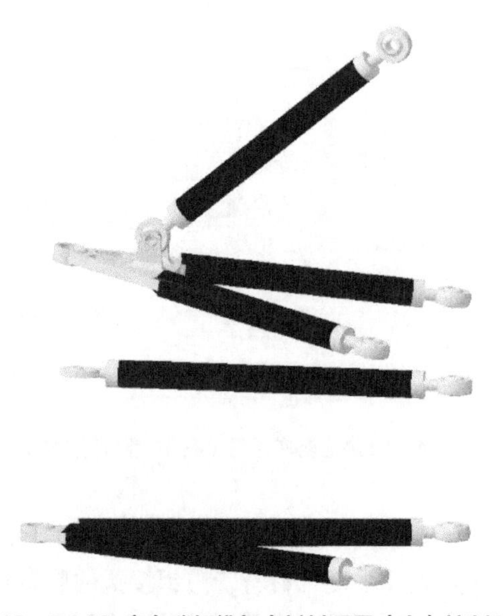

图 7-16　FSAE 赛车碳纤维复合材料后悬（右）控制臂模型

表 7-4 碳纤维复合材料悬架控制臂各组件的长度设计 单位：mm

组件	硬点长度	铝接头端部长度	轴承长度	碳纤维管长度
前悬上A臂前杆	349.0	66.5	11.5	271.1
前悬上A臂后杆	376.0	69.6	11.5	294.9
前悬下A臂前杆	378.0	34.6	11.5	331.9
前悬下A臂后杆	427.7	35.9	11.5	380.3
前悬拉杆	285.3	0.0	11.5	273.8
后悬上A臂前杆	257.8	84.1	11.5	162.3
后悬上A臂后杆	248.1	82.0	11.5	154.6
后悬下A臂前杆	276.9	34.8	11.5	230.6
后悬下A臂后杆	266.5	34.6	11.5	220.3
后悬推杆	212.2	0.0	11.5	200.7
后轮束角调节杆	268.6	0.0	11.5	257.1

超声振动强化碳纤维复合材料/铝板胶接研究中，超声振动施加在碳纤维复合材料板上，距胶接区域有一定的距离。碳纤维复合材料悬架控制臂各组件中的碳纤维复合材料管两端都胶接有铝接头，需要对两端的胶接部位分别施加超声振动。如果超声振动同样施加在距碳纤维复合材料管与铝接头胶接部位一定距离的位置，则一端接头的胶接过程中施加的超声振动会对另一端的胶接产生影响，从而使得超声振动强化碳纤维复合材料悬架的胶接过程变得很复杂。但如果碳纤维复合材料悬架的胶接过程中超声振动施加在碳纤维复合材料管位于胶接区域的部分，碳纤维复合材料悬架各组件中的碳纤维复合材料管有一定的长度，碳纤维复合材料管的一端与铝接头胶接时施加的超声振动对另一端的胶接影响很小。为此，对于碳纤维复合材料悬架控制臂与铝接头的胶接，超声振动施加在胶接区域对应的碳纤维复合材料管壁位置上。

碳纤维复合材料悬架各组件中碳纤维复合材料管的长度各不相同，如表 7-4 所示。一方面，碳纤维复合材料悬架的胶接强度取决于胶接接头（碳纤维复合材料管和铝接头）的设计，碳纤维复合材料管长度对胶接强度基本没有影响。另一方面，超声振动施加在位于胶接区域对应的碳纤维复合材料管壁上，而振动幅度、振动时间、振动压力、振动位置等工艺参数的优化与碳纤维复合材料管的长度无关。因此，在碳纤维复合材料悬架胶接接头的设计以及超声振动强化碳纤维复合材料悬架胶接工艺的优化研究中，只需要选取某一长度的碳纤维复合材料管进行前期实验研究，然后将实验结果应用于碳纤维复合材料悬架各组件的胶接接头以及胶接工艺即可。为了减小碳纤维复合材料管的长度以降低实验费用，但同时兼顾前期实验研究中碳纤维复合材料管的长度大于悬架各组件中碳纤维复合材料管的胶接区域长度，选长度为 160mm 的碳纤维复合材料管进行胶接接头设计及超声振动强化碳纤维复合材料管/铝合金接头胶接工艺优化等前期实验研究。

碳纤维复合材料管材料选用 T700-3k 系列，铝接头材料选用 7075 航空铝，胶黏剂选用 3M DP460，砂纸选用氧化铝布基红色砂纸。参考碳纤维复合材料悬架的相关研究资料，将图 7-15、图 7-16 所示的碳纤维复合材料悬架各组件结构中所用碳纤维复合材料管统一设计为外径 18mm、内径 15mm，方便统一加工降低成本。随着胶层厚度的增加，样件的胶接强度增大，但当胶层厚度超过一定的值后随着胶层厚度的增加，样件的胶接强度逐渐减小。设计碳纤维复合材料悬架接头的胶接结构中胶层厚度为 0.2mm。

由于碳纤维复合材料管的两端都胶接铝接头，为了方便在胶接碳纤维复合材料管与铝接头的过程中排出管内的空气，在铝接头的中部设计直径为 8mm 的通孔。胶接工艺中，胶层的均匀性对胶接强度的影响至关重要。为了保证铝接头与碳纤维复合材料管的同轴度，从而保证胶层厚度的均匀性，在铝接头的胶接部位的前端设计直径与碳纤维复合材料管内径相同且长为 1mm 的小凸台，与碳纤维复合材料管内壁过渡配合。

根据碳纤维复合材料悬架胶接结构中接头的设计以及选用的材料，得到如图 7-17 所示的基础模型用于前期实验研究。图 7-17 所示的基础模型，只有定长的碳纤维复合材料管和铝接头的端部，与实际的碳纤维复合材料悬架各组件结构存在一定差异。

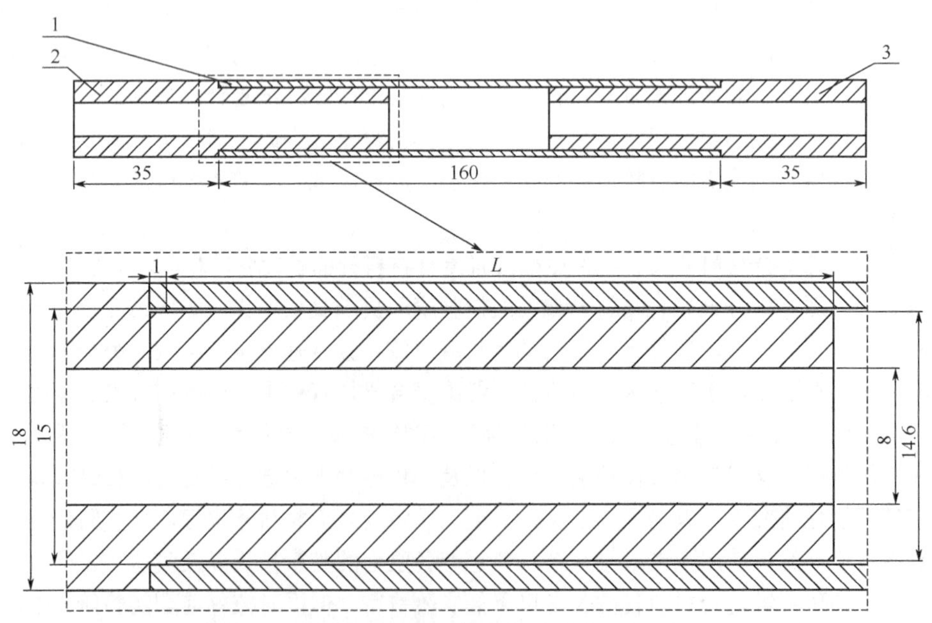

图 7-17　碳纤维复合材料悬架前期实验研究的基础模型（单位：mm）

1—碳纤维复合材料管；2—铝接头 1；3—铝接头 2

碳纤维复合材料悬架胶接结构中，胶接长度的设计非常关键。虽然超声振动可以强化胶接，提升胶接强度，但如果胶接长度过小，超声振动强化胶接后碳纤维复合材料悬架的胶接强度可能仍然不能满足赛车的要求。如果胶接长度过大，则铝接头的尺寸较大，增加了赛车悬架的重量，无法达到轻量化的目的。

根据碳纤维复合材料板与铝板胶接实验研究，发现超声振动强化胶接可将样件的胶接强度提高 40%左右。板材的单搭接胶接是胶接的基础结构，对其他胶接结构以及复杂结构件具有指导作用。根据如图 7-17 所示的基础模型，加工胶接长度分别为 30mm、35mm、40mm、45mm、50mm 的铝接头，探索满足预期强度要求的接头胶接长度设计。

对碳纤维复合材料管与铝接头进行重复性胶接实验得到如表 7-5 所示的结果。由表 7-5 可知，随着铝接头胶接长度的增加，当铝接头的胶接长度为 45mm 时，采用普通工艺胶接的碳纤维复合材料管/铝接头样件可以承受 14500 N 左右的拉伸载荷。将超声振动强化胶接工艺成功应用到碳纤维复合材料管/铝合金接头胶接工艺中，可使胶接长度为 45mm 的碳纤维复合材料管/铝合金接头胶接样件承受 20kN 以上的拉伸载荷（按胶接强度提高 40%左右估算），无需再增加胶接长度来提升碳纤维复合材料管与铝接头的胶接性能。因此，碳纤维复合材料悬架胶接结构部位的胶接长度设计为 45mm。

表 7-5　铝接头不同胶接长度的胶接实验结果

项目	最大拉伸载荷力/N				
	胶接长度 30mm	胶接长度 35mm	胶接长度 40mm	胶接长度 45mm	胶接长度 50mm
样件 1	8441	10902	11305	13232	17218
样件 2	7970	9519	12954	15055	16314
样件 3	9341	11075	13663	14811	15036
样件 4	7122	12110	12523	15440	17029
样件 5	9019	9981	13230	13971	15878
平均值	8379	10717	12735	14502	16295
方差	617243	815947	648803	635199	630003

7.2.2　实验夹具及工艺方法

设计如图 7-18 所示的超声振动强化碳纤维复合材料管/铝合金接头胶接实验夹具，该套夹具通过螺栓与超声振动实验平台实现连接与固定。该夹具结构简单，加工容易，成本低廉，使用方便。胶接过程中，碳纤维复合材料管两端装配铝接头之后，放入夹具中的圆槽内，下压超声振动工具头对碳纤维复合材料管壁施加振动，实现超声振动强化碳纤维复合材料管/铝合金接头胶接。

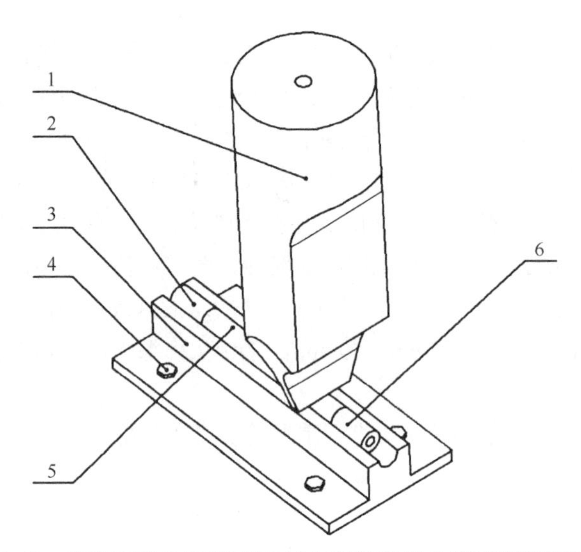

图 7-18　超声振动强化碳纤维复合材料管/铝合金接头胶接实验夹具

1—超声振动工具头；2—铝接头 1；3—夹具；4—螺栓；5—碳纤维复合材料管；6—铝接头 2

超声振动强化碳纤维复合材料管/铝合金接头胶接工艺主要包括超声振动设备安装、预装配、表面打磨、表面清洗、配胶、涂胶与装配、超声振动、常温固化等几个流程。超声振动强化碳纤维复合材料/铝材胶接工艺应用于实际产品的胶接时，产品的结构不同，胶接的接头可能不同，因此涂胶与装配和超声振动需要根据具体产品的胶接接头进行探索与优化。

针对上文如图 7-17 所示的碳纤维复合材料悬架胶接结构中接头的基础模型，通过实验研究探索得到涂胶与装配步骤和超声振动步骤的具体操作。

在涂胶与装配过程中，首先，将胶黏剂依次均匀涂覆在铝接头 1、铝接头 2 的胶接部位。再在碳纤维复合材料管两端距端开口约 10mm 的内壁分别涂覆一圈胶黏剂。接着，晾置一段时间后（5~10min），将碳纤维复合材料管垂直放置，依次将铝接头 1、铝接头 2 缓慢旋进碳纤维复合材料管中。为了避免施加超声振动强化胶接的过程中铝接头与碳纤维复合材料管轴向发生相对移动，碳纤维复合材料管与每个铝接头完成胶接装配后用胶带将铝接头的大端与碳纤维复合材料管外壁缠绑在一起。

在超声振动过程中，调整超声设备的振动压力、振动幅值，下压超声振动工具头，对铝接头 1 与碳纤维复合材料管胶接部位的碳纤维复合材料管壁施加四分之一振动时间的超声振动。然后，将碳纤维复合材料管与铝接头的胶接样件整体旋转 180°后施加另外四分之一振动时间的超声振动，完成了超声振动强化碳纤维复合材料管与铝接头 1 的胶接。接着，上升超声振动工具头，将胶接夹具在实验平台上水平旋转 180°后固定，下压超声振动工具头，按照相同方法在铝接头 2 与碳纤维复合材料管胶接过程中施加剩余两个四分之一时间的超声振动，完成超声振动强化铝接头 2 与碳纤维复合材料管的胶接。

7.2.3 超声振动强化胶接工艺优化

（1）正交试验方案设计

设计正交试验优化超声振动强化碳纤维复合材料/铝板胶接工艺时，振动时间的变化范围是 8~40s。碳纤维复合材料悬架各组件的胶接过程中，在碳纤维复合材料管两端都胶接有铝接头，在碳纤维复合材料管两端的胶接部位都要施加超声振动强化胶接，因此设计正交试验优化超声振动强化碳纤维复合材料管/铝合金接头胶接工艺时，振动时间的变化范围是 16～80s。通过前期的探索实验筛选出优化超声振动强化碳纤维复合材料管/铝合金接头胶接工艺时各因素的水平如表 7-6 所示（根据实验结果，超声振动频率选择 15kHz，不再进行实验优化），其中振动位置的五个水平如图 7-19 所示。

表 7-6 正交试验因素水平表

水平	因素			
	振动时间/s	振动压力/MPa	振动位置/mm	振动幅值/μm
1	16	0.08	10	24
2	32	0.16	20	32
3	48	0.24	30	40
4	64	0.32	40	48
5	80	0.40	50	56

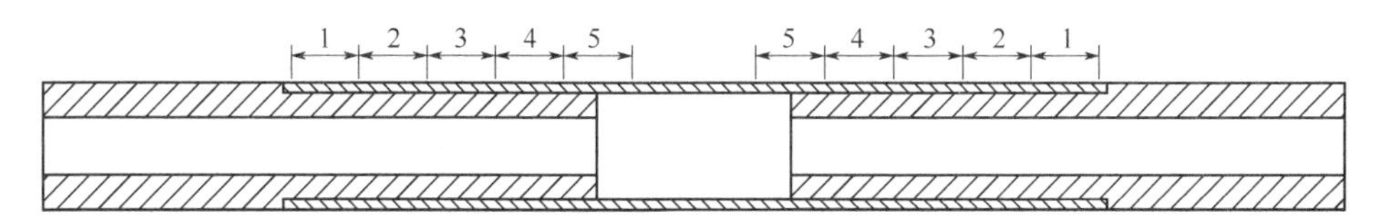

图 7-19 超声振动施加位置

通过 Minitab 软件，生成正交试验所需的 L_{25}（5^4）正交表，得到如表 7-7 所示的正交试验方案。为满足随机实验的要求对各组实验方案标号，采用抽签的方式得到正交试验的操作顺序。将每组正交试验方案的胶接实验重复进行以降低实验误差。

表 7-7　正交试验方案及结果

水平	振动时间/s	振动压力/MPa	振动位置/mm	幅值/μm	最大载荷/N		平均值/N	强度/MPa
					样件 1	样件 2		
1	16	0.08	10	24	14381	14896	14639	3.5
2	16	0.16	20	32	16049	17590	16820	4.02
3	16	0.24	30	40	15700	16411	16056	3.84
4	16	0.32	40	48	14884	15273	15079	3.6
5	16	0.4	50	56	19582	19146	19364	4.63
6	32	0.08	20	40	15898	15020	15459	3.69
7	32	0.16	30	48	16870	17435	17153	4.1
8	32	0.24	40	56	17586	18397	17992	4.3
9	32	0.32	50	24	17232	18166	17699	4.23
10	32	0.4	10	32	16258	14980	15619	3.73
11	48	0.08	30	56	19721	20019	19870	4.75
12	48	0.16	40	24	18765	18301	18533	4.43
13	48	0.24	50	32	19813	18769	19291	4.61
14	48	0.32	10	40	17804	16825	17315	4.14
15	48	0.4	20	48	20290	19881	20086	4.8
16	64	0.08	40	32	17343	16779	17061	4.08
17	64	0.16	50	40	19784	18679	19232	4.6
18	64	0.24	10	48	16611	17440	17026	4.07
19	64	0.32	20	56	17682	16473	17078	4.08
20	64	0.4	30	24	16986	17521	17254	4.12
21	80	0.08	50	48	15875	17061	16468	3.94
22	80	0.16	10	56	17655	19072	18364	4.39
23	80	0.24	20	24	16132	17565	16849	4.03
24	80	0.32	30	32	20412	19275	19844	4.74
25	80	0.4	40	40	19554	19020	19287	4.61

（2）正交试验结果及分析

目前的标准文件中，尚未公布管状形式金属与复合材料胶接的强度测试方法。借鉴 GB/T 7124—2008 胶黏剂拉伸剪切强度测定方法（金属对金属），室温 20℃环境条件下以 5mm/min 的速度加载拉伸力，测量碳纤维复合材料管/铝合金接头胶接样件所能承受的最大拉伸载荷。采用 Zwick Z100 电子万能材料试验机对胶接样件进行如图 7-20 所示的拉伸测试，得到如表 7-7 所示的正交试验结果。

(a) 胶接样件拉伸

(b) 样件夹持

图 7-20 碳纤维复合材料管/铝合金接头胶接样件拉伸测试

对表 7-7 中的正交试验结果进行直观分析，得到如图 7-21 所示的均值主效应图、如表 7-8 所示的均值响应。

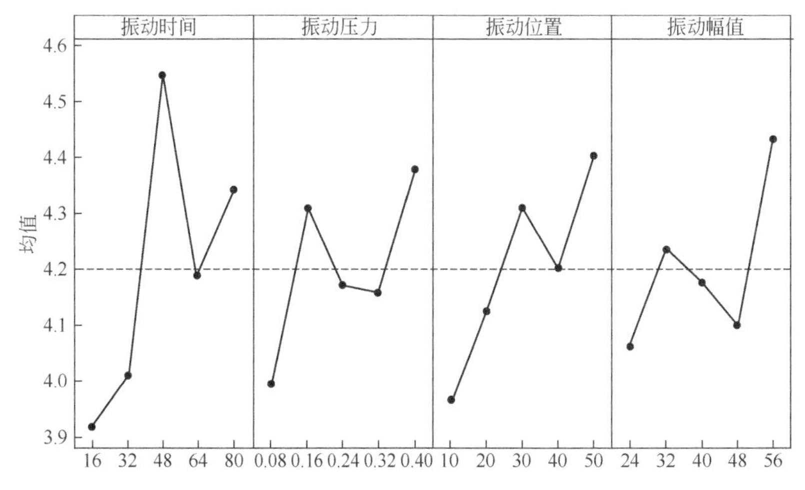

图 7-21 均值主效应图

表 7-8 均值响应表

水平	因素			
	振动时间/s	振动压力/MPa	振动位置/mm	振动幅值/μm
1	3.917	3.99	3.965	4.061
2	4.011	4.306	4.124	4.236
3	4.545	4.168	4.309	4.174
4	4.189	4.158	4.203	4.101
5	4.34	4.378	4.399	4.429
极差	0.628	0.388	0.435	0.368
排秩	1	3	2	4

对比表 7-5 和表 7-7 中的实验数据，发现超声振动强化胶接工艺可以应用到碳纤维复合材料管/铝合金接头的胶接，提升样件的胶接强度，因此超声振动强化胶接工艺可以用于碳纤维复合材料悬架的胶接强化。从表 7-8 得到各因素影响碳纤维复合材料管/铝合金接头样件胶接强度重要性的顺序是：振动时间>振动位置>振动压力>振动幅值。从图 7-21 中胶接强度在各因素不同水平下的走势，得到振动时间、振动压力、振动位置与振动幅值分别在水平 3、水平 5、水平 5 与水平 5 时样件的胶接强度最大，即：超声振动时间为 48s，振动压力为 0.40MPa，振动位置为 50mm，振动幅值为 56μm（振动频率为 15kHz）是超声振动强化碳纤维复合材料管/铝合金接头最优胶接工艺。

（3）正交试验验证

超声振动强化碳纤维复合材料管/铝合金接头最优胶接工艺并未包括在表 7-7 的所示的正交试验方案中，因此以最优胶接工艺为实验组进行重复实验验证正交试验的分析，得到如表 7-9 所示的实验结果，为了方便对比研究，将表 7-5 中胶接长度为 45mm 的实验数据作为对照组与正交试验验证的结果整合在表 7-9 中。

表 7-9 对照组和最优方案胶接实验结果

实验序号	最大拉伸载荷/N		胶接强度/MPa	
	对照组	实验组	对照组	实验组
1	13232	21039	3.16	5.03
2	15055	20247	3.60	4.84
3	14811	20116	3.54	4.81
4	15440	21734	3.69	5.19
5	13971	20038	3.34	4.79
平均值	14502	20635	3.47	4.93
方差	635199	429466	0.04	0.02

从表 7-9 中的实验数据得到，与普通胶接工艺相比，优化后的超声振动强化碳纤维复合材料管/铝接头胶接工艺可提高胶接强度 40%左右，可提高胶接强度的稳定性（方差）50%左右。超声振动强化碳纤维复合材料管/铝合金接头最优胶接工艺使得碳纤维复合材料管/铝合金接头胶接样件可以承受至少 20kN 的拉伸载荷，且样件的胶接稳定性得到了明显的提升，基本满足 FSAE 赛车对碳纤维复合材料悬架胶接结构的强度及稳定性的要求。因此，超声振动强化碳纤维复合材料管/铝合金接头最优胶接工艺可用于碳纤维复合材料悬架各组件的胶接。

7.2.4 超声振动强化碳纤维复合材料悬架胶接

用碳纤维复合材料与铝合金材料代替传统钢材，加工、制造悬架控制臂组件中碳纤维复合材料管、铝接头（包括轴承端的管接头和连接 A 臂前、后杆的铝接头）及杆端轴承等各部件。然后根据得到的超声振动强化碳纤维复合材料管/铝合金接头最优胶接工艺方案（振动频率为 15kHz、振动时间为 48s、振动压力为 0.40MPa、振动位置为 50mm、振动幅值为 56μm）依次完成 FSAE 赛车悬架拉杆、推杆、A 臂等控制臂各杆件中碳纤维复合材料管与铝接头的胶接强化。接着，将杆端轴承与管接头通过螺纹连接。

碳纤维复合材料悬架控制臂中的各杆件包括三种类型：第一种类型如下 A 臂模型所示，两根碳纤维复合材料管的一端胶接同一个铝接头，另一端各自胶接一个铝制接头；第二种类型如后轮束角调节杆所示，碳纤维复合材料管的两端各自胶接一个铝制管接头；第三种类型如上 A 臂与推杆/拉杆的组合所示，三根碳纤维复合材料管通过一个铝接头连接在一起，其中两根碳纤维复合材料管与铝接头为胶连接，另一根碳纤维复合材料管通过铝接头螺栓连接。超声振动强化胶接后，得到三种类型的杆件如图 7-22 所示。

对不同材料的悬架控制臂结构称重，发现钢制前悬架控制臂重量为 1.554kg，钢制后悬架控制臂的重量为 1.491kg，碳纤维复合材料前悬架控制臂的重量为 0.925kg，碳纤维复合材料后悬架控制臂的重量为 0.842kg。因此，将碳纤维复合材料及铝合金等材料应用于 FSAE 赛车悬架可以减重 1.278kg，相比钢制悬架有近 40%的轻量化效果。

卸掉钢制悬架控制臂，将碳纤维复合材料悬架控制臂装配在 FSAE 赛车上，得到如图 7-23 所示的效果。调校 FSAE 赛车底盘后进行实车测试。先后进行急加速工况（75m 直线加速）测试、八字绕环测试、耐久测试。多次测试结果显示，采用超声振动强化胶接的碳纤维复合材料悬架在测试过程中未出现脱胶或接头失效、破坏等现象，验证了超声振动强化胶接的碳纤维复合材料悬架具有一定的胶接强度、稳定性及可靠性，同时也表明超声振动强化碳纤维复合材料/铝材胶接工艺可以很好地应用于汽车轻量化技术中，具有一定的应用价值。

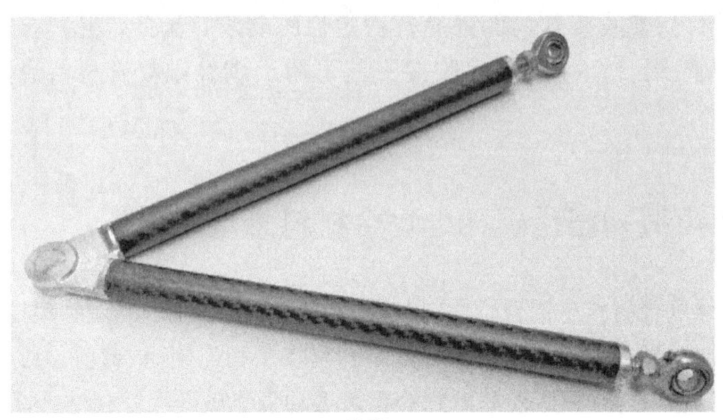

(a) 类型一

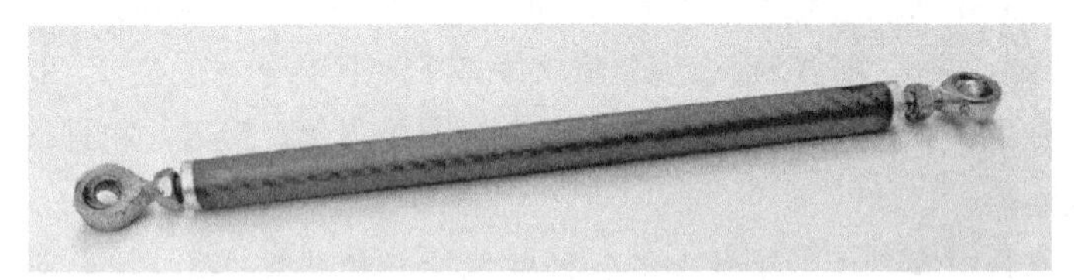

(b) 类型二

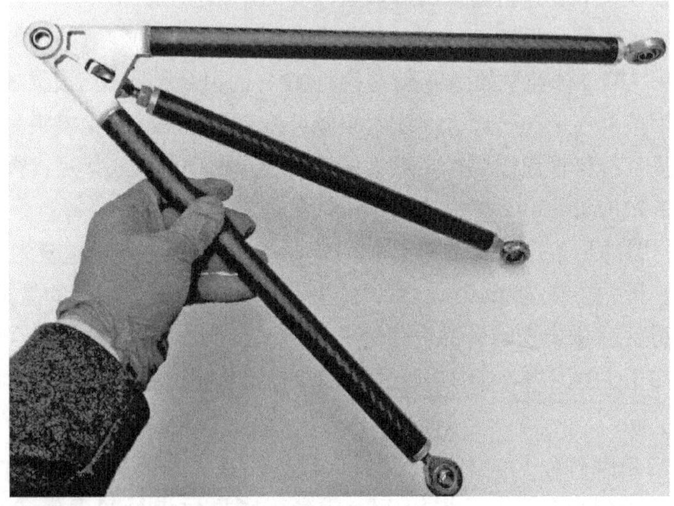

(c) 类型三

图 7-22 碳纤维复合材料悬架控制臂中各杆件的超声胶接效果

(a) 整车

(b) 前悬局部

(c) 后悬局部

图 7-23　FSAE 赛车装配碳纤维复合材料悬架

7.3
碳纤维复合材料桨叶前缘金属包边胶接

螺旋桨是直升机及涡桨发动机的关键部件，早期的旋翼桨叶是由金属（甚至航空木材）设计、加工而成。由于复合材料具有比强度、比刚度高的优点，且疲劳寿命长、损伤容限大、材料的阻尼高、耐腐蚀性能优良、维修性好，加之材料本身的可设计性，因此，现代直升机及涡桨发动机广泛采用复合材料制造螺旋桨桨叶。

飞机在飞行中会遭遇砂尘、雷击和结冰等恶劣自然环境[177,178]，为了保护复合材料桨叶在高速旋转时不被扬起的沙尘、碎石及其他异物撞击，一般在桨叶前缘需胶接一块或若干块金属套保护桨叶，此金属套称为包边。目前，桨叶前缘包边的材料一般为不锈钢、钛或镍[179]。某型号飞机螺旋桨桨叶如图 7-24 所示，使用的是 V 形金属包边，包边在整体成形后采用环氧胶黏剂以涂胶黏合方式安装在碳纤维复合材料桨叶基体上，成形最终的复合材料桨叶。

图 7-24　碳纤维复合材料桨叶及前缘金属包边（由图虫创意授权）

由于桨叶高速旋转势必会产生很大的离心力和弯矩，在这种情况下最容易使包边从桨叶上撕裂或甩脱[180-182]。因此在螺旋桨桨叶的制造过程中，对包边与复合材料的胶接一般都有很高的要求，胶接的好坏直接制约着桨叶的寿命，更是飞行安全性的一项重要指标。

7.3.1　超声振压注胶胶接

针对复合材料桨叶金属包边胶接性能不稳定的问题，采用超声振压注胶胶接成形方法，其原理如图 7-25 所示。将超声振动通过工具头直接作用于胶黏剂，在胶体内产生高频振荡，同时工具头作为注胶活塞，在气缸压力推动下将振荡胶体注射至密封处理后的桨叶包边胶层区域。充填完成后，密闭区域充满胶黏剂，因液体不可压缩，垂直作用的超声振动会引起整个型腔压力交变，进而形成胶黏剂对壁面（含胶接面）的高频冲击。该方法通过振压方式将界面润湿接触转变为高频冲击接触，有利于促进胶黏剂在界面微嵌合结构中充填形成机械嵌合，同时可缩短界面分子的接触距离，引发界面化学反应键合。振压可密实胶层，改善收缩，增强分子运动，降低胶层固化应力。此外，注胶在整个胶层中形成均匀的自内而外的型腔压力，实现胶黏剂与被粘物表面的强制接触。

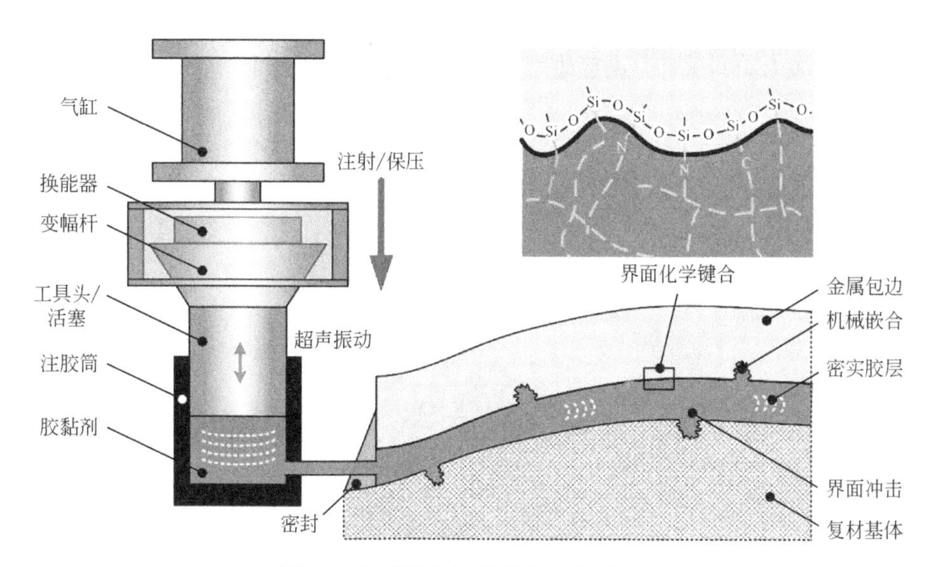

图 7-25 超声振压注胶胶接成形原理

7.3.2 桨叶包边超声振压注胶胶接成形试验

以自主研发的复合材料桨叶的包边胶接为工程对象，试制工装，建立实验平台，方案如图 7-26 所示。图中复合材料桨叶只给出了叶尖包边部分。首先，用 NX 建模软件根据几何模型计算得到胶层的净体积为 10400mm^3，考虑注胶系统及注胶余量，设计注胶筒容积为 30～50mL。结合超声工具头的规格要求，设计注胶筒内径为φ40.4mm，超声工具头端部直径φ40mm，超声工具头侧面加装密封圈，同时作为注胶活塞。注胶筒和工具头均选用 7075 铝合金定制加工。结合金属包边的复杂空间边缘特征，注胶口采用针式浇口，由购置获得，浇口与注胶筒通过螺纹连接。注胶位置选择在桨叶前缘包边起始点，图中以单点注胶示意。将桨叶基体与金属包边组装，用密封胶带将边缘密封，末端预留排气。放入下模，合上上模，用螺栓将模具锁紧，通过密封胶带和模具配合实现胶层区域的密封。设置注胶/保压压力范围为 2.0MPa，超声频率 20kHz，最大功率 1000W，振幅 20μm。通过超声工具头向胶黏剂施加垂向振动的同时施加向下的注胶压力，使胶黏剂通过注胶口进入胶层。为避免局部过热，采用脉冲振动模式，振动 1s 间歇 2s。待胶层区域充满后（气缸压力判据），根据设定气缸压力开始保压，并保持超声处于工作状态，同时通过红外加热炉对包边区域加热固化胶黏剂，该加热装置覆盖包边区域但不接触包边。

胶接前，复合材料表面进行砂纸打磨并清洗干净，金属包边表面采用上述化学接枝处理。胶黏剂固化条件为 60℃温度条件保持 2h，冷却至室温，静置 12h 以上。

最后，试制复合材料桨叶金属包边胶接样件如图 7-27 所示，图中复合材料桨叶只给出叶尖段。

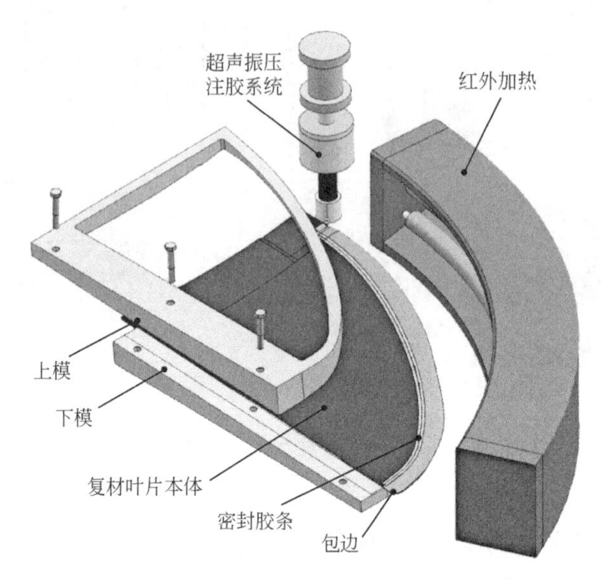

图 7-26　超声振压注胶胶接成形实验平台

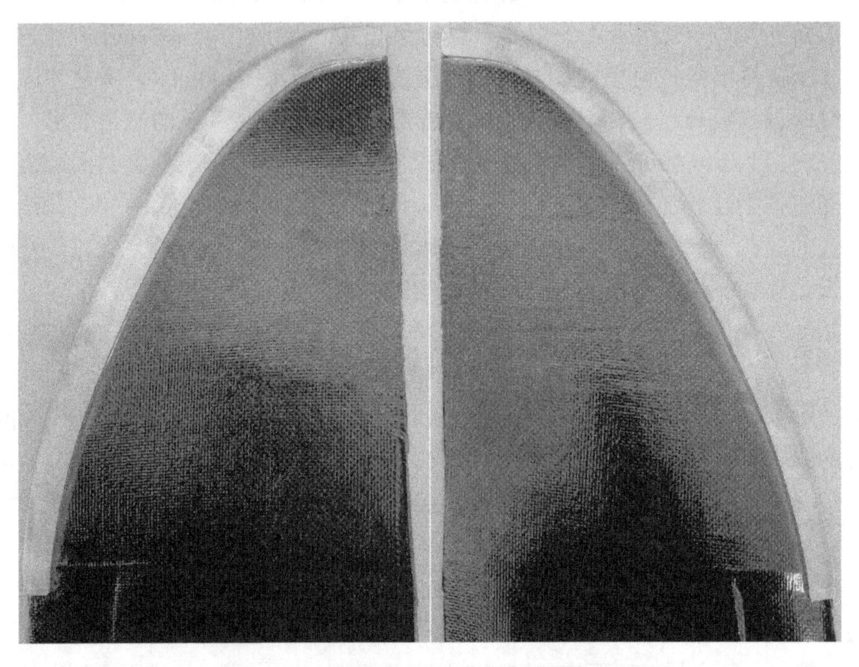

图 7-27　复合材料桨叶金属包边胶接样件

7.4
本章小结

本章介绍了超声振动强化胶接工艺在碳纤维复合材料板件、FSAE 赛车碳纤维复合材料悬架管件和复合材料螺旋桨桨叶复杂曲面件胶接中的应用。

将超声振动用于制备阳极氧化预处理后碳纤维复合材料/铝合金板的胶接接头，设计了超声振动强化胶接工艺，分析了振幅、振动时间、振动位置等超声振动参数间的相互关系以及这些参数对碳纤维复合材料/铝板胶接的影响规律，并采用正交试验优化得到了超声振动强化胶接的最优工艺方案。制备的胶接试样的拉伸强度可以达到 18.66MPa，比无超声振动的试样高 55%。超声振动促进了胶黏剂渗透到阳极氧化层的微孔中，形成更多的机械嵌合结构和更大的界面接触面积，提高胶接强度，验证了工艺有效性。

根据 FSAE 赛车钢制双横臂独立悬架的结构，设计了 FSAE 赛车碳纤维复合材料双横臂独立悬架结构。采用正交试验优化得到超声振动强化胶接最优工艺，将碳纤维复合材料管/铝合金接头胶接样件的强度和稳定性分别提升约 40%、50%，使得碳纤维复合材料管/铝合金接头胶接样件可以承受至少 20kN 的拉伸载荷。用碳纤维复合材料悬架替换钢制悬架，装配在 FSAE 赛车上，在多工况下完成实车测试，证明了该碳纤维复合材料悬架胶接结构的可靠性。

针对复合材料桨叶金属包边胶接性能不稳定的问题，采用超声振压注胶胶接成形方法来强化桨叶和金属包边的胶接。将超声振动通过工具头直接作用于胶黏剂，同时将工具头作为注胶活塞，在气缸压力推动下将振荡胶体注射至密封处理后的桨叶包边胶层区域。通过振压方式将界面润湿接触转变为高频冲击接触，促进了胶黏剂在界面微嵌合结构中充填形成机械嵌合。最后，通过调整工艺，成功试制碳纤维复合材料桨叶金属包边胶接样件。

本章将超声振动强化胶接工艺应用于碳纤维复合材料的胶接强化，验证了超声振动强化胶接的效果和实际应用价值。

参考文献

[1] 王军照. 碳纤维复合材料在航空领域中的应用现状及改进[J]. 今日制造与升级, 2020(08): 48-49.

[2] Li Y, Xiao Y, Yu L, et al. A review on the tooling technologies for composites manufacturing of aerospace structures: materials, structures and processes[J]. Composites Part A-Applied Science and Manufacturing, 2022, 154: 106762.

[3] 梁祖典, 燕瑛, 张涛涛,等. 复合材料单搭接胶接接头试验研究与数值模拟[J]. 北京航空航天大学学报, 2014, 40(12): 1786-1792.

[4] Kweon J H, Jung J W, Kim T H, et al. Failure of carbon composite-to-aluminum joints with combined mechanical fastening and adhesive bonding[J]. Composite Structures, 2006, 75(1/4): 192-198.

[5] Reitz V, Meinhard D, Ruck S, et al. A comparison of IR- and UV-laser pretreatment to increase the bonding strength of adhesively joined aluminum/CFRP components[J]. Composites Part A-Applied Science and Manufacturing, 2017, 96: 18-27.

[6] 宋燕利, 杨龙, 郭巍,等. 面向汽车轻量化应用的碳纤维复合材料关键技术[J]. 材料导报, 2016, 30(17): 16-25, 50.

[7] 王玉奇, 何晓聪, 曾凯. 胶接接头力学性能研究进展[J]. 机械强度, 2016, 38(02): 339-347.

[8] 范子杰, 桂良进, 苏瑞意. 汽车轻量化技术的研究与进展[J]. 汽车安全与节能学报, 2014, 5(01): 1-16.

[9] Katsiropoulos C V, Chamos A N, Tserpes K I, et al. Fracture toughness and shear behavior of composite bonded joints based on a novel aerospace adhesive [J]. Composites Part B-Engineering, 2012, 43(2): 240-248.

[10] 孙德林, 余先纯. 胶黏剂与粘接技术基础[M]. 北京: 化学工业出版社, 2014.

[11] 顾继友. 胶接理论与胶接基础[M]. 北京: 科学出版社, 2003.

[12] 夏文干. 胶粘剂和胶接技术[M]. 北京: 国防工业出版社, 1980.

[13] Hine P, Muddarris S E, Packha D. Surface pretreatment of zinc and its adhesion to epoxy resins[J]. The Journal of Adhesion, 1984, 17(3): 207-229.

[14] 季德俊, 范太炳. 胶接与密封材料[M]. 北京: 机械工业出版社, 1990.

[15] 王树鑫, 尚新龙, 鞠苏, 等. 复合材料/金属胶接结构研究进展及发展趋势[J]. 玻璃钢/复合材料, 2017, (11): 95-100.

[16] ASTM D5573-99. Standard Practice for Classifying Failure Modes in Fiber-Reinforced-Plastic (FRP) Joints. West Conshohocken: ASTM International, 2019.

[17] Davis M, Bond D. Principles and practices of adhesive bonded structural joints and repairs[J]. International Journal of Adhesion and Adhesives, 1999, 19(2): 91-105.

[18] 葛宏伟. CFRP 粘结钢板复合构件的剥离性能试验研究[D]. 合肥: 合肥工业大学, 2007.

[19] 范学梅. FSAE 赛车复合材料悬架的设计与研究[D]. 哈尔滨: 哈尔滨工业大学, 2013.

[20] 朱德举, 姚明侠, 张怀安, 等. 动态拉伸荷载下温度对 CFRP/钢板单搭接剪切接头力学性能的影响[J]. 土木工程学报, 2016, 49(08): 28-35.

[21] 杨晓莉. 汽车轻量化异种材料胶接接头力学性能研究[D]. 大连: 大连理工大学, 2014.

[22] 崔永鹏, 何欣, 张凯. 钛合金和碳纤维的粘接技术[J]. 光学技术, 2012, 38(01): 125-128.

[23] 乔海涛, 邹贤武. 碳纤维复合材料的胶接工艺与性能[J]. 宇航材料工艺, 2009, 39(01): 66-69，77.

[24] 韩江义, 陈力. 碳纤维管与铝合金的胶接强度试验研究[J]. 现代制造工程, 2014, (12): 64-67.

[25] Arenas J M, Alia C, Narbon J J, et al. Considerations for the industrial application of structural adhesive joints in the aluminium-composite material bonding[J]. Composites Part B-Engineering, 2013, 44(1): 417-423.

[26] Okada T, Kanda M, Faudree M C, et al. Shear Strength of Adhesive Lamination Joint of Aluminum and CFRP Sheets Treated by Homogeneous Low Energy Electron Beam Irradiation Prior to Lamination Assembly and Hot-Press[J]. Materials Transactions, 2014, 55(10): 1587-1590.

[27] Choi I, Lee D G. Surface modification of carbon fiber/epoxy composites with randomly oriented aramid fiber felt for adhesion strength enhancement[J]. Composites Part A-Applied Science and Manufacturing, 2013, 48: 1-8.

[28] Wei R, Wang X Q, Chen C, et al. Effect of surface treatment on the interfacial adhesion performance of aluminum foil/CFRP laminates for cryogenic propellant tanks[J]. Materials & Design, 2017, 116: 188-198.

[29] Zhang Z, Shan J G, Tan X H, et al. Effect of anodizing pretreatment on laser joining CFRP to aluminum alloy A6061[J]. International Journal of Adhesion and Adhesives, 2016, 70: 142-151.

[30] Kalu C O, Hoppe M, Holken I, et al. Formation of micro-mechanical interlocking sites by nanoscale sculpturing for composites or hybrid materials with stainless steel[J]. Journal of Materials Research, 2020, 35(23/24): 3145-3156.

[31] Hamilton A, Xu Y, Kartal M E, et al. Enhancing strength and toughness of adhesive joints via micro-structured mechanical interlocking[J]. International Journal of Adhesion and Adhesives, 2021, 105: 102775.

[32] Rhee K Y, Yang J H. A study on the peel and shear strength of aluminum/CFRP composites surface-treated by plasma and ion assisted reaction method[J]. Composites Science and Technology, 2003, 63(1): 33-40.

[33] Li J F, Yan Y, Zhang T T, et al. Experimental study of adhesively bonded CFRP joints subjected to tensile loads[J]. International Journal of Adhesion and Adhesives, 2015, 57: 95-104.

[34] Anyfantis K N, Tsouvalis N G. Loading and fracture response of CFRP-to-steel adhesively bonded joints with thick adherents-Part Ⅰ: Experiments[J]. Composite Structures, 2013, 96: 850-857.

[35] Seong M S, Kim T H, Nguyen K H, et al. A parametric study on the failure of bonded single-lap joints of carbon composite and aluminum[J]. Composite Structures, 2008, 86(1/3): 135-145.

[36] Fan H Q, Liu S Y, Li Y Q. The effect of laser scanning array structural on metal-plastic connection strength[J]. Optics and Lasers in Engineering, 2020, 133: 106107.

[37] Zaldivar R J, Kim H I, Steckel G L, et al. The Effect of Abrasion Surface Treatment on the Bonding Behavior of Various Carbon Fiber-Reinforced Composites[J]. Journal of Adhesion Science and Technology, 2012, 26(10/11): 1573-1590.

[38] 宫楠. 碳纤维蒙皮与肋板粘接过程的仿真分析[D]. 哈尔滨: 哈尔滨工业大学, 2007.

[39] 盛仪, 熊克, 卞侃, 等. 拉伸状态下碳纤维复合材料 T 型接头的断裂行为[J]. 复合材料学报, 2013, 30(06): 185-190.

[40] 苏维国, 穆志韬, 李旭东. 热-力载荷下复合材料/金属双面胶接接头界面力学模型[J]. 玻璃钢/复合材料, 2014(10): 37-41.

[41] 王晓光, 任庆, 张锦光. 碳纤维传动轴胶接胶层应力均匀化分析[J]. 玻璃钢/复合材料, 2017(04): 75-79.

[42] Domingues N R E, Campilho R D S G, Carbas R J C, et al. Experimental and numerical failure analysis of aluminium/composite single-L joints[J]. International Journal of Adhesion and Adhesives, 2016, 64: 86-96.

[43] Ribeiro T E A, Campilho R D S G, Da Silva L F M, et al. Damage analysis

of composite-aluminium adhesively-bonded single-lap joints[J]. Composite Structures, 2016, 136: 25-33.

[44] Al-Mosawe A, Al-Mahaidi R, Zhao X L. Effect of CFRP properties, on the bond characteristics between steel and CFRP laminate under quasi-static loading[J]. Construction and Building Materials, 2015, 98: 489-501.

[45] 席细平, 马重芳, 王伟. 超声波技术应用现状[J]. 山西化工, 2007, 27(1): 25-29.

[46] Kumar K, Kumar A, Ghosh P K. UDM enhanced physical and mechanical properties through the formation of nanocavities in an epoxy matrix[J]. Ultrasonics Sonochemistry, 2018, 40: 784-790.

[47] 冯若. 超声手册[M]. 南京: 南京大学出版社, 1999.

[48] 王育慷. 超声波原理与现代应用探讨[J]. 贵州大学学报(自然科学版), 2005, 22(03): 287-290.

[49] 陈思忠. 我国功率超声技术近况与应用进展[J]. 声学技术, 2002, 21(Z1): 46-49.

[50] Rozina E Y. Effect of pulsed ultrasonic field on the filling of a capillary with a liquid[J]. Colloid Journal, 2002, 64(3): 359-363.

[51] 卢行芳. 超声波热效应的应用研究[J]. 浙江工贸职业技术学院学报, 2008, 8(4): 47-51.

[52] 曹玉荣. 超声辐照作用下聚丙烯及其共混物结构与性能的研究[D]. 成都: 四川大学, 2001.

[53] 于同敏, 祝思龙, 包成, 等. 超声振动对高密度聚乙烯收缩特性的影响[J]. 高分子材料科学与工程, 2013, 29(04): 33-36.

[54] Isayev A I, Huang K Y. Decrosslinking of Crosslinked High-Density Polyethylene via Ultrasonically Aided Single-Screw Extrusion[J]. Polymer Engineering and Science, 2014, 54(12): 2715-2730.

[55] 张强, 孙昱东, 施宏虹, 等. 超声波技术及其在应用技术领域的机理研究[J]. 广东化工, 2013, 40(13): 90-91.

[56] 付其达. 高聚物 PDMS 超声改性的实验研究[D]. 大连: 大连理工大学, 2012.

[57] Villegas I F, Van Moorleghem R. Ultrasonic welding of carbon/epoxy and carbon/PEEK composites through a PEI thermoplastic coupling layer[J]. Composites Part A-Applied Science and Manufacturing, 2018, 109: 75-83.

[58] Wang H, Hao X F, Yan K, et al. Ultrasonic vibration-strengthened adhesive bonding of CFRP-to-aluminum joints[J]. Journal of Materials Processing Technology, 2018, 257: 213-226.

[59] Wang H, Hao X F, Zhou H M, et al. Study on ultrasonic vibration-assisted adhesive bonding of CFRP joints[J]. Journal of Adhesion Science and Technology, 2016, 30(17): 1842-1857.

[60] Xu Z W, Ma L, Yan J C, et al. Wetting and oxidation during ultrasonic soldering of an alumina reinforced aluminum-copper-magnesium (2024 Al) matrix composite[J]. Composites Part A-Applied Science and Manufacturing, 2012, 43(3): 407-414.

[61] Yuan W H, Yang T, Yang G X, et al. Enhancing mechanical properties of adhesive laminates joints using ultrasonic vibration-assisted preprocessing [J]. Composite Structures, 2019, 227: 111325.

[62] Dezhkunov N V, Prokhorenko P P. Action of ultrasound on the rise of a liquid in a capillary tube and its dependence on the properties of the liquid[J]. Journal of Engineering Physics, 1980, 39(3): 1014-1019.

[63] Luo X M, He L M, Wang H P, et al. An experimental study on the motion of water droplets in oil under ultrasonic irradiation[J]. Ultrasonics Sonochemistry, 2016, 28: 110-117.

[64] Zhou T F, Xie J Q, Yan J W, et al. Improvement of glass formability in ultrasonic vibration assisted molding process[J]. International Journal of Precision Engineering and Manufacturing, 2017, 18(1): 57-62.

[65] Chen Y Z, Li H L. Mechanism for effect of ultrasound on polymer melt in extrusion[J]. Journal of Polymer Science Part B-Polymer Physics, 2007, 45(10): 1226-1233.

[66] 仇中军, 郑辉, 房丰洲, 等. 纵向超声波辅助微注塑方法[J]. 纳米技术与精密工程, 2012, 10(02): 170-176.

[67] 于同敏, 武永强, 黄晓超. 超声外场对微圆柱阵列结构制件填充质量的影响[J]. 化工学报, 2014, 65(12): 5023-5029.

[68] Yu W Y, Liu S H, Liu X Y, et al. Interface reaction in ultrasonic vibration-assisted brazing of aluminum to graphite using Sn-Ag-Ti solder foil[J]. Journal of Materials Processing Technology, 2015, 221: 285-290.

[69] 耿园月. 超声场作用下液/固界面润湿及钎料填缝行为研究[D]. 北京: 北京工业大学, 2012.

[70] 付秋姣. 超声波钎焊填缝及钎缝优化工艺研究[D]. 哈尔滨: 哈尔滨工业大学, 2008.

[71] 许志武. 液态钎料与铝基复合材料超声润湿复合机理及其应用研究[D]. 哈尔滨: 哈尔滨工业大学, 2008.

[72] Xu Z W, Yan H C, Wu G H, et al. Interface structure and strength of ultrasonic vibration liquid phase bonded joints of Al_2O_{3p}/6061Al composites[J]. Scripta Materialia, 2005, 53(7): 835-839.

[73] 许志武, 闫久春, 王昌胜, 等. 超声波的传播特性及其对钎料润湿行为的影响[J]. 焊接学报, 2010, 31(12): 5-8, 113.

[74] Xu Z, Ma L, Yang J, et al. Ultrasonic-Induced Rising and Wetting of a Sn-Zn Filler in an Aluminum Joint[J]. Welding Journal, 2016, 95(7):

264s-272s.

[75] 钱秀松, 陈美城, 栾士林, 等. 超声处理改善玻纤织物与双酚 A 型乙烯基酯树脂浸润性研究[J]. 纤维复合材料, 2010, 27(04): 30-32.

[76] 秦伟, 吴晓宏, 王福平, 等. 超声处理对RTM工艺成型浸润性的影响[J]. 哈尔滨工业大学学报, 2004, 36(11): 1443-1445.

[77] 刘丽, 张翔, 黄玉东, 等. 芳纶纤维/环氧复合材料界面超声连续改性处理 [J]. 航空材料学报, 2003, 23(1): 49-51，62.

[78] Sato A, Sakaguchi H, Ito H, et al. Evaluation of replication properties on moulded surface by ultrasonic injection moulding system[J]. Plastics Rubber and Composites, 2010, 39(7): 315-320.

[79] Holtmannspotter J, Czarnecki J V, Gudladt H J. The use of power ultrasound energy to support interface formation for structural adhesive bonding[J]. International Journal of Adhesion and Adhesives, 2010, 30(3): 130-138.

[80] 马克明. RTM成型碳/环氧复合材料非平衡浸润过程与界面性能调控[D]. 大连: 大连理工大学, 2011.

[81] 陈晓光. SiC 陶瓷与 Ti-6Al-4V 合金超声波辅助钎焊的润湿结合机制及工艺研究[D]. 哈尔滨: 哈尔滨工业大学, 2013.

[82] Chen Y J, Yue T M, Guo Z N. A new laser joining technology for direct-bonding of metals and plastics[J]. Materials & Design, 2016, 110: 775-781.

[83] Luo D, Xiao Y, Wang L, et al. Interfacial reaction behavior and bonding mechanism between liquid Sn and ZrO_2 ceramic exposed in ultrasonic waves[J]. Ceramics International, 2017, 43(10): 7531-7536.

[84] Bera M, Rana A, Chowdhuri D S, et al. A New 3D Silver(I) Coordination Polymer with Octadentate Diglycolate Ligand Having Silver-Silver Bond[J]. Journal of Inorganic and Organometallic Polymers and Materials, 2012, 22(5): 1074-1080.

[85] Ghasempour H, Tehrani A A, Morsali A. Ultrasonic-assisted synthesis and structural characterization of two new nano-structured Hg(Ⅱ) coordination polymers[J]. Ultrasonics Sonochemistry, 2015, 27: 503-508.

[86] Sadeghzadeh H, Morsali A, Retailleau P. Ultrasonic-assisted synthesis of two new nano-structured 3D lead(II) coordination polymers: Precursors for preparation of PbO nano-structures[J]. Polyhedron, 2010, 29(2): 925-933.

[87] Ho P S, Hahn P O, Bartha J W, et al. Chemical bonding and reaction at metal/polymer interfaces[J]. Journal of Vacuum Science & Technology A: Vacuum, Surfaces, and Films, 1985, 3(3): 739-745.

[88] Tang D Y, Guo Y D, Zhang X H, et al. Interfacial reactions in an interpenetrating polymer network thin film on an aluminum substrate[J].

Surface and Interface Analysis, 2009, 41(12/13): 974-980.

[89] 王丽梅, 陈友兴, 王召巴, 等. 环氧树脂固化深度的非线性超声检测[J]. 工程塑料应用, 2015, 43(11): 82-86.

[90] 陈业明. 超声波加速环氧树脂固化[J]. 石油工程建设, 1986(05): 42-43+45.

[91] Sharma S, Luzinov I. Ultrasonic curing of one-part epoxy system[J]. Journal of Composite Materials, 2011, 45(21): 2217-2224.

[92] Liu Y, Xie L, Ma Y, et al. Studies on ultrasonic disintegration kinetics of SEBS in PP melts and the influencing factors[J]. Journal of Applied Polymer Science, 2016, 134(5): 44386.

[93] Isayev A I, Hong C K. Novel ultrasonic process for in-situ copolymer formation and compatibilization of immiscible polymers[J]. Polymer Engineering and Science, 2003, 43(1): 91-101.

[94] Chen Y, Li H. Phase morphology evolution and compatibility improvement of PP/EPDM by ultrasound irradiation[J]. Polymer, 2005, 46(18): 7707-7714.

[95] Choi J, Isayev A I. Natural rubber/styrene butadiene rubber blends prepared by ultrasonically aided extrusion[J]. Journal of Elastomers & Plastics, 2015, 47(2): 170-193.

[96] 杜立群, 李成斌, 李永辉, 等. 超声时效技术在微注塑模具制作中的应用[J]. 光学精密工程, 2012, 20(06): 1250-1256.

[97] Du L Q, Wang Q J, Zhang X L. Reduction of internal stress in SU-8 photoresist layer by ultrasonic treatment[J]. Science China-Technological Sciences, 2010, 53(11): 3006-3013.

[98] Du L, Wang Q, Zhang X. Optimization of ultrasonic stress relief process parameters based on fuzzy neural network[J]. Journal of Micro-Nano Mechatronics, 2011, 6(1): 39-46.

[99] 刘文彬. 芴基环氧树脂及固化剂的合成与性能研究[D]. 哈尔滨: 哈尔滨工程大学, 2008.

[100] 王伟. 聚氨酯改性环氧树脂的制备及性能的研究[D]. 武汉: 武汉理工大学, 2008.

[101] 丁全青. 芴基环氧树脂的固化机制及性能研究[D]. 哈尔滨: 哈尔滨工程大学, 2011.

[102] 相海平. 超声波振动辅助倒装芯片下填充成型工艺基础研究[D]. 武汉: 武汉理工大学, 2017.

[103] Kwan K M. Investigation of effects of ultrasonic vibration on wetting, heating, and curing of structural adhesives[D]. Columbus: The Ohio State University, 2000.

[104] Mohtadizadeh F, Zohuriaan-Mehr M J. Highly Accelerated Synthesis of

Epoxy-Acrylate Resin[J]. Journal of Polymer Materials, 2013, 30(4): 461-469.

[105] Whitney T M, Green R E. Nondestructive characterization of cure enhancement by high power ultrasound of carbon epoxy composites[J]. Materials Science Forum, 1996, 210-213: 695-702.

[106] 刘峰. 振动焊接对焊接裂纹影响的研究[D]. 大连: 大连理工大学, 1999.

[107] 瞿金平. 振动力场下聚合物塑化挤出技术研究[J]. 工程塑料应用, 2000, 28(11): 11-14.

[108] Lv X Q, Wu C S, Yang C L, et al. Weld microstructure and mechanical properties in ultrasonic enhanced friction stir welding of Al alloy to Mg alloy[J]. Journal of Materials Processing Technology, 2018, 254: 145-157.

[109] 单既万, 胡正飞, 王宇, 等. 泡沫铝冶金连接及其界面结构与力学性能研究[J]. 材料导报, 2017, 31(08): 94-97, 112.

[110] Chen Y J, Yue T M, Guo Z N. Laser joining of metals to plastics with ultrasonic vibration[J]. Journal of Materials Processing Technology, 2017, 249: 441-451.

[111] Wilson C, Thompson L, Choi H, et al. Enhanced wettability in ultrasonic-assisted soldering to glass substrates[J]. Journal of Manufacturing Processes, 2021, 64: 276-284.

[112] Du L Q, Zhai K, Li X J, et al. Ultrasonic vibration used for improving interfacial adhesion strength between metal substrate and high-aspect-ratio thick SU-8 photoresist mould[J]. Ultrasonics, 2020, 103: 106100.

[113] Tofangchi A, Han P, Izquierdo J, et al. Effect of Ultrasonic Vibration on Interlayer Adhesion in Fused Filament Fabrication 3D Printed ABS[J]. Polymers, 2019, 11(2): 315.

[114] Du K P, Huang J, Chen J, et al. Mechanical Property and Structure of Polypropylene/Aluminum Alloy Hybrid Prepared via Ultrasound-Assisted Hot-Pressing Technology[J]. Materials, 2020, 13(1): 236.

[115] Yang G X, Yuan W H. The influence of ultrasonic vibration-assisted processing on mode-I fracture toughness of CFRP-bonded joints[J]. International Journal of Adhesion and Adhesives, 2021, 104: 102742.

[116] Holtmannspotter J, Wetzel M, Von Czarnecki J, et al. How acoustic cavitation can improve adhesion[J]. Ultrasonics, 2012, 52(7): 905-911.

[117] Hoskins D, Palardy G. High-speed consolidation and repair of carbon fiber/epoxy laminates through ultrasonic vibrations: A feasibility study[J]. Journal of Composite Materials, 2020, 54(20): 2707-2721.

[118] 张小辉, 段玉岗, 李超, 等. 超声压紧对低能电子束分层固化复合材料质量的影响[J]. 西安交通大学学报, 2015, 49(04): 134-139.

[119] Zlobina I V, Bekrenev N V, Muldasheva G K. The influence of ultrasound on physico- mechanical properties of composite materials reinforced with carbonaceous fibers in the formation process[C]. Mechanical Science and Technology Update (MSTU), 2018: 012107.

[120] 唐玉玲. 碳纤维复合材料连接结构的失效强度及主要影响因素分析[D]. 哈尔滨: 哈尔滨工业大学, 2015.

[121] Ashcroft I A, Wahab M M A, Crocombe A D, et al. The effect of environment on the fatigue of bonded composite joints. Part 1: testing and fractography[J]. Composites Part A-Applied Science and Manufacturing, 2001, 32(1): 45-58.

[122] 章莹. 连接形状对碳纤维传动轴扭转性能的影响[D]. 武汉: 武汉理工大学, 2013.

[123] Zhao P, Wang S, Ying J, et al. Non-destructive measurement of cavity pressure during injection molding process based on ultrasonic technology and Gaussian process[J]. Polymer Testing, 2013, 32(8): 1436-1444.

[124] Zhao P, Fu J Z, Cui S B. Non-destructive characterisation of polymers during injection moulding with ultrasonic attenuation measurement[J]. Materials Research Innovations, 2011, 15(S1): S311-S314.

[125] Zhao P, Peng Y Y, Yang W M, et al. Crystallization Measurements via Ultrasonic Velocity: Study of Poly(lactic acid) Parts[J]. Journal of Polymer Science Part B-Polymer Physics, 2015, 53(10): 700-708.

[126] Guo S, Dillard D A, Plaut R H. Effect of boundary conditions and spacers on single-lap joints loaded in tension or compression[J]. International Journal of Adhesion and Adhesives, 2006, 26(8): 629-638.

[127] 徐亚男. 处理铝合金与碳纤维板材粘接工艺性能实验及数值模拟研究[D]. 长春: 吉林大学, 2017.

[128] Tutar M, Aydin H, Yuce C, et al. The optimisation of process parameters for friction stir spot-welded AA3003-H12 aluminium alloy using a Taguchi orthogonal array[J]. Materials & Design, 2014, 63: 789-797.

[129] 李超. 基于 ADINA 的筒式液力减振器阻尼特性仿真研究[D]. 北京: 北京理工大学, 2015.

[130] 解元玉. 基于 ANSYS Workbench 的流固耦合计算研究及工程应用[D]. 太原: 太原理工大学, 2011.

[131] 刘晓静. 5083 铝合金胶接工艺及接头性能研究[D]. 大连: 大连交通大学, 2013.

[132] Brackbill J U, Kothe D B, Zemach C. A continuum method for modeling surface tension[J]. Journal of Computational Physics, 1992, 100(2): 335-354.

[133] 王云创, 李光仲, 李向民. 气泡对管中流动液体产生阻力的分析[J].

物理通报, 2003, (010): 13-14.
[134] 左庆寿. 弯液面处的附加压强[J]. 大学物理, 1988, 1(11): 37-39.
[135] Arrigoni M, Barradas S, Braccini A, et al. A comparative study of three adhesion tests (EN 5829 similar to ASTM C633, LASAT (LASer Adhesion Test), and bulge and blister test) performed on plasma sprayed copper deposited on aluminium 2017 substrates[J]. Journal of Adhesion Science and Technology, 2006, 20(5): 471-487.
[136] 徐喻琼. 胶瘤在胶接结构中应力分布的作用[J]. 粘接, 2016, 37(6): 67-70.
[137] Wang H, Xie M J, Hua L, et al. Study on promotion of interface adhesion by ultrasonic vibration for CFRP/Al alloy joints[J]. Journal of Adhesion Science and Technology, 2020, 34(7): 695-712.
[138] 唐为义. 流体粘度在线测量系统的设计与研究[D]. 青岛: 青岛科技大学, 2008.
[139] 李小兵, 刘莹. 微观结构表面接触角模型及其润湿性[J]. 材料导报, 2009, 23(12): 101-103.
[140] 潘光, 黄桥高, 胡海豹, 等. 微观结构对超疏水表面润湿性的影响[J]. 高分子材料科学与工程, 2010, 26(7): 163-166.
[141] Kim P, Duprat C, Tsai S S H, et al. Selective Spreading and Jetting of Electrically Driven Dielectric Films[J]. Physical Review Letters, 2011, 107(3): 034502.
[142] Yeo L Y, Chang H C. Static and spontaneous electrowetting[J]. Modern Physics Letters B, 2005, 19(12): 549-569.
[143] Manor O, Dentry M, Friend J R, et al. Substrate dependent drop deformation and wetting under high frequency vibration[J]. Soft Matter, 2011, 7(18): 7976-7979.
[144] 刘志明. 麦秆表面特性及麦秆刨花板胶接机理的研究[D]. 哈尔滨: 东北林业大学, 2002.
[145] Li T, Wang Z X, Yu J R, et al. Cu (II) coordination modification of aramid fiber and effect on interfacial adhesion of composites[J]. High Performance Polymers, 2019, 31(9/10): 1054-1061.
[146] Arikan E, Holimannspotter J, Zimmer F, et al. The role of chemical surface modification for structural adhesive bonding on polymers - Washability of chemical functionalization without reducing adhesion[J]. International Journal of Adhesion and Adhesives, 2019, 95: 102409.
[147] Zhu W, Xia H, Wang J, et al. Characterization and properties of AA6061-based fiber metal laminates with different aluminum-surface pretreatments[J]. Composite Structures, 2019, 227: 111321.
[148] Bagiatis V, Critchlow G W, Price D, et al. The effect of atmospheric

pressure plasma treatment (APPT) on the adhesive bonding of poly(methyl methacrylate) (PMMA)-to-glass using a polydimethylsiloxane (PDMS)-based adhesive[J]. International Journal of Adhesion and Adhesives, 2019, 95: 102405.

[149] 吴丰军, 彭松, 池旭辉, 等. NEPE 推进剂/衬层粘接界面 XPS 表征[J]. 固体火箭技术, 2009, 32(2): 192-196.

[150] 邸明伟, 尤来, 赵婷玉, 等. 聚乙烯木塑复合材料的异氰酸酯表面处理与胶接[J]. 建筑材料学报, 2016, 19(1): 94-99.

[151] Lewis W K, Rosenberger A T, Gord J R, et al. Multispectroscopic (FTIR, XPS, and TOFMS-TPD) investigation of the core-shell bonding in sonochemically prepared aluminum nanoparticles capped with oleic acid[J]. Journal of Physical Chemistry C, 2010, 114(14): 6377-6380.

[152] Underhill R, Timsit R. Interaction of aliphatic acids and alcohols with aluminum surfaces[J]. Journal of Vacuum Science & Technology A: Vacuum Surfaces and Films, 1992, 10(4): 2767-2774.

[153] Bournel F, Laffon C, Parent P, et al. Adsorption of some substituted ethylene molecules on Pt (111) at 95 K Part 1: NEXAFS, XPS and UPS studies[J]. Surface Science, 1996, 350(1/3): 60-78.

[154] Shechter L, Wynstra J, Kurkjy R P. Glycidyl ether reactions with amines[J]. Industrial & Engineering Chemistry, 1956, 48(1): 730-731.

[155] Michael P, Mehr S K S, Binder W H. Synthesis and Characterization of Polymer Linked Copper(I) Bis(N-heterocyclic carbene) Mechanocatalysts[J]. Journal of Polymer Science Part A-Polymer Chemistry, 2017, 55(23): 3893-3907.

[156] Guo W Q, Yin R L, Zhou X J, et al. Sulfamethoxazole degradation by ultrasound/ozone oxidation process in water: Kinetics, mechanisms, and pathways[J]. Ultrasonics Sonochemistry, 2015, 22: 182-187.

[157] Xu S A, Wang S N, Gu Y Y. Microstructure and adhesion properties of cerium conversion coating modified with silane coupling agent on the aluminum foil for lithium ion battery[J]. Results in Physics, 2019, 13: 102262.

[158] Pantoja M, Abenojar J, Martinez M A, et al. Silane pretreatment of electrogalvanized steels: Effect on adhesive properties[J]. International Journal of Adhesion and Adhesives, 2016, 65: 54-62.

[159] Pan L, Zhang A A, Zheng Z M, et al. Enhancing interfacial strength between AA5083 and cryogenic adhesive via anodic oxidation and silanization[J]. International Journal of Adhesion and Adhesives, 2018, 84: 317-324.

[160] Lee S H, Yang S W, Park E S, et al. High-Performance Adhesives Based

on Maleic Anhydride-g-EPDM Rubbers and Polybutene for Laminating Cast Polypropylene Film and Aluminum Foil[J]. Coatings, 2019, 9(1): 61.

[161] Wu M, Tong X, Wang H, et al. Effect of Ultrasonic Vibration on Adhesive Bonding of CFRP/Al Alloy Joints Grafted with Silane Coupling Agent[J]. Polymers, 2020, 12(4): 947.

[162] Wang H, Chen Z Y, Chen Y M, et al. Mechanism study of bubble removal in narrow viscous fluid by using ultrasonic vibration[J]. Japanese Journal of Applied Physics, 2019, 58(11): 115503.

[163] Wang H, Yuan Y, Chen Y. Characterization and mechanism of accelerated curing of adhesives by in situ ultrasonic vibration for bonded joints[J]. Journal of Polymer Engineering, 2020, 40(1): 1-12.

[164] Marand E, Baker K R, Graybeal J D. Comparison of reaction mechanisms of epoxy resins undergoing thermal and microwave cure from in situ measurements of microwave dielectric properties and infrared spectroscopy [J]. Macromolecules, 1992, 25(8): 2243-2252.

[165] 王晓霞, 王成国, 贾玉玺, 等. 热固性树脂固化动力学模型简化的新方法[J]. 材料工程, 2012, (06): 67-70.

[166] 郭战胜, 杜善义, 张博明, 等. 先进复合材料用环氧树脂的固化反应和化学流变[J]. 复合材料学报, 2004, 21(4): 146-151.

[167] 张竞, 黄培. 环氧树脂固化动力学研究进展[J]. 材料导报, 2009, 23(13): 58-61，81.

[168] Kamal M R. Thermoset characterization for moldability analysis[J]. Polymer Engineering & Science, 2010, 14(3): 231-239.

[169] Alzina C, Sbirrazzuoli N, Mija A. Epoxy-Amine Based Nanocomposites Reinforced by Silica Nanoparticles. Relationships between Morphologic Aspects, Cure Kinetics, and Thermal Properties[J]. Journal of Physical Chemistry C, 2011, 115(46): 22789-22795.

[170] Kandelbauer A, Wuzella G, Mahendran A, et al. Model-free kinetic analysis of melamine-formaldehyde resin cure[J]. Chemical Engineering Journal, 2009, 152(2/3): 556-565.

[171] Guigo N, Mija A, Vincent L, et al. Chemorheological analysis and model-free kinetics of acid catalysed furfuryl alcohol polymerization[J]. Physical Chemistry Chemical Physics, 2007, 9(39): 5359-5366.

[172] Perez J M, Rodriguez F, Alonso M V, et al. Curing kinetics of lignin-novolac phenolic resins using non-isothermal methods[J]. Journal of Thermal Analysis and Calorimetry, 2009, 97(3): 979-985.

[173] Wu G L, Kou K C, Chao M, et al. Preparation and characterization of bismaleimide-triazine/epoxy interpenetrating polymer networks[J]. Thermochimica Acta, 2012, 537: 44-50.

[174] Wang H, Liu Z Y, Chen Y Z, et al. Effect of ultrasonic pretreatment on thermo-mechanical properties of epoxy adhesive[J]. Materials Research Express, 2021, 8(7): 075305.

[175] Galvez P, Abenojar J, Martinez M A. Durability of steel-CFRP structural adhesive joints with polyurethane adhesives[J]. Composites Part B-Engineering, 2019, 165: 1-9.

[176] Wang H, Gao C, Chen Y, et al. Ultrasonic Vibration-Strengthened Adhesive Bonding of CFRP/Aluminum Alloy Joints with Anodizing Pretreatment[J]. JOM, 2020, 72(10): 3472-3482.

[177] 王正峰, 李志峰. 复合材料桨叶前缘包铁研制及使用现状[J]. 直升机技术, 2018 (02): 68-72.

[178] Kang Y S, Park S W, Roh J S, et al. Computational Investigation of Effects of Expanded Metal Foils on the Lightning Protection Performance of a Composite Rotor Blade[J]. International Journal of Aeronautical and Space Sciences, 2021, 22(1): 203-221.

[179] 黄珺, 吴明忠, 洪海华. 钛合金包铁在复合材料桨叶上的应用研究[J]. 直升机技术, 2014 (04): 29-34，38.

[180] Ha K, Jeong J-H. Stress states investigation of adhesive bonded joint between spar cap and shear webs of a large wind turbine rotor blade[J]. Journal of Mechanical Science and Technology, 2021, 35(5): 2107-2114.

[181] 高晓进, 周金帅. 复合材料叶片包边粘接超声检测方法[J]. 玻璃钢/复合材料, 2018 (08): 102-105.

[182] 余永水. TB8 钛合金热成形包铁性能及阳极氧化工艺研究[D]. 南京: 南京航空航天大学, 2016.